石油沥青技术系列丛书

道路沥青生产及应用

李剑新　任　旸　主编

石油工业出版社

内 容 提 要

本书系统介绍石油沥青化学组成及结构、道路沥青生产原料选择、生产工艺及要素控制、储存和运输、标准及评价体系、使用性能和发展前景等。

本书适合从事沥青生产、研发的人员以及产品经营和使用者阅读。

图书在版编目(CIP)数据

道路沥青生产及应用 / 李剑新，任旸主编. -- 北京：石油工业出版社，2024.7

(石油沥青技术系列丛书)

ISBN 978-7-5183-6708-5

Ⅰ.①道… Ⅱ.①李… ②任… Ⅲ.①道路沥青 Ⅳ.①TE626.8

中国国家版本馆 CIP 数据核字(2024)第 099762 号

出版发行：石油工业出版社

(北京安定门外安华里2区1号楼　100011)

网　　址：www.petropub.com

编辑部：(010)64523546　图书营销中心：(010)64523633

经　　销：全国新华书店

印　　刷：北京中石油彩色印刷有限责任公司

2024年7月第1版　2024年7月第1次印刷

787×1092毫米　开本：1/16　印张：14

字数：330千字

定价：80.00元

(如出现印装质量问题，我社图书营销中心负责调换)

版权所有，翻印必究

《石油沥青技术系列丛书》
编委会

主　　任：孙伟善
委　　员：戚志强　瞿　辉　曹东学　庞江竹
　　　　　佘浩滨

编写组

主　　编：李剑新　任　旸
执行主编：宋爱萍　柳　浩　刘金景
编写人员：（按姓氏笔画排序）
　　　　　马新明　王　贝　王　真　毛三鹏
　　　　　布海玲　边思颖　刘梦迪　祁　聪
　　　　　李　军　李　城　李顶杰　李海洋
　　　　　杨政鸿　吴士玮　张永翰　陈晓文
　　　　　战　玮　钱　军　高　阳　黄宏海

《道路沥青生产及应用》编写组

主　　编：李剑新　任　旸

副 主 编：宋爱萍　柳　浩　李明刚　王　兵

编写人员：（按姓氏笔画排序）

王　贝　王　真　毛三鹏　布海玲

刘国东　刘梦迪　祁　聪　孙连祥

孙柏杨　李　军　李　城　李顶杰

李海洋　杨政鸿　张永翰　战　玮

高　阳　黄宏海　潘　峰

丛书前言

沥青作为支撑国民经济建设的重要物资和基础建设原材料之一，广泛应用于交通运输、建筑、农业、工业等各个领域，在提升我国基础设施质量、确保百年工程实施中发挥了不可替代的支撑作用。随着我国经济社会快速发展，过去十年基础建设的规模和密度都是全世界最大的，同时基础建设材料的需求规模也不断扩大。在公路建设、房地产等主要需求领域拉动下，我国沥青产销量也稳步增长，产量从2015年的3200×10^4t增长到2020年的约6300×10^4t。

石油沥青作为炼油工业的重要产品之一，按应用领域可分为道路沥青、建筑沥青、水工沥青和其他用途分类的各种特种、专用沥青。随着我国进入全面建设社会主义现代化国家的新征程，特别是"碳达峰、碳中和"目标和"高质量发展"路径的提出和明确，在新的发展要求下，沥青作为一种具有特殊性能的基础原材料，产业发展也进入新的阶段。未来，随着我国道路网络不断完善、规模总量不断扩大、等级结构不断优化，道路基础设施高质量发展对"智能、安全、绿色"提出更高要求，以及防水、建材、高性能碳纤维等领域的不断发展和相关行业对高性能沥青原料的需求不断提高，沥青产品将在道路减排、道路修建、建筑防水、化工原料等诸多领域和相关行业发挥更加重要的作用，并且随着基础理论和工艺技术不断进步，应用领域和范围扩展空间十分广阔。特别是在"双碳"目标背景下，沥青作为"减碳、固碳"的重要炼油产品之一，实现沥青产业高质量发展，对国家推动节能减排和实现碳中和具有重要现实意义。

在新的发展时期要顺应时代发展需要，实现石油沥青行业高端化、绿色化、差异化发展，提升产品质量和丰富产品种类。技术的进步和发展作为推动传统行业实现跨越式发展的关键，在沥青行业过去的发展历程中已经得到了充分的体现。因此，中国石油和化学工业联合会组织了炼油、沥青生产、道路施工等相关行业的专家编写了《石油沥青技术系列丛书》（以下简称《丛书》）。

《丛书》系统梳理了世界石油沥青技术发展的历程和最新进展，以及产品评价、鉴定的相关标准和方法，全面总结了近十年我国道路基础设施建设、建筑防水等领域对沥青材料的技术要求和进展，并辅以地面交通、航空港道面、驻车场、隧道防水等各类工程应用的相关典型案例，在此基础上，结合我国基础设施建设发展的方向和需求，提出了相关建议。此外，还介绍了沥青在化工及新材料领域发展的相关内容和最新进展。

《丛书》在内容上，按照沥青应用领域分别针对道路沥青、防水沥青和特种沥青单独成册；在结构上，分别对各类沥青从原料选择、生产技术、质量控制到工程建设应用等进行全面系统的论述。

《丛书》旨在帮助广大读者更好地理解、评估和应用沥青。希望《丛书》能够为行业从业人员和从事相关领域的工程技术人员，提供开发、建设、研究和应用等领域的有价值的参考和借鉴，为推动该领域的不断进步与发展贡献力量。

在《丛书》编写过程中，得到了中国石油天然气集团有限公司、中国石油化工集团有限公司、中国海洋石油集团有限公司、中国石油大学(华东)、北京市政路桥建材集团有限公司、北京东方雨虹防水技术股份有限公司、中国公路学会、中国建筑防水协会等单位的大力支持，在此，向所有关心和帮助《丛书》写作和出版的人们致以诚挚的感谢。

前言

石油沥青作为工程建设领域重要基础原材料，主要应用于道路建设、建筑、机场以及水利工程等，其中道路沥青作为石油沥青应用最广泛的产品，约占全球石油沥青消费总量的85%。2023年，全球道路沥青消费量约1.2×10^8 t。

随着我国经济社会快速发展，道路交通建设密度和质量显著提高。2022年，我国公路总里程已达540×10^4 km，其中高速公路里程18×10^4 km。受此支撑，国内沥青消费也快速增加，2000年以来消费年均增速保持10%左右，2023年我国道路沥青消费量约3500×10^4 t，占全球消费总量的28.8%，居世界首位。按照《公路"十四五"发展规划》，"十四五"期间我国公路建设将进入高质量发展的新阶段，随着道路建设规模的进一步发展和公路保有量的不断增加，预计道路建设和养护沥青需求将长期保持在3500×10^4 t/a的水平。

国内炼化企业是我国石油沥青的主要生产商，产量占我国沥青总产量的80%。在道路沥青领域，20世纪八九十年代我国高等级公路用沥青几乎依赖进口。在国家的号召下，从20世纪90年代中期，国内石油石化企业逐步开始自主研发生产高品质沥青，随着国产沥青品质的不断改进和道路建设施工技术水平大幅提高，进口沥青占比从2007年开始逐年下降，到"十三五"初期，已经降至10%左右。据不完全统计，2023年国内沥青产能约7778×10^4 t/a，占全球总产能的40%左右。

道路沥青的品质是高质量道路建设的重要保证之一，也是道路施工企业和沥青生产企业关注的重点，经过近半个世纪的发展和壮大，我国沥青生产及应用技术不断发展，在原料选择、工艺技术、检测方法、施工技术、品质管理、改性复合等方面正在趋于完善，这为支撑当前及今后一段时间我国道路交通建设高质量发展奠定了坚实基础。

"十四五"是全面开启交通强国建设新征程的关键时期，伴随"双碳"目标的明确提出，在现代化高质量综合立体交通网络建设的带动下，绿色道路建设将进入快速发展阶段。交通建设绿色、低碳、可持续发展已经成为未来发展的主要方向，自调温道路、自愈合道路、自俘能道路、降噪道路、路面再生、固体废物填充、清洁化施工等一系列新趋势、新要求，也为沥青行业发展提出了新的研究课题和方向，要求沥青行业紧跟趋势和热点，加大多学科交叉研究力度，持续为道路交通的绿色、低碳发展提供支撑。

为进一步推动我国沥青产业绿色、高效发展，增进产业链间、行业内技术交流，为沥青生产企业和道路施工企业提供技术参考，中国石油和化学工业联合会组织专家开展了《丛书》的编写工作，特别将《道路沥青生产及应用》作为《丛书》的首个分册推出，也是希望能够通过本书让更多的读者进一步了解和重视沥青行业的发展。

参加本书编写的专家和学者来自科研院所、高等院校、沥青生产企业和路桥建设单位，是道路沥青研发、生产和应用的一线技术人员。本书内容从分析石油沥青化学组成及结构开篇，包括道路沥青生产原料选择、生产工艺及要素控制、储存和运输、标准及评价体系、使用性能和发展前景等全过程的分析介绍，为道路沥青从业人员提高对沥青微观结构的认识，研发、生产并用好沥青产品提供参考和借鉴。

中国石油和化学工业联合会精心组织了本书的编写工作，孙伟善副会长、戚志强主任、瞿辉总工程师、任旸处长、李顶杰副处长、高阳、战玮高级主管等中国石油和化学工业联合会领导全程参与书籍成稿和审查工作，为本书高质量完成提供了保障。

本书共七章，其中第一章、第二章、第七章由中国石油大学（华东）李军、李城等编写，中石油燃料油有限责任公司李剑新审核；第三章、第四章由山东海韵沥青有限公司张永瀚、王贝等编写，中国石油规划总院宋爱萍审核；第五章由北京市政路桥建材集团有限公司王真、布海玲等编写，北京市政路桥建材集团有限公司柳浩审核；第六章由中石油燃料油有限责任公司毛三鹏、黄宏海、刘梦迪等编写，北京市政路桥建材集团有限公司柳浩审核。

由于编者水平所限，书中难免有不足和疏漏之处，敬请读者批评指正。

目录

第一章 绪论 …………………………………………………………………（1）
  第一节 沥青概述 ……………………………………………………（1）
  第二节 沥青的分类 …………………………………………………（2）
  第三节 沥青的应用 …………………………………………………（2）
  第四节 技术发展 ……………………………………………………（3）
  参考文献 ………………………………………………………………（4）

第二章 石油沥青化学组成及结构 …………………………………………（5）
  第一节 石油沥青化学组成 …………………………………………（5）
  第二节 石油沥青的物化性质 ………………………………………（13）
  第三节 石油沥青的分离方法 ………………………………………（21）
  第四节 石油沥青胶体结构 …………………………………………（29）
  参考文献 ………………………………………………………………（33）

第三章 道路沥青的生产 ……………………………………………………（35）
  第一节 道路沥青生产原料 …………………………………………（35）
  第二节 道路沥青生产工艺 …………………………………………（41）
  第三节 沥青生产质量管控系统 ……………………………………（59）
  参考文献 ………………………………………………………………（66）

第四章 沥青的储存和运输 …………………………………………………（68）
  第一节 沥青的储存 …………………………………………………（68）
  第二节 液态沥青的运输方式 ………………………………………（91）
  第三节 固态沥青的运输方式 ………………………………………（95）
  第四节 沥青的计量与发运 …………………………………………（104）

参考文献 …………………………………………………………………………（110）

第五章 道路沥青的应用 …………………………………………………………（112）

第一节 沥青路面 ……………………………………………………………（112）
第二节 热拌沥青混合料 ……………………………………………………（120）
第三节 热拌沥青混合料施工 ………………………………………………（130）
第四节 沥青路面常见病害 …………………………………………………（140）
参考文献 ………………………………………………………………………（152）

第六章 道路沥青标准与评价 ……………………………………………………（154）

第一节 国内外标准现状 ……………………………………………………（154）
第二节 道路沥青产品标准 …………………………………………………（160）
第三节 道路沥青产品评价体系 ……………………………………………（191）
第四节 道路沥青产品质量管理 ……………………………………………（196）
参考文献 ………………………………………………………………………（199）

第七章 道路沥青技术发展 ………………………………………………………（201）

第一节 道路沥青新材料应用进展 …………………………………………（201）
第二节 沥青分析技术应用进展 ……………………………………………（208）
参考文献 ………………………………………………………………………（214）

第一章 绪 论

公元前3800年，人类就开始使用天然沥青作为兵器和工具的防腐或防水涂料，公元前600年，人类开始使用天然沥青铺筑路面，古巴比伦出现了第一条沥青铺装的路面。1921年，英国的谢尔海文采用渣油蒸馏炼制石油沥青，这是人类第一次从原油中人工提炼石油沥青。据统计，2023年我国石油沥青产量$3168×10^4$t，表观消费量超$3432×10^4$t，随着国家对道路建设和基础设施建设的推进，石油沥青的需求量将进一步扩大。沥青在城市建设、建筑材料、机电、水利工程、化学工业、农业防沙治沙等多个领域具备250多种用途，其中，在公路交通中的用量最大，世界上约85%的沥青用于道路建设。如今，沥青新材料、新工艺、新技术不断涌现，国内沥青行业逐渐走向高端化、绿色化、差异化的新发展阶段。

第一节 沥青概述

沥青是暗褐色至黑色的、可溶于三氯乙烯或二硫化碳等溶剂的固体或半固体有机物质，主要由烃类和非烃类有机化合物组成，主要组成元素有碳、氢、氧、氮、硫及其他微量元素。沥青化学组成复杂，分析困难，研究者通常采用1969年Corbett提出的四组分法按极性差异将沥青分离成四部分，即饱和分、芳香分、胶质、沥青质，现已标准化为ASTM D4124 *Standard Test Method for Separation of Asphalt into Four Fractions* 与 NB/SH/T 0509《石油沥青四组分测定法》试验检测规范。沥青性质不仅和化学组成有关，还和胶体结构有关。现代胶体理论认为沥青胶体结构是以固态超细颗粒的沥青质为分散相，通常若干个沥青质聚集在一起，吸附极性半固体的胶质而形成"胶团"，由于胶溶剂与胶质的胶溶作用，使胶团溶液分散于液态的芳香分和饱和分组成的分散介质中，从而形成稳定的胶体。

沥青可以是自然界天然存在的，也可以是石油、煤等原料经加工得到的残渣或黏稠物。石油沥青专指在原油加工过程中制得的沥青产品，其性质和组成随原油来源和生产方法的不同而变化，在石油产品中属非能源产品。

由于我国公路事业的发展，沥青作为原油副产品的概念发生了变化，对于"燃料—沥青型"炼厂，沥青已经成为一种主营产品，不但从常减压蒸馏装置生产出来就直接销售，而且通过一系列技术手段，让沥青类产品满足各类工程建设的质量需求。交通行业认为沥青是一种道路材料。国际上关于"沥青"的术语，美国主要称为"asphalt"，而欧洲称为"bitumen"，在欧洲"asphalt"是指沥青混合料。目前，在各种文章和著作中，两者已有混用的趋势，主要与使用者的习惯有关。

第二节 沥青的分类

沥青按来源可分为石油沥青、煤焦油沥青和天然沥青。石油沥青是原油加工过程中制得的一种沥青产品，是复杂的碳氢化合物与其非金属衍生物组成的混合物，主要含有可溶于三氯乙烯的烃类和非烃类衍生物，常温下呈液体、半固体或固体。煤焦油是煤、木材、页岩等有机物经炭化作用或在真空中干馏得到的黏性液体，煤焦油初馏时留下的残渣即为煤焦油沥青，是煤焦油加工过程中分离出的大宗产品，也是制取各种碳素材料不可替代的原料。天然沥青储藏在自然界地下，地壳中的原油通过岩石裂缝渗透到地表后，长期暴露在大气中，其轻质部分在太阳、地热等自然环境影响下蒸发，残留物经浓缩、氧化作用形成沥青。

沥青按生产工艺可分为直馏沥青、脱油沥青、氧化沥青、调和沥青、乳化沥青和改性沥青。直馏沥青是原油经过常减压蒸馏工艺，将不同沸点的馏分取出后，得到的符合有关技术标准要求的沥青。脱油沥青是溶剂脱沥青装置脱除减压渣油中大部分饱和烃和分子量较低的芳烃后所剩的残渣。氧化沥青是通过氧化工艺生产得到的一种符合沥青规格指标和使用性能要求的沥青。调和沥青通过调和法生产，按照沥青质量要求，将几种沥青原料混合，调整沥青组分之间的比例以获得所要求的产品。乳化沥青是通过乳化方法将常用的道路沥青扩散到水中，液化成常温下黏度较低、流动性较好的道路施工材料。改性沥青是通过向沥青产品中掺加树脂、高分子聚合物、磨细的橡胶粉或其他填料等改性剂而制成的沥青结合料，使沥青或沥青混合料的性能得以改善。

第三节 沥青的应用

沥青可作为基础建设材料、原料和燃料，应用范围广泛，包括交通运输（道路、铁路、航空等）、建筑业、农业、水利工程、工业（采掘业、制造业）和民用等各部门，其中更是修建现代经济命脉——公路不可或缺的材料。

一、道路工程

沥青广泛应用于路面结构层中的面层结构。面层直接承受车轮荷载反复作用和各种自然因素的影响，其作用在道路工程中最为重要。沥青面层材料包括热拌沥青混合料、冷拌沥青混合料、沥青贯入式、沥青表面处治与稀浆封层四种类型。由于行车荷载的反复作用和自然因素的不断影响，沥青路面会逐渐出现损坏，按损坏形状分为变形类、裂缝类、表面损坏类以及其他损坏四大类。

二、建筑工程

石油沥青的应用主要是作为建设物防水防潮材料。建筑沥青已成为除道路沥青以外用量最大的沥青类别。建筑沥青黏结性大，耐热性较好，但塑性较小，主要用于制造防水卷材(如油毡、油纸等)、防水涂料和沥青胶,绝大部分用于屋面及地下防水沟槽防水、防腐及管道防腐等工程。

三、铁路工程

沥青混合料是铁路路基、铁路路面、铁路隧道及无砟轨道的重要建设材料,应用十分广泛。沥青混合料具有良好的高温稳定性和低温抗裂性,大大提高了铁路设施的稳定性、安全性,延长了使用寿命。

四、水工领域

沥青混凝土因其具有优良的防渗性能、应变性能和裂缝自愈能力,在全世界逐步得到广泛应用。其主要应用领域包括大坝面板、大坝心墙、蓄水库防渗护面、河海堤岸护坡、垃圾场防渗等。

五、石油钻井领域

应用沥青与钻井液中的其他处理剂一起有效地黏附在井壁上,在井壁上形成一层致密的滤饼和油膜,可以有效地避免钻具对井壁造成损坏,在井壁滤饼中存在憎水的沥青成分,可防止钻井液、滤液向底层渗透,避免泥页岩与水过多接触而引起水化,封闭泥页岩的裂缝,使井壁更具稳定性。

六、电线电缆领域

电缆沥青作为特种沥青产品主要应用于电缆护层的铠装层,起到防腐防潮的作用,与普通沥青相比,电缆沥青软化点高,针入度大,有良好的热稳定性、黏附性和优良的感温性能,这些性能对电缆沥青材料的生产工艺提出了更高的要求。

七、电池电极材料领域

石油沥青广泛应用于电池封口剂,电池封口剂主要用于干电池和蓄电池。干电池需要的 20 号电池封口剂,是市场需求量较大的特种沥青之一。

第四节 技术发展

交通行业建设速度越来越快,对道路沥青材料的要求也越来越高,目前,道路沥青低标号化、改性沥青大量应用以及改性剂高掺量化已成为发展趋势。为实现沥青路面的可持续发展,"十四五"期间需要加强沥青高性能材料、环保材料、功能型材料等技术的研发,加速推进聚合物改性沥青(SBS、SBR 及橡胶粉末等)、硬质沥青、机场跑道沥青、桥面专用沥青、彩色沥青、高黏高弹沥青等产品的应用,实现在沥青储存、混合料拌和和路面摊铺过程中更洁净环保。

沥青的结构和组成是其性能和质量的决定因素,红外光谱技术、热分析技术、荧光显微分析技术、光学显微镜、核磁共振(NMR)分析技术、扫描电镜与环境扫描电镜分析技术、弯曲蠕变劲度测定试验(BBR)、动态剪切流变仪(DSR)等现代仪器和技术在研究沥青结构、组成和性能表征等方面得到越来越多的应用。

沥青储运技术的发展，对于提高沥青储运工作质量，降低储运环节中的能耗和成本，提高企业竞争力是非常重要的。新型沥青储罐与传统的沥青储存设备相比，具有高效、节能、环保等特点，如太阳能集热沥青储罐、拼装式沥青储罐设备等。具备加热装置和沥青泵的新型沥青运输车也不断被开发并投放市场，如沥青运输船、沥青集装箱等。

参 考 文 献

[1] 陈冠荣. 化工百科全书[M]. 北京：化学工业出版社，1997.
[2] 张德勤. 石油沥青的生产与应用[M]. 北京：中国石化出版社，2001.
[3] 侯祥麟. 中国炼油技术[M]. 北京：中国石化出版社，2001.
[4] 潘翠莪，杜桐林. 石油分析[M]. 武汉：华中理工大学出版社，1991.
[5] 陈惠敏. 石油沥青产品手册[M]. 北京：石油工业出版社，2001.
[6] 沈金安. 沥青及沥青混合料路用性能[M]. 北京：人民交通出版社，2001.
[7] 廖克俭，丛玉凤. 道路沥青生产与技术应用[M]. 北京：化学工业出版社，2004.
[8] 张玉贞，王翠红. 石油沥青产品标准的分级[J]. 石油沥青，2003，17(1)：4.
[9] 交通运输部. 交通运输行业发展统计公报[R/OL]. https：//www.mot.gov.cn/fenxigongbao/.
[10] 徐春明，杨朝合. 石油炼制工程[M]. 5版. 北京：石油工业出版社，2022.
[11] 梁文杰，阙国和，刘晨光. 石油化学[M]. 2版. 东营：中国石油大学出版社，2011.

第二章 石油沥青化学组成及结构

沥青是石油产品中组成和结构最为复杂的一类，沥青性质主要取决于其化学组成与结构。沥青主要由碳氢化合物及其非金属衍生物，以及富集原油中的金属元素组成；沥青结构上具有类似聚合物所表现出来的多尺度性，即在每一个聚集层次，沥青都会展现出全新的性质，这也是引起沥青非线性力学行为的结构基础。要掌握沥青结构与性能的关系，正确加工和应用沥青材料，必须以微观组成结构为基础，全尺度充分研究沥青的结构特征。

第一节 石油沥青化学组成

石油沥青由极性差异巨大的烷烃、多环芳烃及其衍生物等组成，其性质和组成随原油来源和生产方法的不同而变化。元素组成是反映石油沥青化学本质的基本数据，但在研究石油沥青的化学组成时，单靠元素组成是不够的，通常还从化学族组成和结构族组成的角度来认识石油沥青。

一、石油沥青元素组成

石油沥青除碳和氢两种元素外，还含有少量的硫、氮及氧等杂原子，其中含碳元素 80%~88%，氢元素 8%~12%，硫元素 0~9%，氧元素 0~2%，氮元素 0~2%，平均分子量为 790~1300。此外，沥青富集了原油中大部分微量金属元素，如钒、镍、铁、钠、钙、铜等。

1. 渣油及沥青的元素组成

表 2-1 是国内外几种渣油的元素组成，碳含量基本在 85% 左右，氢含量在 10% 左右，碳与氢原子比在 0.6~0.7 之间；杂原子中硫含量最多，而且变化范围较大，氮含量大多在 1% 以下。表 2-2 为渣油各组分中硫和氮的分布，硫主要集中在可溶质（胶质及油分）中，在沥青质中的含量较少；氮则集中在胶质和沥青质中，胶质中的硫和氮含量均较高。

表 2-1 国内外几种渣油的元素组成

名称	C/%	H/%	C/H	S/%	N/%
大庆渣油	86.43	12.27	0.59	0.17	0.29
胜利渣油	85.50	11.60	0.62	1.26	0.85
辽河渣油	87.54	11.55	0.63	0.31	0.60

续表

名称	C/%	H/%	C/H	S/%	N/%
南疆重油	85.07	10.01	0.71	3.47	0.62
大港渣油	85.67	13.40	0.54	0.12	0.23
九区稠油	85.24	10.26	0.69	0.18	0.37
绥中36-1渣油	82.94	10.04	0.69	0.78	0.36
沙中渣油	84.00	9.95	0.70	5.30	0.58
科威特渣油	83.97	10.12	0.69	5.05	0.31
伊朗重质渣油	85.04	10.24	0.69	3.60	0.70
阿曼渣油	85.72	11.40	0.63	2.05	0.45
玛瑞16渣油	84.46	10.55	0.67	0.71	3.60
冷湖渣油	82.48	10.32	0.67	0.30	5.28

表2-2 渣油各组分中硫和氮的分布

渣油编号	S/%			N/%		
	油分	胶质	沥青质	油分	胶质	沥青质
1	36.4	45.3	18.3	7.8	53.8	38.4
2	36.4	43.7	19.9	6.5	52.5	41.0
3	37.5	42.9	19.6	8.5	54.3	37.3
4	38.4	46.8	14.8	5.6	63.0	31.4
5	35.9	44.8	19.3	4.7	52.5	42.8

沥青中的氧、氮、硫杂原子以特征官能团的形式存在于石油沥青极性较强的组分中，如图2-1所示，其中亚砜、酸酐、羧酸、酮等官能团均由沥青氧化老化产生，是沥青老化有效表征官能团。

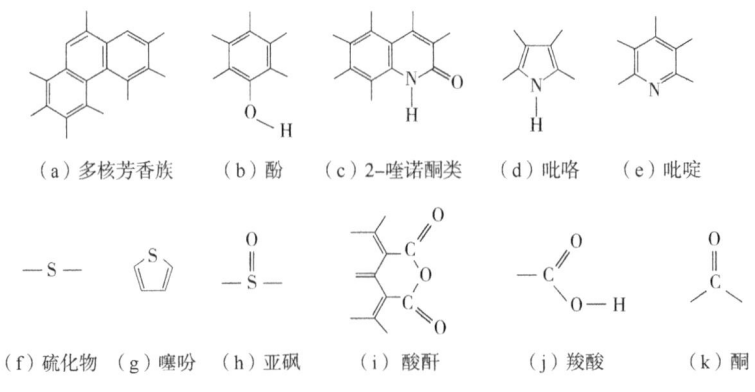

图2-1 沥青典型官能团

2. 石油沥青微量元素

石油沥青中一般还含有 0.01%~0.30% 的微量元素，现在已发现 59 种微量元素，可分为三类，分别是变价元素（Ni、V、Fe、Mo、Co、W、Cr、Cu、Mn、Pb、Hg 等）、碱金属与碱土元素（Na、K、Ba、Ca、Mg 等）以及卤素和其他元素（Cl、Br、I、Al、As 等），大部分微量元素以酸性化合物与金属离子等结合生成盐类的形式存在。研究这些微量元素对石油沥青的加工及应用都具有重要的理论和实际意义。因来源不同，各种微量元素在石油沥青中的含量也不同，但一般都以 V、Ni、Fe 等含量最高，如表 2-3 所示。

表 2-3　石油沥青中微量元素的半定量分析

元素名称	Fe、Ni、V	Ca	Ti、Mg、Na、Co、Cu、Sn、Zn	Al、Mn、Mo、Pb	Be、Zr
含量/(mg/kg)	xx	x	0.x	0.0x	0.00x

注：表中 x 为数字占位，表示数量级。

各种微量元素在沥青四组分中的含量分布有很大差别，其含量随着沥青中重质组分的增加而增大，在胶质和沥青质中微量元素含量最多。在各种微量元素中，研究最多的是钒和镍，镍高、钒低是我国沥青化学元素组成的特点之一。大庆渣油钒含量只有 0.15mg/kg，镍含量 10mg/kg 左右；新疆克拉玛依稠油钒含量为 0.44mg/kg，镍含量为 39.98mg/kg。石油沥青中的钒和镍主要以与卟啉形成络合物的状态存在，卟啉的含量与硫及胶质—沥青质的含量分布基本一致，存在结构如图 2-2 所示，这些物质与组成叶绿素或血红素的结构单元很类似，因而大多数研究者认为石油卟啉是石油有机起源的重要依据。石油卟啉的沸点在 565℃ 以上，且热稳定性比较高，因此在蒸馏过程中不会分解，浓缩于渣油中，部分由于挥发而随蒸馏过程进入馏分油中。随着组分分子量的加大，金属元素以卟啉形式存在的含量减少，在沥青质中的非卟啉型金属元素与杂原子硫、氮、氧等键合形成比较复杂的化合物，或是以金属状态由 π—π 键牢固地缔合到沥青质的芳香片上，或与杂原子生成配位复合物。由于卟啉与沥青组分的缔合作用，不仅大大增加了沥青的表观分子量，而且会使其物理性质和化学性质发生变化。

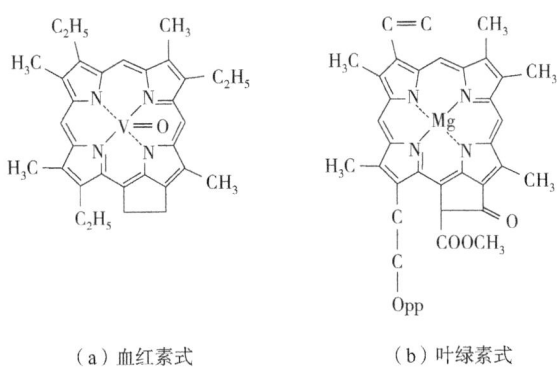

（a）血红素式　　　　　　（b）叶绿素式

图 2-2　石油沥青中的卟啉结构式

二、石油沥青族组成

根据在不同溶剂中的溶解度来划分,石油沥青主要由沥青质和可溶质两部分组成。可溶质是石油沥青中去除沥青质后的可溶于低分子烷烃溶剂的组分,包括胶质、油分及蜡,其中油分主要成分是饱和分和芳香分。我国研究者对沥青中芳香分、胶质和沥青质的结构进行了研究,提出了近似结构模式,如图2-3所示。

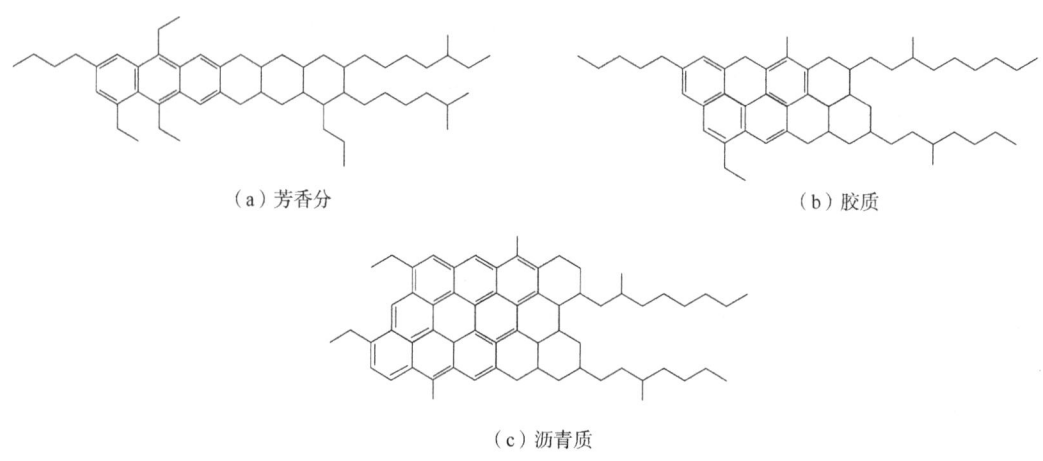

(a)芳香分　　　(b)胶质

(c)沥青质

图2-3　沥青芳香分、胶质、沥青质近似结构

1. 沥青质

沥青质是深褐色至黑色的无定形物质,又称为沥青烯,是沥青中分子量最大、极性最高的组分。沥青质相对密度大于1,没有固定熔点。一般认为沥青质组成多为稠环芳香族结构的化合物,芳环数为4~10,较高的芳环数使得沥青质碳氢比在四组分中最高,可达0.78~0.86,有的沥青质可达0.90以上,分子量为1000~1000000。表2-4是几种不同沥青质的元素组成,不同沥青分离的沥青质氢、碳元素变化幅度不大,差异主要体现在氮、硫元素含量变化。

表2-4　沥青质的元素组成

来源	元素组成/%				C/H
	C	H	S	N	
大庆	82.85	8.86	0.28	0.0074	0.78
杜依马兹	84.40	7.87	4.45	1.24	0.89
罗马什金	83.66	7.87	4.52	1.19	0.88
委内瑞拉	85.04	7.68	3.96	1.33	0.92
加拿大	82.04	7.90	7.72	1.21	0.87
中东	82.67	7.64	7.85	1.00	0.90

沥青质在沥青中的含量和性质因原油种类及加工过程(直馏或氧化等)的不同而异。此

外,由于沥青质分子量大、极性强,以及分子结构表征难度大,平面芳环体系具有较强的π—π作用,一定条件下具有自缔合或解缔行为,导致不同试验方法对沥青分子量与溶度参数试验值存在差异,其中,分离溶剂的性质、溶剂的用量以及分离温度影响最大。

沥青质能溶于表面张力大于25×10^{-3}N/m(25℃)的大部分有机溶剂,如苯及苯的同系物、吡啶、二硫化碳等,但不溶于乙醇、丙酮及其他表面张力较小的溶剂。因此分离沥青质常用溶剂主要是非极性低分子正构烷烃C_4—C_{12}、石油醚,也可采用丙烷、甲乙酮,还可用某些金属氯化物(如四氯化铁)生成络合物的方法分离沥青质。采用不同溶剂分离同一沥青样品分离沉淀试验结果见表2-5。

表2-5 不同溶剂分离沥青质试验结果

溶剂	沥青质/%	溶剂	沥青质/%
正戊烷	33.5	二异丙基醚	27.1
2,2,4-三甲基丁烷	32.2	乙基叔丁基醚	23.7
2,2,3-三甲基丁烷	27.2	乙醚	2.0
正庚烷	25.7	甲基叔丁基醚	19.0
3-甲基庚烷	25.6	丙基叔丁基醚	16.6
正壬烷	23.6	二正丁基醚	13.3
脱芳石油醚(60~80℃)	23.8	甲基叔异戊基醚	7.3
2-甲基环戊烷	15.1	甲基叔己基醚	6.9
环己烷	0	甲基环己烷	0

沥青质作为沥青胶体体系的核心分散在沥青的其他组分中,沥青性质与胶体体系中沥青质的含量及性质有关,其中,沥青质含量增加,沥青硬度增加,软化点随之升高;沥青质的存在对沥青的感温性有促进作用,它可使沥青在高温时仍有较大的黏度,因此,沥青质是优质沥青必备的组分之一。

2. 胶质

胶质也称为极性芳香分,胶质一般为半固体状,有时为固体状黏稠性物质,颜色从深黑色到黑褐色,相对密度0.98~1.08,平均分子量为1300~1800。胶质能溶于多种石油产品及大部分常用的有机溶剂,但不溶于乙醇或其他醇类。胶质具有很强的着色能力,0.005%的胶质就足以使无色透明的汽油变为浅黄色。胶质化学组成和性质与沥青质有一定相似性,在不同实验环境下,分子量较大、极性较强的胶质可能被划分为沥青质组分,而小分子、极性相对较弱的沥青质可能被划分为胶质组分。在用凝胶渗析色谱研究沥青的分子量分布时,会看到胶质和沥青质的分子量有相当大的一部分是重叠的,表明胶质与沥青质在组成结构上是连续的,二者之间没有明显的界限。胶质化学稳定性差,在空气存在时,特别是阳光的作用下,胶质很容易氧化缩合转化为沥青质,在开口容器中隔绝空气加热到100~150℃也会部分转化为沥青质。

若将胶质或可溶质的溶液先用足量的硅胶吸附,再依次用不同冲洗强度的溶剂冲洗,可将胶质分为性质不同的各个亚组分，表2-6是各亚组分的性质。随着溶剂冲洗能力的加强，冲洗下的胶质的分子量、酸值及杂原子的含量等都在依次加大，表面活性也在顺序增大。

表2-6 胶质亚组分的性质

冲洗溶剂	分子量	碘值/(g/100g)	酸值/(mg KOH/g)	C/%	H/%	S/%	N/%	O/%	C/H
四氯化碳	376	15.3	0	87.95	8.76	0.51	0	2.73	10.0
苯	517	7.2	11.7	85.89	8.99	0.62	0	4.50	9.6
丙酮	610	7.2	15.2	81.87	10.00	1.70	0	6.43	8.2
苯/醇(1:1)	685	5.9	51.6	78.06	9.75	2.69	0	9.50	8.0

胶质的分子结构中含有相当多的稠环芳香族和杂原子化合物，在沥青中属于强极性的组分，在沥青中起到扩散剂和胶溶剂的作用，其赋予沥青可塑性、流动性和黏结性，对沥青的延展性和黏结力有很大影响。在沥青的胶体体系中，胶质吸附在沥青质表面，与沥青质一并组成分散相，进而影响沥青的稳定性。吸附性能越好的胶质，其分子间相互作用力越强，在沥青质表面形成的吸附层越紧密，不利于稳定沥青质，进而影响沥青的胶体体系稳定性。

3. 油分

油分为淡黄色至红褐色的油状液体，主要成分为芳香分和饱和分，通常被称为非极性组分或者弱极性组分。油分能溶于大多数有机溶剂，但不溶于乙醇。在石油沥青中，油分含量因沥青种类而异，一般为40%~50%，在沥青中起到柔软和润滑的作用，赋予沥青流动性。

1）芳香分

芳香分是深棕色黏稠液体，由沥青中低分子量的非饱和环状芳香族化合物组成，包含烷烃链，可取代单环与多环芳烃等。芳香分还可进一步形成含氮、硫杂原子的极性芳香分，它是胶溶沥青质的分散介质，对其他高分子烃类化合物有很强的溶解能力。芳香分C/H为0.60~0.64，平均分子量为800~1000。芳香分主要影响沥青的流变性能，随着芳香分含量的增加，沥青的动态流变性能和黏度都有一定程度的提升。

2）饱和分

饱和分是呈稻草色或白色的黏稠状液体，由直链烃、带支链的非极性烃和环烷烃组成，是一种非极性油类。饱和分化学组成与原油种类相关性较大，如原油属于环烷基原油，则饱和分中化学组成以环烷烃为主，其C/H在0.5左右，平均分子量为500~800。饱和分对温度较为敏感，主要起软化沥青中胶质和沥青质的作用，不是沥青理想组分。

饱和分和芳香分含量对石油沥青胶体体系稳定性有着重要影响，饱和分含量升高，芳香分含量下降，均会降低胶体分散体系的稳定性，易发生沥青质聚沉现象。

4. 蜡

沥青中的蜡是指在规定条件下沥青经裂解蒸馏所得馏出物经冷冻、结晶析出的固体组分，蜡是沥青的非理想组分，化学组成与性能与饱和分有一定相似性，蜡可分为石蜡和微晶蜡。

1）石蜡

石蜡（C_{20}—C_{40}）通常由高沸点石油馏分（350~550℃）分离得到，由含少量侧链或不含侧链的烷烃构成，其晶体尺度较大，晶状为大而平的板状或针片状。石蜡易形成均匀有序的周期性晶体结构，抗剪能力较强，塑性差。

2）微晶蜡

微晶蜡（C_{40+}）取自石油中的蒸馏残油，主要由异构烷烃和环烷烃等组成，晶体尺寸较小，晶状为细小针片状，微晶蜡仅在沥青表面结晶，可部分沉淀于正庚烷。由于环烷烃的存在，微晶蜡难以形成均匀有序的晶体结构，因而塑性较好，压力作用下有流动的趋势，沥青中存在的蜡一般以微晶蜡为主。

蜡能在沥青路面的使用温度范围内（-20~90℃）产生构造凝固现象。低温下，蜡在沥青弱极性组分溶解性变小，从沥青中析出、长大并连接成网状结构，包围、吸附沥青的其他组分；此时，用于溶解沥青质与胶质的弱极性组分含量降低，沥青质与胶质的聚集状态在一定条件下发生变化，沥青黏度急剧增加，延度降低，低温性能下降。因此，高等级公路的沥青来源通常会优先选择蜡含量较低的环烷基原油。

要生产一种优质道路沥青，沥青中的饱和分、芳香分、胶质、沥青质之间应有一个合理的搭配比例。沥青中饱和分的含量不能过多，饱和分过多将使沥青中分散介质的芳香度过低，不能形成稳定的胶体分散体系。沥青中芳香分的存在是必需的，它的存在提高了沥青中分散介质的芳香度，使胶体体系易于稳定。胶质本身具有良好的塑性和黏附性，是沥青中必不可少的组分，它能使沥青质稳定地胶溶于体系中。沥青质可改善沥青的高温性能，但沥青质含量过多，会使沥青的延度大大减小，易于脆裂。

三、石油沥青结构族组成

石油沥青中的化合物数量众多，分子量大，分子结构极其复杂，且存在大量有机化合物的同分异构现象，因此测定沥青中全部单体化合物组成几乎是不可能的，即使使用族组成的方法也很难确切地表述其结构特征。因而，人们又提出用结构族组成的方法来描述石油沥青的结构。按照结构族组成的概念，任何烃类化合物，不论其结构如何复杂，都可以看作由烷基、环烷基和芳香基三种结构单元组成。对于石油沥青的结构族组成一般是以其核磁共振波谱为基础进行平均结构参数的计算，主要结构参数包括平均分子结构中的芳香碳、环烷碳和烷基碳的分率（f_A、f_N、f_P）及芳香环数、环烷环数及总环数（R_A、R_N、R_T）。结构族组成分析的数据只表示分子中这三种结构单元的含量，而并不涉及它们在分子中的结合方式。

结构族组成方法比较简便，应用很广，在使用时，不管组成和结构如何复杂，都可对其碳氢结构部分用几个平均结构参数从总体上加以定量描述,因此可以借此比较不同原料的化学特征,也可用来考察石油馏分及渣油在加工过程中平均结构的变化。目前,很多关于石油沥青结构族组成的系统分析数据,一般采用红外吸收光谱、核磁共振谱及质谱等方法分析推测其结构族组成,而真正确实证明其真实结构的极少。美国 API 60 号研究课题对 5 种比较有代表性的重馏分油(375~535℃)所做的结构族组成系统分析,在某些程度上可作为沥青结构族组成的参考。从这些馏分油中鉴定出的几十种不同结构类型的化合物,其中 80%以上含有芳香环,而大多数芳香族化合物含有不等数量的杂原子,特别是硫。

表 2-7 列出了 3 种渣油(>500℃)的结构族组成数据。从表中数据可以看出,所列的 3 种渣油都含有大量芳香族化合物及一定量的硫,渣油Ⅰ的环烷烃含量较多,渣油Ⅱ、渣油Ⅲ环烷烃含量较少,且渣油中环烷烃及芳香族化合物中五环及五环以上的含量较少。这些结构参数能表征渣油的化学属性,可以作为它们合理加工和利用的重要依据。

表 2-7 渣油(>500℃)的结构族组成

组成			含量/%		
			渣油Ⅰ	渣油Ⅱ	渣油Ⅲ
含硫量			0.51	0.73	0.58
烷烃			10.3	4.7	5.3
环烷烃		单环	10.8	2.0	2.5
		双环	6.5	1.7	2.3
		三环	8.5	1.7	2.3
		四环	4.8	1.6	1.3
		五环	痕量	0.2	痕量
		小计	30.6	7.2	8.4
芳香族化合物	单环	烷基苯	7.2	6.7	4.6
		环烷基苯	6.5	3.7	4.6
		二环烷基苯	7.4	5.5	3.6
	双环	萘类	1.9	2.1	1.0
		萘嵌戊烷	2.7		4.9
		芴	3.1	4.2	5.8
	三环	菲及蒽	7.4	2.6	6.2
		环烷基菲	1.7	2.6	6.0
	四环	芘类	1.4	2.5	5.0
		䓛类	0.5	1.2	2.7
	五环		0.3	1.5	0.7
	小计		39.2	44.2	53.3

续表

组成	含量/%		
	渣油Ⅰ	渣油Ⅱ	渣油Ⅲ
苯基噻吩	1.4	0.9	1.9
二苯基噻吩	0.8	0.5	1.7
萘基噻吩	0.2	0.4	0.4
非烃结构的其他芳香族化合物	1.7	6.5	4.2
胶质及沥青质	19.9	43.9	33.0

第二节　石油沥青的物化性质

一、石油沥青基本物理性质

1. 沥青密度

密度是沥青的基本参数，指在规定温度下单位体积的沥青所具有的质量，是沥青分子致密程度的指标，也是沥青质量性能的指标，一般以25℃作为测定标准，在沥青储运和沥青混合料设计时都要用到。研究表明，沥青的密度大体有以下几条规律：(1)沥青密度与其芳香族含量有关，芳香族含量越高，沥青密度越大。(2)沥青密度与各组分之间的比例有关，沥青质含量越高，沥青密度越大。(3)沥青密度与含蜡量有关，由于蜡密度较低，因此含蜡量高的沥青其密度也低。(4)沥青密度还与其稠度有关，稠度高的沥青密度也大。

直馏沥青针入度在40~100(1/10mm)范围内，其密度基本都在1.025~1.035g/cm³。密度与沥青各组分之间有良好的相关性，其关系可用式(2-1)表示：

$$d = 1.06 + 8.5 \times 10^{-4} As - 7.2 \times 10^{-4} R - 8.7 \times 10^{-5} Ar - 1.6 \times 10^{-3} S \tag{2-1}$$

式中　d——密度，g/cm³；

　　　As——沥青质的含量，%；

　　　R——胶质的含量，%；

　　　Ar——芳香分的含量，%；

　　　S——饱和分的含量，%。

沥青密度作为评价沥青质量的一个指标，密度大则沥青性能较好。依据是沥青密度大意味着其中芳香分和沥青质含量比较高，饱和分含量较低。但由于沥青化学组成的复杂性，其密度与路用性能之间并不存在绝对的相关性，基本由原油先天决定。密度测定的目的一是供沥青储存期间体积与质量换算使用；二是用以计算沥青混合料最大理论密度供配合比设计使用。

2. 沥青溶解度

沥青溶解度指标意义在于测试产品纯净程度，在各国的沥青标准中几乎都有沥青溶解度指标，规定不小于99.0%。常用的溶剂包括三氯乙烯、四氯化碳、苯、三氯甲烷、二硫化碳、二氯甲烷、三氯乙烷等。

沥青溶解度计算公式：

$$S_b = \left[1 - \frac{(m_4 - m_1) + (m_5 - m_2)}{m_3 - m_2}\right] \times 100\% \qquad (2\text{-}2)$$

式中 S_b——沥青试样的溶解度，%；

m_1——古氏坩埚与玻璃纤维滤纸合计质量，g；

m_2——锥形瓶与玻璃棒合计质量，g；

m_3——锥形瓶、玻璃棒与沥青试样合计质量，g；

m_4——古氏坩埚、玻璃纤维滤纸与不溶物合计质量，g；

m_5——锥形瓶、玻璃棒与黏附不溶物合计质量，g。

3. 沥青的闪点和燃点

沥青的闪点是沥青材料和外界空气与火焰接触时发生闪火并立刻燃烧的最低温度，表示材料或制品的蒸发倾向和受热后的安定性。燃点指加热沥青产生的气体和空气的混合物，与火焰接触使沥青表面起火并持续燃烧一段时间所需的最低温度。闪点和燃点表明沥青引起火灾或爆炸的可能性大小，它关系到运输、储存和加热使用等方面的安全性。液体沥青由于油分较多，闪点和燃点相差很小。沥青中的轻质组分含量较多，闪点会较低，在工艺生产中，从安全层面考虑要求闪点和燃点两者差值大些，保证安全性。

4. 沥青的电性质

沥青的介电常数是沥青的电性质，一般软沥青的介电常数较硬沥青的小，介电常数随温度的升高而下降。沥青的介电常数计算公式如下：

$$介电常数 = \frac{沥青作为介质时平行板电容器的电容}{真空作为介质时相同平行板电容器的电容} \qquad (2\text{-}3)$$

沥青在紫外线、氧气、雨水和车辆油滴的影响下，其耐候性与沥青的介电常数有关。路面的抗滑性也与沥青的介电常数有关，沥青路面的压实度影响路面的抗滑性能，压实度与沥青介电常数存在相关关系，沥青及沥青混合料的介电常数越大，其相对密度越大，压实度越大，抗滑性能越好。石蜡对介电常数有不良影响，尤其是极性化合物浓度较大时，影响更大，在使用极性添加剂以改善沥青黏结性时，需注意石蜡的影响。

导电性是沥青的另一个重要电性质，由于沥青的电导率非常小，常作为绝缘物质使用，沥青越硬，电导率越小。随着温度的降低，沥青电导率也逐渐变小。在50℃以下时，沥青的电导率一般都在10^{-13}S/cm数量级，随着温度的升高，导电性迅速增大，电阻急剧下降，而且随着黏度的减小电阻大幅度减小。在不同的溶剂中，沥青电导率有较大的差别。实验证明，沥青在介电常数很大（$\varepsilon = 34.8$）的硝基苯中电导率最大，在苯溶液中几乎不导电，原因是苯的介电常数只有2.28，此时沥青的正、负离子之间的静电吸引力很强，几乎不解离，而在硝基苯中，沥青容易解离，因此电导率较大。

5. 沥青的热性质

沥青的热性质主要包括比热容、热膨胀与热传导等方面的性质。

1) 比热容

比热容是指单位质量的某种物质温度升高(或降低)1℃所吸收(或放出)的热量，单位为 J/(kg·℃)。沥青的比热容随温度的升高而呈线性增大，随密度的增大而减小。在道路沥青路面应用中，沥青的比热容越大，其温度升高所需能量越多，在夏天沥青路面温度则升高得更慢，路面性能更优越。

2) 热膨胀系数

沥青温度每升高1℃所增加的体积即沥青的热膨胀系数。道路沥青的热膨胀系数一般取 $0.0006℃^{-1}$。沥青的热膨胀系数也可用下式计算：

$$A = \frac{D_{t2} - D_{t1}}{D_{t1}(T_1 - T_2)} \quad (2-4)$$

式中　A——热膨胀系数；

　　　D_{t1}，D_{t2}——低温和高温时的密度，kg/m^3 或 g/cm^3；

　　　T_1，T_2——沥青的温度，℃。

沥青的热膨胀系数与路面的路用性能有密切关系，热膨胀系数越大，则夏季沥青路面越容易泛油，冬季越容易收缩开裂。

3) 热传导系数

当体系内部存在温度梯度时，热量从温度高的区域单方向地向低温区域传递，单位面积内单位时间所传递的热量称为热通量，它与温度梯度 dT/dx 成正比，其比例系数称为热传导系数，也称为热导率。沥青的热传导系数在实用温度范围内可采用 $0.15W/(m·K)$ 的值。固体蜡的热传导系数约为 $0.23W/(m·K)$。当在沥青中结晶时，蜡将形成开放结构，对沥青的热传导系数没有明显的影响。

道路沥青的比热容和热传导系数，在计算沥青加热和保温储存所需要的能量时是重要参数。

6. 沥青的黏附性与黏结性

黏附性是指沥青与其他物体(如筑路用的砂石矿料)之间的黏附能力。根据分子吸附理论，黏附作用主要是吸附剂和被吸附物质接触时，分子间的相互作用引起的。当沥青和矿料相接触时，沥青首先将矿料表面润湿，润湿过程是一个三相接触的自由能减小的可以自动进行的过程。液体能沿固体表面流开并完全润湿，必须满足以下条件：

$$\sigma_S \geq \sigma_L + \sigma_{S-L} \quad (2-5)$$

式中　σ_S——固体矿料的表面张力，N/m；

　　　σ_L——液体沥青的表面张力，N/m；

　　　σ_{S-L}——固—液界面处的表面张力，N/m。

润湿能力取决于沥青及矿料的表面张力，又由于沥青的表面张力近似一个常数，为$(25\sim40)\times10^{-5}$N/cm，因此润湿的程度实际上只取决于矿料的表面张力。在很多情况下，沥青与矿料的表面接触并不很好，尤其是沥青的黏度比较大或矿料的表面有水或其他杂质时，可能在表面产生气泡或空隙，影响润湿效果，从而影响黏附性。水能影响黏附能力，由于矿物性矿料大都是亲水的，沥青和水在矿料表面润湿是选择性竞争的过程。沥青黏附膜的厚度对黏附作用也有重要影响，薄膜厚度变小，黏附力增大，但变薄后容易导致不完全润湿，反而破坏了黏附层。总之，沥青和矿料之间的黏附作用主要是化学吸附的结果，该作用主要取决于沥青中阴离子表面活性物质和矿料中重金属及碱土金属阳离子的含量。

黏附作用是沥青混合料结构和强度形成的先决条件，黏附性的强弱直接影响着沥青路面的使用质量和耐久性。沥青黏附性影响因素较为复杂，其既受到沥青材料的影响，也受到道路工程集料的影响，主要影响因素有沥青品种、碎石的岩性、沥青的电性质、介电常数的大小及沥青与集料接触角的大小等。从沥青族组成层面来说，胶质本身对沥青的黏弹性、形成良好的胶体体系等方面有重要作用，其对沥青的黏附性影响最大。

与黏附性不同，黏结性是指沥青本身内部的黏结能力，是沥青材料在外力作用下粒子产生相互位移时抵抗变形的性能。二者之间也有一定的关系，黏结性大的沥青对同一矿料的黏附性也应该大一些。

7. 沥青的减振性

减振性是使物体振动衰减的性质，它是通过吸收振动源的能量转化为热能而使物体振动速度或振幅衰减的一种能力，通常是为了消除振动产生的噪声，又称隔声性能。沥青是黏弹性物质，在受力以后，分子间的变形由于链的相嵌缠连影响伸长，受力去除了还会恢复，此时能量就会散逸消去，达到减振的目的。沥青的减振系数与温度、沥青混合料的粒径、孔隙率等有关：路面或大气温度会影响噪声水平，温度升高会使轮胎和路面刚度降低，导致接触应力降低，产生的路面噪声也会减小，提高路面温度使得减振系数增大，从而会降低噪声水平；沥青混合料集料的公称最大粒径对路面噪声影响比较明显，对于同类型沥青混合料，公称最大粒径越小，降噪效果越好，车辆轮胎与路面沥青混合料的减振性能越强，从而降低路面噪声；路面孔隙率较大时，会降低噪声水平，这是因为较大孔隙率路面为轮胎面纹槽内积存的空气提供了消散的通道，当轮胎滚动时被压缩的气体可以通畅地钻入路面孔隙内，而不会向周围排放，另外，多孔结构还具有吸收大量噪声的性能，从而减弱路面噪声。

8. 沥青的酸性

石油沥青中含有大量的酸性化合物，如环烷酸、沥青酸、沥青酸酐等，其中沥青酸的酸值最大，活性最强。在道路工程材料中，集料一般为碱性，沥青的酸性越大，与集料的黏附性越好，水稳定性越高，在沥青混合料中，沥青从集料表面的脱落程度就越小。这是因为呈酸性的沥青酸、沥青酸酐均为阴离子型表面活性组分，其含量越大，就有可能更多与集料表面带正电的吸附中心发生作用而产生电吸附；另外，酸性组分沥青酸、沥青酸酐与集料表面的活性中心能发生化学反应产生化学吸附，从而使黏附性增加。

9. 表面及界面性质

表面张力指液体与空气之间的力,大小主要取决于液体的化学组成及温度,尤其是表面活性物质的性质和含量。相对于表面,界面更为广泛。当两相中没有气体时,不再称表面,而称为界面,相应的表面张力称为界面张力。因此,表面张力是界面张力的特殊情形。沥青的表面和界面性质在沥青加工时有重要的指导意义。

沥青、空气或水与固体石料三相存在时的界面张力如图2-4所示。在沥青混合料体系中,当各组分达到平衡时,存在如下关系:

$$\cos\theta = \frac{\sigma_{13} - \sigma_{12}}{\sigma_{23}} \quad (2\text{-}6)$$

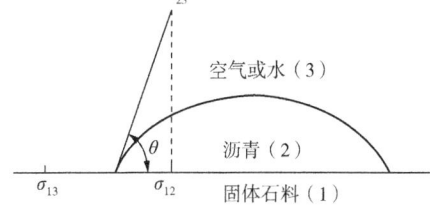

图2-4 三相存在时的界面张力示意图

式中 σ_{13}——固体石料与空气或水之间的界面张力,mN/m;

σ_{12}——固体石料与沥青之间的界面张力,mN/m;

σ_{23}——沥青与空气或水之间的界面张力,mN/m;

θ——相面的接触角,(°)。

在没有外力的作用下,接触角对于估计固体石料与沥青之间的黏附力有重要意义。对生产氧化沥青的过程来说,可用式(2-7)计算沥青与空气之间的界面张力:

$$\sigma = 25 + 0.187(t_p - 70) - (10^{-7} t_p^4 + 0.25)(t - 100) \times 10^{-2} \quad (2\text{-}7)$$

式中 σ——沥青与空气之间的界面张力,mN/m;

t_p——沥青的软化点,℃;

t——测定界面张力时的温度,℃。

从表观吸附的观点来看,沥青与固体石料之间的界面张力和表面活性物质及水的pH值有关。由于沥青中都含有表面活性物质,给出沥青与水之间的界面张力较困难。一般认为沥青与水之间的界面张力为25mN/m。若向沥青或水中加入磺酸盐或含有—COOH、—OH等的化合物,界面张力可下降到约5mN/m。

沥青与集料在拌和压实过程中,界面接触并黏附形成沥青膜,在界面张力的作用下,沥青膜有不易扩散的趋势,进而影响沥青与集料的黏结性能。近年来,沥青界面张力与表面能理论已广泛应用于沥青混合料黏附性研究,且可以作为沥青混合料界面黏结性能的评价方法和标准。

二、石油沥青的化学性质

沥青组成结构极其复杂,而且高分子材料具有同分异构的特征,其化学性质往往有较大的差别,了解石油沥青的化学性质对于进一步指导石油沥青新产品的开发具有重要意义。

1. 氧化反应

沥青的氧化反应分为低温氧化反应和高温氧化反应。

1) 低温氧化反应

沥青在长时间的使用过程中会与空气中的氧发生反应，而使其成分逐渐发生变化，该氧化过程即为低温氧化反应，具体表现为沥青针入度变小、软化点升高以及延度降低，变脆变硬。光的照射，特别是紫外光照射，通常可以大大促进氧与沥青的反应速率，所以研究沥青的低温氧化通常在有光照的情况下进行。沥青的低温氧化服从自由基反应机理，最初的自由基可能由烃类分子裂解产生，其反应过程包括链引发、链发展和链终止 3 个阶段。

（1）链引发：

$$R\cdot + O_2 \longrightarrow ROO\cdot$$
$$ROO\cdot + RH \longrightarrow ROOH + R\cdot$$

（2）链发展：

$$ROOH \longrightarrow RO\cdot + \cdot OH$$
$$RO\cdot + RH \longrightarrow ROH + R\cdot$$
$$\cdot OH + RH \longrightarrow H_2O + R\cdot$$

（3）链终止：

$$R\cdot + R\cdot \longrightarrow R-R$$
$$ROO\cdot + ROO\cdot \longrightarrow ROOR + O_2$$

沥青中的芳烃、胶质和沥青质部分氧化脱氢缩合生成水，其余的重质组分中的活性基团互相缩合生成更高分子量物质，其转化过程简单表示为：芳烃→胶质→沥青质→炭青质→焦炭。

2) 高温氧化反应

沥青的高温氧化反应主要是脱氢反应。反应温度越高，沥青中的氧含量越低，大部分氧以水和二氧化碳的形式存在于排出气中。氧与烃类物质还可以反应生成羧酸、酚类、酮类和酯类等含氧化合物，其中以酯类为主。酯基可以连接两个不同的分子生成分子量更高的物质，使沥青中的沥青质含量增加，也使沥青的胶体结构和化学组成及性质发生改变。

沥青中化合氧的含量除与温度密切相关外，与原料的性质也有重要的关系，芳香族含量多的原料，化合的氧也越多。芳香族含量少的原料，脱氢反应所占的比例更大，而沥青中所化合的氧就更少。

2. 沥青与硫的反应

180℃以上时，沥青与硫黄迅速发生反应生成硫化氢及沥青质，反应过程中硫原子可能直接与沥青发生交联反应，生成更大的分子，也可能是沥青的某些组分发生脱氢反应生成硫化氢。在高温（240℃）条件下加硫时，主要进行的是脱氢反应，在低温（140℃左右）下则是硫原子直接加到沥青上的反应。单质硫会因为非活性溶解而生成多硫化物；140℃

以上时，沥青中的饱和组分会发生脱氢作用，脱氢深度取决于混合反应的最终温度；当反应温度超过240℃时，硫黄可以与沥青中稳定的环状芳香组分发生反应生成沥青质。

反应过程中，随着反应温度的升高，部分硫会取代沥青中的氢原子，交联硫的含量会有所升高。一般认为沥青在硫化反应过程中主要生成二硫化物和亚砜，主要反应过程：当达到一定温度时，硫可生成硫自由基，该自由基与基质沥青反应，生成二硫化物以及硫化氢，亦可生成硫醚以及硫化氢；在高温下，硫醚被氧化为亚砜，具体过程如图2-5所示。

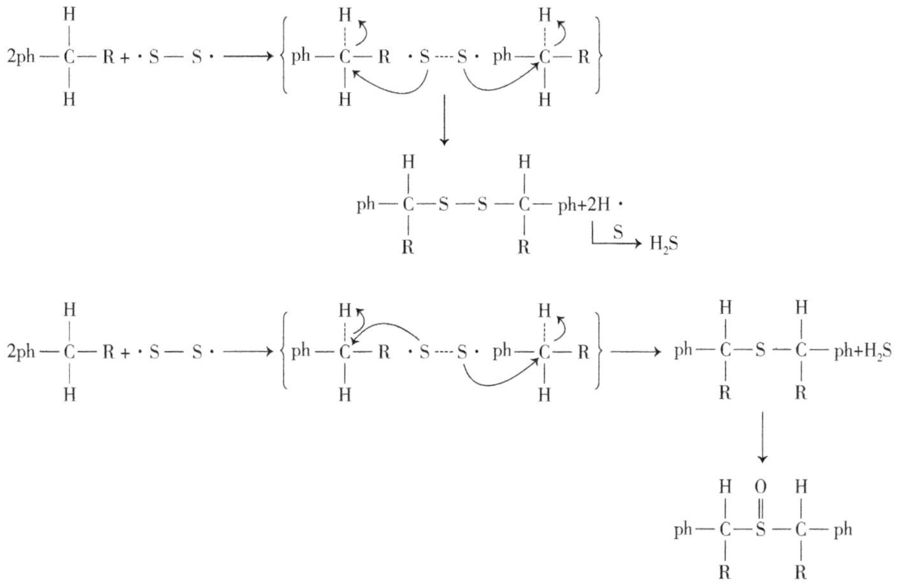

图2-5 沥青的硫化机理

ph—苯基

3. 磺化反应

磺化反应是亲电取代反应，通常是引入磺酸基（—SO_3H）或磺酸盐（—SO_3R）或磺酰卤基（—SO_2Cl），磺化试剂主要有三氧化硫、发烟硫酸或硫酸，用这些磺化剂进行磺化反应时，它们的亲电质点可认为是磺化剂自身的不同离解方式。硫酸作为磺化剂时，反应机理如下：

$$2H_2SO_4 \rightleftharpoons SO_3 + H_3O^+ + HSO_4^-$$

$$H_3SO_4^+ \rightleftharpoons H_2O + SO_3H^+$$

当亲电正离子SO_3H^+与电子云密度较高的苯环接近时，借助苯环上的两个p电子与苯环结合形成一个不稳定的正碳离子中间体，正碳离子中间体消去一个质子恢复稳定的苯环结构：

$$R—Ar—H + SO_3H^+ \rightleftharpoons R—Ar—SO_3H + H^+ \quad （Ar为芳基）$$

发烟硫酸与三氧化硫作为磺化剂时，主要是三氧化硫起磺化作用，这两种反应机理都是正碳离子对芳环进行攻击，正碳离子的浓度均与体系中的含水量有重要关系，反应体系的含水量越少，该可逆反应的正碳离子的浓度越高。

$$H_2SO_4 \rightleftharpoons \overset{O}{\underset{\underset{O^-}{\|}}{O{\leftarrow}S{\rightarrow}O^-}} + H_2O$$

$$\overset{O}{\underset{\underset{-O{\leftarrow}S{\rightarrow}O^-}{\|}}{}} + R-Ar-H \rightleftharpoons Ar{\leftarrow}\overset{O{\uparrow}}{\underset{\underset{O}{\downarrow}}{S}}{\rightarrow}OH$$

以发烟硫酸作为磺化剂时，同时会有酸酐、砜的生成，发烟硫酸用量越多，反应温度越高，酸酐的生成量越多，且越容易发生磺化反应。发烟硫酸可引起有机物的氧化反应，随着芳环上烷基链的增加和温度的升高，氧化作用加剧，生成黑色醌型化合物，多烷基苯磺化时生成深色产物。侧链较芳环更易发生氧化作用，同时伴随氢转移、链断裂和环化等反应。

沥青各组分磺化反应活性与其化学结构有关，研究证明反应活性大小为：胶质>芳香分>沥青质>饱和分。胶质和芳香分是磺化的活性组分，其含量决定产品的水溶性和磺酸钠含量，在原料沥青中必须含有一定比例的胶质和芳香分。沥青质在沥青的胶体结构中处于胶团的中心位置，与磺化剂接触频率小，磺化速度较慢。饱和分几乎不参加磺化反应，是磺化的惰性组分，在沥青中的含量不能太高，但其是油溶性的主要成分，并影响产品的润滑性，在沥青组成中应占适当比例。磺化反应的温度对反应的影响很大，反应温度低，转化率低，温度过高则副反应较多。

磺化后的反应产物用烧碱中和后用作沥青类钻井液的添加剂，具有防塌、润滑、乳化、降滤失和高温稳定等综合效能。沥青磺化过程中常用的溶剂有四氯化碳、三氯甲烷、正己烷、正辛烷等。

4. 加氢反应

在沥青加氢处理中，随着加氢反应温度的升高和加氢深度的增加，沥青质被有效脱除，减少了催化剂的积炭量，硫、镍、钒含量降低，氮含量呈增加的趋势。沥青质中饱和碳含量减少，芳香碳含量增加，其中二环芳碳含量减少、三环碳的含量增加，即迫位缩合程度加深，说明温度的升高使沥青质大分子结构更加紧密，从而使以稠环芳烃为核心的体系更加庞大，增加其芳香性。在高温和高氢分压下，这些稠环芳香结构的绝大部分进一步加氢裂化生成小分子组分，小部分难反应的稠环芳香结构之间发生缩合反应生成大的结构单元。随着反应的进行，沥青质结构单元外围烷基侧链和环烷环断裂脱除，部分稠环芳香结构之间发生缩合反应，导致沥青质结构单元的稠环芳香环数增加，平均分子量也随之增加。

沥青加氢过程中，芳香分、胶质和沥青质都可以通过脱烷基反应生成稠环芳香结构，反应后沥青质的结构主要与沥青中最难反应部分的热力学结构有关。这部分物质极难进行加氢反应，甚至由于热力学平衡的影响，反应会向逆方向进行，加氢后沥青质结构单元的H/C（原子比）会随原料中沥青质含量的增加而降低。

在压力和温度比较缓和的条件下，石油沥青胶质或沥青质即可在碳—杂原子(N、S及O)键上进行加氢而不触动 C—C 键。以镍作为催化剂，胶质或沥青质加氢生成的产物几乎不含杂原子 S 和 O，但反应产物分子量减少幅度很小，这证明绝大多数杂原子是在胶质或沥青质的环状结构上，而不是在连接环与环结构之间的桥链上。

5. 热转化反应

石油沥青在 350~450℃进行热处理时，主要化学反应有热裂化反应和缩合反应，一般来说热裂化反应和缩合反应同时发生，热转化过程可以得到轻质馏分和焦炭。

热裂化反应即大分子裂化为小分子，为吸热反应，减黏裂化过程属于此类反应。热裂化反应主要是自由基反应机理，反应活性强、化学键能小的分子首先断裂生成自由基，小自由基与大分子碰撞生成新的大自由基，大自由基不稳定，再断裂生成小自由基，形成连锁反应。正构烷烃最容易断裂成各种小分子烷烃和烯烃；异构烷烃的断裂与正构烷烃类似；环烷烃在较高温度下断裂生成环烯烃和二烯烃；带侧链的芳烃在侧链处断裂；芳环结构稳定、键能大、不易断裂，芳环自由基互相结合形成稠环芳烃，最终生成焦炭。

缩合反应即沥青分子缩合为大分子，为放热反应，延迟焦化和灵活焦化过程属于此种类型。缩合反应机理主要是生成中间相碳小球。当断裂后的小分子烃类通过挥发和蒸发离开反应体系后，稠环芳烃不断增加。芳环数达 15~20(即分子量达 1000~1400)时，可形成足够大的稠环芳烃分子，将沿一定方向进行有规则排列，既有各向异性的固体特性，又有能流动并在悬浮时呈球状的液体特性，称为中间相。这些小球能以喹啉不溶物的形式从沥青中分出，得到结晶中间相小球，外观为黑色粉末，内部聚集着很多稠环芳烃。由于有大面积的平面结构和一定程度的取向，其排列基本整齐、有层次且两极排布。在持续受热过程中小球体经历出生成长、相遇融并、增黏老化和定向固化等演化历程。小球的形成速度有快有慢，大小不一，取向程度各异，这些都和热转化反应条件、稠环芳烃内部结构有关。

6. 与酸或碱的反应

在常温时，沥青常作为一些物体不受酸侵蚀的保护层。由于沥青的主要成分是碳，还有大量的碳氢化合物，因此在常温下沥青和酸并不容易发生反应，浓酸对沥青本身也有作用，但是大部分沥青都有抵抗稀酸的能力，所以在相当长的时间内，沥青保护层都不会有明显的变化。稀碱能侵蚀某些沥青，这很可能是碱与沥青中酸性物质反应使沥青生成乳化液的结果，当用 0.1%的氢氧化钠与酸值高的软沥青反应时，这种现象更为明显。在常温下，浓碱(如 20%氢氧化钠或 10%碳酸钠)与沥青反应时反而没有这种现象，但在 60℃时，使用这样浓度的碱，在沥青的表面会出现类似乳化的迹象。

第三节　石油沥青的分离方法

随着沥青路面等级的不断提高和沥青新用途的开发，要求对沥青的认识越来越深入，石油沥青的分离技术得以不断发展。一般采用将物理和化学特性相似的化合物集中为一个组分的方法分离石油沥青，利用沥青对不同溶剂的溶合性，将其分离成几个化学成分和物理性质相似的部分,再借助其他物理和化学的方法开展进一步的分析鉴定。根据不同的分离原理,沥青分离可按族组成分离、馏分分离和官能团分离进行分类。

一、族组成分离

1. 三组分法

三组分法又称马库森法,采用选择性溶剂及吸附法将沥青分为油分、胶质和沥青质三个组分,其分离流程如图 2-6 所示。三组分法的优点是组分界限明确,组分含量能在一定程度上说明沥青的性能;主要缺点是分析流程复杂,分析时间长。

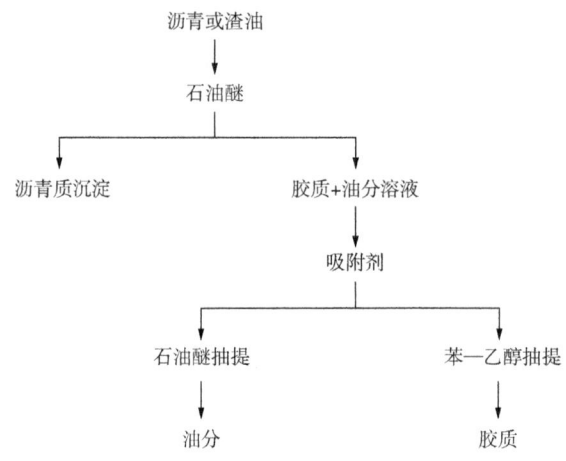

图 2-6　沥青三组分分离流程

2. 四组分法

在三组分法的基础上,用液固色谱将沥青分为四个组分的方法应用极为普遍,四组分分析法(又称 SARA 分析法)是用规定的溶剂及吸附剂,采用溶剂沉淀及柱色谱法将沥青试样分成沥青质、胶质、饱和分及芳香分。SARA 分析是按沥青中各化合物的化学组成及结构来进行分组的方法,所以它与沥青的使用性能关系更密切。SARA 分析法流程如图 2-7 所示。

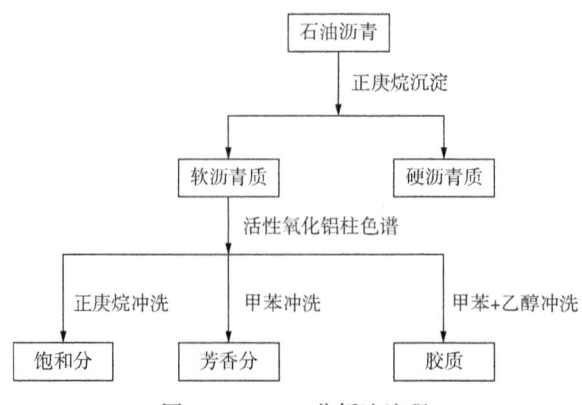

图 2-7　SARA 分析法流程

石油沥青应被视为一个化学连续体系，沥青中各类分子的摩尔质量、碳氢比、极性等，按饱和分、芳香分、胶质、沥青质的顺序递变。即使采用四组分法对其进行分离，每一个分离出的组分也是由数量众多的化合物组成的，仍需视为一个复杂的化合物体系，现阶段对沥青组分化学特性的研究仍然是针对该体系的统计平均值进行的研究。沥青四组分化学组成对比见表 2-8。

表 2-8 沥青四组分的化学组成

组分	饱和分	芳香分	胶质	沥青质
形态	半透明液态	红色液态	半固体或固体状黏稠性物质	深褐色至黑色无定形物质
密度/(kg/m^3)	0.90×10^3	1.00×10^3	1.07×10^3	1.15×10^3
含量/%(质量分数)	3.0~19.1	22.4~46.6	23.2~52.7	4.0~22.9
摩尔质量/(g/mol)	600	800	1100	800~3500
溶度参数/MPa$^{-0.5}$	15.0~17.0	17.0~18.5	18.5~20.0	17.6~21.7
碳氢比	2.00	—	1.38~1.69	1.15
碳/%(质量分数)	78.0~85.6	80.0~87.3	67.0~88.0	80.0~88.6
氢/%(质量分数)	12.0~14.4	9.0~13.0	9.0~12.0	7.1~10.0
氮/%(质量分数)	<0.1	0~4.0	0.2~1.7	0.3~4.0
硫/%(质量分数)	<0.1	0~4.0	0.4~5.0	3.0~9.3
氧/%(质量分数)	<0.1	2.0	0.3~2.0	1.0~2.7

沥青质是四组分中摩尔质量最大、极性最高的组分，不同沥青分离出的沥青质的氢、碳元素含量变化幅度较小，差异主要体现在氧、硫元素含量。沥青质的主体结构为多环芳烃，较高的芳环数使得沥青质的氢碳比在四组分中最低。胶质也称为极性芳香分，化学组成和性质与沥青质存在一定相似性，在不同实验环境下，分子量较大、极性较强的胶质可能会被划分为沥青质组分，而小分子、极性相对较弱的沥青质可能会被划分为胶质组分。胶质的化学稳定性较差，在吸附剂作用并与空气接触时，容易氧化缩合，部分转变为沥青质。胶质与沥青质是沥青中主要的着色组分。

3. 六组分法及八组分法

把沥青分为 3~4 个组分虽然可以从一定程度上解释一些沥青性质的差异，但是存在使用上的局限性，这些局限性主要表现为具有相近组分的沥青，在使用性质上有较大的差别，因此精度更高、更加先进的六组分法和八组分法成为必要。六组分法的特点是将沥青中的胶质进一步分离为三个亚组分。如有需要，还可用含水 1%的氧化铝作为吸附剂使用梯度冲洗法把沥青中芳烃分离为轻芳烃、中芳烃和重芳烃，这和上述的六组分法分离相结合即可得到沥青的八组分(饱和分、轻芳烃、中芳烃、重芳烃、轻胶质、中胶质、重胶质和戊烷沥青质)组成。沥青八组分分离流程如图 2-8 所示。

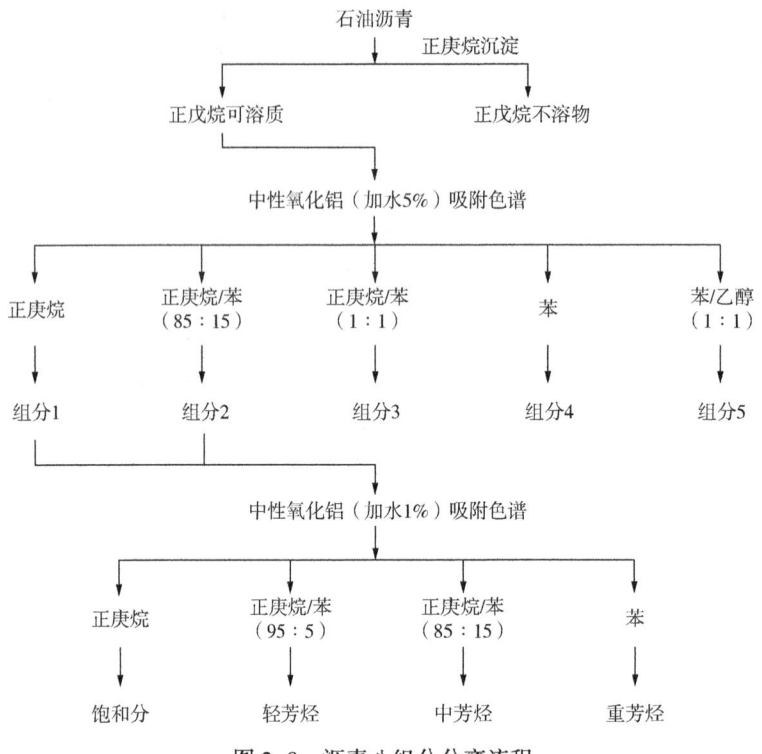

图 2-8 沥青八组分分离流程

从上述沥青的族组成分离过程可以看出,沥青的三组分分离、四组分分离、六组分分离和八组分分离都包括溶剂沉淀、样品在吸附剂上的吸附和脱附,因此沥青的族组成分离不仅需要消耗大量的试剂,而且需要较长的时间。经分离的沥青中各组分的含量和性质与沥青的黏滞性、感温性、黏附性等物理性质有直接的联系,在一定程度上能说明它的路用性能。

二、馏分分离

尺寸排阻色谱法(SEC),是根据混合物溶液中各组分的相对分子尺寸(有时称为动力学分子尺寸)不同因而在具有微孔结构的固定相内的停留时间不同进行的馏分分离,从理论上讲,这种分离与分子的极性无关。

SEC 方法在矿物燃料科学尤其在重质原油及其衍生物的分离方面有着广泛的应用。极性分子间的缔合度是比较大的,如果缔合物在用于 SEC 分离的溶剂中是稳定的,那么可以通过制备型 SEC 把缔合物从非缔合的组分中分离出来。与离子交换色谱和液相色谱不同,SEC 分离方法不存在不可逆吸附的问题。高度老化的沥青中含有许多高极性官能团,其他色谱分离和分析方法均不适宜含有高极性官能团的物质,而 SEC 方法对于高极性官能团回收率高,因此 SEC 常用于分离高度老化的沥青,这是区别于其他分离方法的优势。

SEC 方法可以作为分离微量样品的分析技术,也可以作为分离样品的制备技术。SEC

作为分析技术时,主要使用高性能的液相色谱并且附带其他的软件和硬件。表2-9列出的是采用制备型SEC得到的沥青A的定量结果[各馏分按分子量大小的分布及红外光谱分析测定官能团含量(IR-FGA)]。表2-9中的第一个馏分是溶剂甲苯流出量占床层体积约21%时得到的,以后每馏出10%(体积分数)作为一个馏分。

表2-9 沥青A的SEC分离结果

馏分号	收率/%	分子量	硫化物/(mol/L)	酮类/(mol/L)	羧酸/(mol/L)	喹啉类/(mol/L)	吡咯/(mol/L)	酚/(mol/L)
1	21.0	11000	0.50	痕量	0.005	0.045	0.13	0.11
2	10.4	2000	0.70	痕量	0.011	0.020	0.16	0.08
3	13.7	1200	0.60	痕量	0.016	0.012	痕量	0.11
4	20.8	730	痕量	痕量	0.011	0.018	0.05	0.14
5	21.7	540	0.04	0	0.005	痕量	0.04	0.02
6	10.0	390	0.13	0	0	0.022	0.07	0.16
7	2.1	—	—	—	—	—	—	—
8	0.2	—	—	—	—	—	—	—
9	痕量	—	—	—	—	—	—	—

用同样方法得到的各种沥青的各馏分分子量分布见表2-10,可以看出以分子尺寸大小进行的分离是有效的,各馏分间分子量的差异较大;SEC方法对于沥青组分的分离是一种高效的分离方法,不同的沥青有不同的馏分分布,与馏分分布相对应的分子量也不同。

表2-10 几种沥青制备型SEC馏分的数均分子量

沥青	SEC馏分数	质量分数/%	数均分子量	数均分子量×质量分数
AAA-1	1	0.216	11000	2376
	2	0.104	2200	229
	3	0.140	1200	168
	4	0.213	730	155
	5	0.211	540	114
	6	0.093	390	36
AAB-1	1	0.203	9200	1868
	2	0.104	1800	187
	3	0.173	1000	173
	4	0.255	710	181
	5	0.173	550	95
	6	0.077	430	33

续表

沥青	SEC 馏分数	质量分数/%	数均分子量	数均分子量×质量分数
AAC-1	1	0.135	7380	996
	2	0.121	1610	195
	3	0.256	1000	256
	4	0.291	780	227
	5	0.138	610	84
	6	0.047	490	23
AAD-1	1	0.247	7000	1729
	2	0.093	2200	205
	3	0.112	1200	134
	4	0.177	700	124
	5	0.223	470	105
	6	0.123	360	44
AAF-1	1	0.139	8690	1208
	2	0.119	1970	234
	3	0.199	1110	221
	4	0.270	770	208
	5	0.182	610	111
	6	0.077	450	35
AAG-1	1	0.118	7900	932
	2	0.088	1700	150
	3	0.174	990	172
	4	0.271	710	192
	5	0.220	550	121
	6	0.104	420	44
AAK-1	1	0.260	1000	2600
	2	0.115	1700	196
	3	0.143	1000	143
	4	0.192	650	125
	5	0.183	410	75
	6	0.087	340	30

续表

沥青	SEC 馏分数	质量分数/%	数均分子量	数均分子量×质量分数
AAM-1	1	0.318	4600	1463
	2	0.255	1700	434
	3	0.207	1100	228
	4	0.132	810	107
	5	0.062	600	37
	6	0.025	480	12

三、官能团分离

离子交换色谱法(IEC)很早就已成为分离技术之一。早在20世纪初，就已使用离子交换剂作为水的软化剂，目前均已改为使用人工合成的离子交换树脂。在石油沥青中含有大量的酸性化合物及碱性化合物，离子交换色谱法能较好地将它们与中性化合物分开，常用的离子交换树脂的种类及性质见表2-11。

表 2-11 离子交换树脂的类别

分类	性质	官能团	干容量/(mmol/g)	离子形式
阴离子	强碱	$—CH_2N(CH_3)_3^+$	3.2	Cl^-
	中强碱	$—N(CH_3)_3^+$	8.8	Cl^-
	弱碱	$—NHK_2^+$	2.8	Cl^-
阳离子	强酸	$—SO_3^-$	5.0	H^+
	中强酸	$—PO_4^{2-}$	6.6	Na^+
	弱酸	$—RCOO^-$	10.2	Na^+

凡能在溶剂中(流动相)离解或部分离解的物质通常都可以用离子交换色谱法进行分离。沥青是由相对非极性的烃类和不同极性的含有杂原子的酸性分子及碱性分子组成的，这些组分并不能通过尺寸排阻色谱分离分子(即溶剂沉淀)的方法或技术实现完全分离，而离子交换色谱则可以将定义的中性馏分、酸性馏分和碱性馏分从混合溶液中分离，并且在一次实验中可以得到的样品量比较大，保证有足够的样品进行后续物理性质的测定。通过变换条件，离子交换色谱可以分离各种特殊馏分。虽然离子交换色谱的分离效果比较好，但是它的实验过程比较长，由离子交换色谱进行两性物的分离流程如图2-9所示，由离子交换色谱进行沥青五组分的分离流程如图2-10所示。

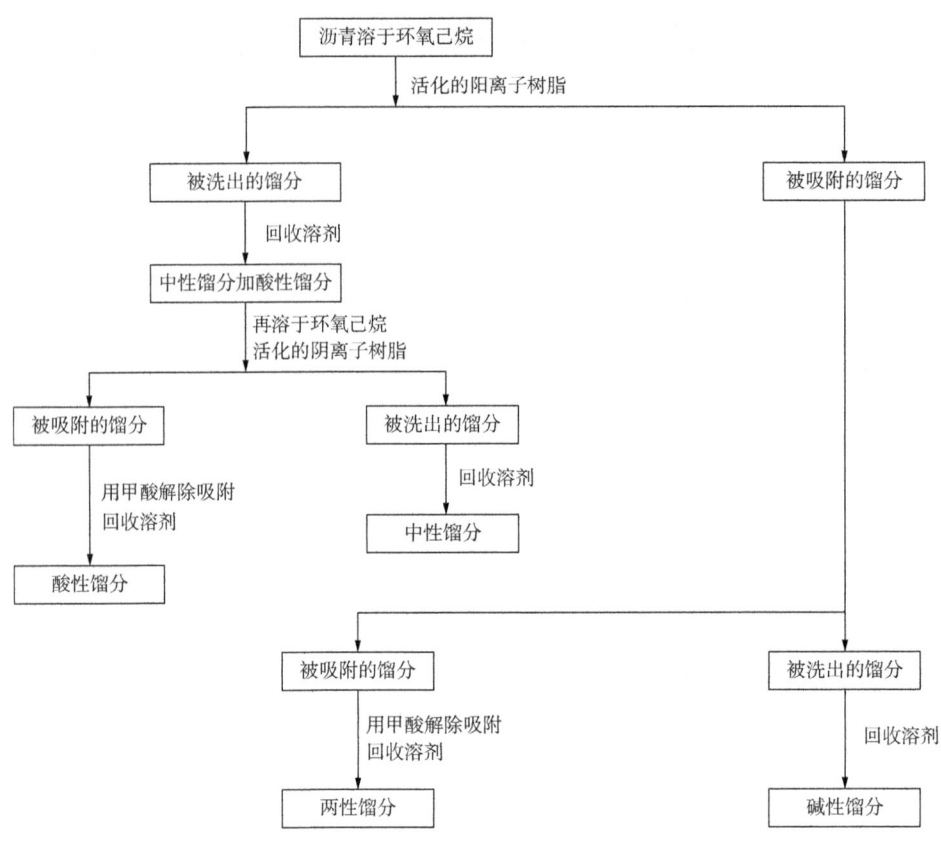

图 2-9　IEC 两性物的分离流程

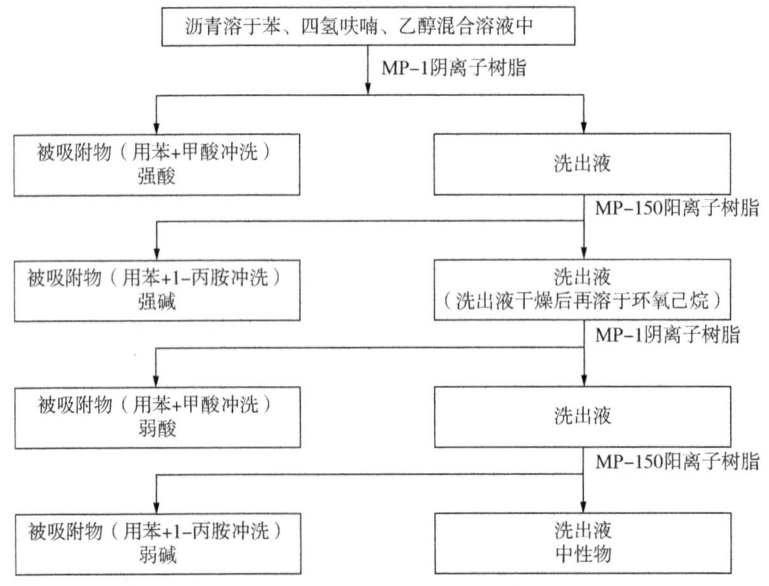

图 2-10　IEC 沥青五组分的分离流程

第四节 石油沥青胶体结构

大多数石油沥青是以分子量很大、芳香性很强的沥青质为中心,在其周围吸附一些胶质、芳香分和饱和分形成胶束,即分散相,胶束极性从中心向外逐渐减弱,芳香度依次降低;胶束分散在由芳香分和饱和分组成的分散介质(即连续相)中,形成了石油沥青的胶体分散体系(图 2-11)。

石油沥青的胶体结构可由多数沥青均具有胶体溶液所特有的流变学性质(如黏弹性、触变性等)得到证明。石油沥青只有在含有沥青质时,才会生成胶体溶液,单纯的可溶质或不含沥青质的沥青为纯黏性液体。沥青质分子对极性较大的胶质所具有的强吸附力是形成沥青胶体结构的基础,没有极性很强的沥青质中心,就不能形成胶

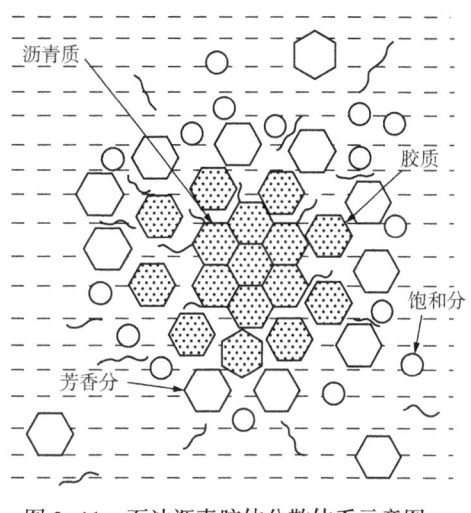

图 2-11 石油沥青胶体分散体系示意图

团核心,同样若没有极性与之相当的胶质被吸附在沥青质的周围形成中间相,也不会生成稳定的胶体溶液。

沥青的理化指标和使用性能不仅与其化学组成有关,而且在很大程度上取决于沥青质在油分中所形成的胶体溶液的状态。石油沥青胶体体系的稳定性取决于各组分的数量及平衡状态,各组分在数量、性质及组成上必须相互匹配,芳香分和饱和分组成的分散介质应保持适当的芳香度,极性必须匹配,使沥青质处于较好的胶溶状态。

一、石油沥青胶体结构类型及其影响因素

1. 石油沥青胶体结构类型

根据现代胶体理论,沥青的胶体结构可以分为溶胶型、溶胶—凝胶型和凝胶型 3 类,如图 2-12 所示。

1) 溶胶型沥青

溶胶型沥青的沥青质含量低,分子量不大,与胶质的分子量相近,油分和胶质含量较高,沥青质胶核可以很好地被胶质胶溶,此时胶团在饱和分和芳香分所构成的介质中分散度很高,很少处于相互缔合状态,可视为真溶液或分散度非常高的近似真溶液,并且具有牛顿流体的特征,其黏度与应力呈比例关系。这种沥青流动性和塑性较好,开裂后自行愈合能力较强,对温度的变化很敏感,高温时黏度很小,会发生流淌,低温时变形能力较强,一般不会形成稳定的内部网络结构,黏度增大引起流动性变小,冷却时变为脆性固体,没有稠化或玻璃化等中间状态,分子量的分布范围较窄,分散相和分散介质之间的化学组成及性质比较接近。

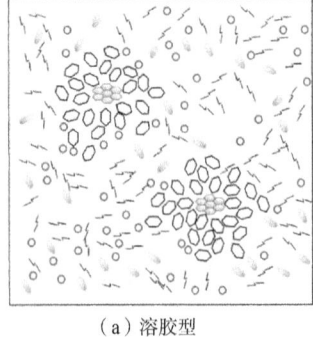
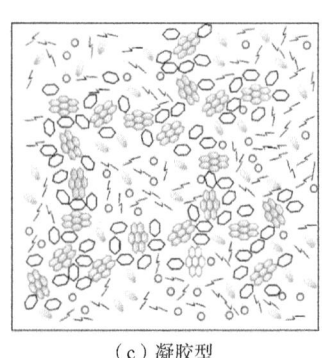

图 2-12 石油沥青胶体结构

图例：沥青质的聚集体；低分子量和常见芳香族化合物；芳香族—脂肪族混合型化合物；芳香族混合化合物；具有高分子量和芳香性的化合物

(a) 溶胶型　　(b) 溶胶—凝胶型　　(c) 凝胶型

2) 凝胶型沥青

当沥青质含量很高，油分和胶质含量较少，没有足够的胶质使之胶溶，分散介质的芳香度较低或溶解能力不足时，沥青胶团之间会相互连接，形成三维网络结构，胶团在分散介质中自由移动受到限制，这类沥青称为凝胶型沥青。

凝胶型沥青具有结构黏度，表现出非牛顿流体的特征。其流动性和塑性较差，开裂后自行愈合能力较差，弹性高，温度敏感性较小，温度较低时，变形能力较差，当温度升高时，胶团逐渐解缔或胶质从沥青质吸附中心上脱附下来，沥青质与胶质之间强大的表面吸附力被破坏，胶团也随之被破坏，沥青接近真溶液而具有牛顿流体的特征。

3) 溶胶—凝胶型沥青

胶体结构介于溶胶型和凝胶型之间的沥青即为溶胶—凝胶型沥青。这类沥青含有一些网络结构，但网络结构形成与温度密切相关，高温时具有较低的感温性，低温时又具有较强的变形能力。其针入度指数介于 $-2 \sim 2$，高等级沥青路面使用的道路沥青均属于这一类。

2. 石油沥青胶体结构影响因素

任何引起分散相和分散介质之间平衡发生移动的因素（如加热和溶剂稀释等），都会破坏石油沥青胶体结构的稳定性甚至导致沥青质的聚沉。影响石油沥青胶体类型的因素大致有以下几类。

1) 沥青质的浓度与化学组成

沥青质分子以多环的缩合芳香片为基本结构单元，多个片状结构依靠弱键结合堆积而成，当其含量较低时，分子间距较大，同时由于油分和胶质的增溶保护作用，沥青质分子基本不发生交联效应；当沥青中浓度超过一定范围，由缩合芳香片组成的沥青质大分子之间发生交联概率增大，易形成三维立体网状结构，阻碍分子流动，黏度随浓度的增大而迅速上升，当浓度达到某一数值时，就会变为凝胶体系。沥青质分子对极性较大的胶质所具有的强吸附力是形成沥青胶体结构的基础。没有极性很强的沥青质中心，就不能形成胶团核心，同样若没有极性与之相当的胶质被吸附在沥青质的周围形成中间相，也不会生成稳定的胶体溶液。当沥青质氢碳原子比(N_H/N_C)较大时，沥青质的化学结构中含有较多的饱和组分(环烷及烷基侧链)，形成的胶团较大，极易形成沥青质胶团的絮凝和沉淀；反之，N_H/N_C小的沥青质除具有致密稠环芳环结构外，还存在较多的烷基链，有利于表面的非均相性，在芳烃含量相当低时，容易形成凝胶型结构。随着沥青质中杂原子所形成的官能团的极性的增强，沥青质界面会发生极化而携带电荷，从而提高沥青的表面活性，缔合现象增强，容易形成三维网状结构，促使凝胶型结构的形成。当提高胶溶组分的芳香度时，胶体结构能够向溶胶—凝胶型及溶胶型结构转化。

2) 可溶质的化学组成

在可溶质中对沥青的胶溶性起主导作用的是芳香分及其含量。芳香族化合物最易被沥青质吸附，对沥青质具有很好的胶溶能力。因此当可溶质中芳香分含量足够高时，沥青质胶核被胶溶，容易形成溶胶型胶体结构；反之，芳香分含量不足时，就形成凝胶型胶体结构。沥青在氧化过程中，由于可溶质中的芳香族组分逐渐变为沥青质，沥青也逐渐由溶胶型变为凝胶型。研究表明，可溶质中环烷烃的溶解能力相当于芳香分的1/3。沥青的类型与可溶质中芳碳(C_A)和环烷碳(C_N)的数量有关。当$C_A+1/3C_N$值较大时，沥青属于溶胶型，其针入度指数较小；当$C_A+1/3C_N$值变小时，沥青向凝胶型发展，其针入度指数增大，沥青表现出更多的黏弹性。

3) 温度

沥青质浓度较低时，升高温度能够提高可溶质的溶解能力，同时使沥青质的吸附能力下降，吸附在沥青质周围的胶质逐渐进入油分中，分散程度提高，胶体结构特征消失，转变为近似真溶液。当温度足够高时，凝胶型沥青也会发生上述变化而转化为溶胶型沥青，并逐渐具有牛顿流体特征。

二、石油沥青胶体状态评价方法

评价石油沥青胶体状态的方法有针入度指数法、容积度法和絮凝比—稀释度法。

1. 针入度指数法

针入度指数(PI)是衡量沥青感温性能的指标。所谓感温性能就是指沥青的稠度随温度改变而变化的程度，因此，针入度指数也可以用来评价沥青的胶体状态。

PI<-2 为溶胶型沥青，具有较大的感温性，焦油型沥青属于这一类；

PI=-2~2 为溶胶—凝胶型沥青，有一些弹性和不明显的触变性，大多数的优质沥青(如溶剂沥青、调和沥青)属于这一类；

PI>2 为凝胶型沥青，有很强的弹性和触变性，感温性低，低温变形能力差，大部分的氧化沥青属于这一类。

2. 容积度法

当沥青质溶于苯、四氯化碳之类的溶剂时，其黏度可以用爱因斯坦公式计算：

$$\frac{\eta}{\eta_0} = 1 + 2.5C_v \tag{2-8}$$

式中 η——胶体溶液的运动黏度，mm^2/s；

η_0——溶液的运动黏度，mm^2/s；

C_v——沥青质在溶液中所占的体积分数。

只有当溶液的浓度很小且溶质的颗粒近似于球形时，式(2-8)才能适用，该式的使用与沥青质粒子的大小无关。实际上，沥青质被胶溶后会发生溶胀，其体积较干体积增大了许多，因此实测的沥青质溶液的运动黏度往往比式(2-8)计算的运动黏度大。沥青质在溶液中的溶胀程度指标可用式(2-9)表示。

$$V_0 = C_r / C_v \tag{2-9}$$

式中 V_0——沥青质的流变学体积与干体积之比，也称为容积度；

C_r——计算得到的沥青质的流变学体积；

C_v——沥青质的干体积。

V_0的大小与沥青质的N_H/N_C、溶剂的溶解能力以及溶解温度有关。如果沥青质的N_H/N_C比较大，其饱和程度较高，分子中可能含有较长或较多的烷基侧链，在溶液中易发生溶胀，容积度V_0也较大；溶剂的溶解能力越强，容积度V_0越小，沥青向溶胶型发展，反之，则向凝胶型发展；当溶解温度升高时，由于溶剂的溶解能力增强，容积度V_0减小，沥青会从凝胶型向溶胶型转化。

3. 絮凝比—稀释度法

PI法和容积度法在一定程度上能够综合性地确定沥青的胶体状态，但不能评价沥青质和可溶质对沥青胶体状态的影响，还需要对沥青进行适当的分离并测定必要的理化性质进行分析。用絮凝比—稀释度法可不必预先将沥青分为沥青质和可溶质等组分，也不需要测定这些组分的化学组成就可以直接评定沥青的胶体状态。

絮凝比—稀释度法采用正庚烷和甲苯对沥青进行滴定分析。滴定所用的正庚烷与沥青的体积之比称为稀释比。而溶剂的总体积(正庚烷+甲苯)与沥青质量的比值称为稀释度X(dilution ratio)。当往沥青中加入少量的正庚烷时，由于沥青的可溶质中含有一定量的芳烃，沥青质不会立即沉淀析出；当加入的正庚烷体积超过某一值X_{min}时，开始出现沥青质沉淀；此时如果继续滴加正庚烷，要保持沥青质不沉淀析出，需要增加甲苯的加入量，在无限稀释度时，絮凝比达到了最大值FR_{max}。絮凝比与稀释度倒数的关系可以评定沥青的胶体状态，见式(2-10)。Pa表示解溶作用或抗絮凝作用的大小，Pa值大表示容易被溶解形成稳定的胶体状态，沥青质不易沉淀。

$$Pa = 1 - FR_{max} \tag{2-10}$$

当Pa→1时，FR_{max}→0，不需要加入任何芳烃，沥青质就能接近完全被溶解。只有不含沥青质或沥青质含量极少的沥青才会有此性质，此时为纯黏性沥青，当Pa→0时，FR_{max}→1，甲苯与正庚烷的量接近相等，沥青质几乎不被溶解或分散，可溶质几乎无法溶解沥青质。

三、沥青胶体指数

沥青的胶体指数可以表明分散体系的稳定性，见式(2-11)。

$$I_C = \frac{W_{芳香分} + W_{胶质}}{W_{饱和分} + W_{沥青质}} \quad (2-11)$$

式中 I_C——胶体指数；

$W_{芳香分}$——沥青中芳香分的质量分数；

$W_{胶质}$——沥青中胶质的质量分数；

$W_{饱和分}$——沥青中饱和分的质量分数；

$W_{沥青质}$——沥青中沥青质的质量分数。

在沥青胶体结构中，固体微粒状的沥青质由于分子间的偶极相互作用、电荷转移、π—π键缔合和氢键作用相互缔合形成"超分子结构"，即"胶核"；这些超分子结构外表面有能量过剩的可能，会形成一个附加的引力场，首先吸附强极性的胶质形成中间相，然后向外依次吸附芳香分和饱和分形成溶剂化层，包围在超分子结构周围，形成所谓的"胶团"。距离胶团中心越远，芳香度越低，最外层几乎没有极性的饱和烃，这样沥青质就可以分散在油分中形成稳定的胶体溶液。当沥青质与可溶质的相对含量和性质相匹配时，沥青的胶体体系才能处于稳定状态。一般来说，沥青的胶体指数越大，则沥青质更容易分散为较小的胶束而形成黏滞体系，这种分散体系的稳定性越好；相反，如果沥青的胶体指数越小，则表明沥青体系的胶质和芳香分含量较少，沥青质更易形成具有弹性的絮凝体网状结构，其稳定性也越差。

任何物质的宏观性质都由它的微观结构和化学组成决定，道路沥青使用性能与其化学组成、结构关系密切。随着国民经济的发展对各种沥青的性质和质量提出了越来越高的要求，需要对沥青化学组成、结构和胶体体系进行详细分析，特别需要对沥青胶体结构与沥青黏弹性力学之间的本构模型进行深入研究，揭示沥青化学组成、四组分含量、分子结构参数等与其沥青胶体流变行为之间的量化关系，才能更好地为道路的高质量发展服务。

参 考 文 献

[1] 阙国和，刘晨光，陈月珠，等. 道路沥青的化学组成和使用性质间关系[J]. 石油炼制与化工，1987(6)：32-37.

[2] 柳永行，范耀华，张昌祥. 石油沥青[M]. 北京：石油工业出版社，1984.

[3] 孟勇军. 沥青路面材料[M]. 北京：人民交通出版社，2019.

[4] 亓玉台，范耀华，丁国靖. 石油沥青及其组分吸氧老化中化学组成结构的变化[J]. 石油炼制与化工，1992(7)：54-59.

[5] 张彧，王天亮. 道路工程材料[M]. 北京：中国铁道出版社，2018.

[6] 张玉贞. 石油沥青[M]. 2版. 北京：中国石化出版社，2012.

[7] 柴志杰，任满年. 沥青生产与应用技术问答[M]. 2版. 北京：中国石化出版社，2015.

[8] 张德勤，范耀华，师洪俊. 石油沥青的生产与应用[M]. 北京：中国石化出版社，2001.

[9] 刘立行. 仪器分析[M]. 2版. 北京：中国石化出版社，2008.

[10] 张金升，张银燕，夏小裕. 沥青材料[M]. 北京：化学工业出版社，2009.

[11] 王在忠，吴美玉. 化工和石油产品中元素分析[J]. 分析试验室，1992(3)：57-78.

[12] 谭忆秋，李冠男，单丽岩，等. 沥青微观结构组成研究进展[J]. 交通运输工程学报，2020，20(6)：17.

[13] 交通运输部公路科学研究所. 公路工程沥青及沥青混合料试验规程：JTG E20—2011[S]. 北京：人民交通出版社，2011.

[14] 沈金安. 沥青及沥青混合料路用性能[M]. 北京：人民交通出版社，2003.

[15] 梁文杰，阙国和，刘晨光，等. 石油化学[M]. 2版. 东营：中国石油大学出版社，2011.

第三章 道路沥青的生产

道路沥青是以原油为主要原料经过炼油工艺得到的石油沥青产品,应用最为广泛。道路沥青产品生产与原料性质密切相关,原料性质直接决定沥青性质和质量。蒸馏法是当前最主要的生产工艺,也是最经济、产品质量最稳定的生产工艺。

第一节 道路沥青生产原料

石油沥青质量首先取决于生产原料,其次是生产方法和操作条件。石油沥青组成和性质的差异,归根到底是原油组成和性质的差异。不同油源生产的沥青即使常规指标相同或相近,其化学组成和使用性能也存在差异。因此,首先对原料或原油要有正确的认识、评价和选择。

一、原油基属分类

根据美国矿务局提出的原油分类方法,用原油简易蒸馏装置在常压下蒸得250~275℃的馏分作为第一关键馏分,残油用没有填料的蒸馏瓶在40mm汞柱(约5.33kPa)残压下蒸馏,切取275~300℃馏分(相当于常压395~425℃)作为第二关键馏分。用两个关键馏分的API度把原油分成石蜡基、石蜡—中间基、中间—石蜡基、中间基、中间—环烷基、环烷—中间基及环烷基原油,美国矿务局原油关键馏分的分类指标见表3-1,原油的关键馏分特性分类见表3-2。

表3-1 美国矿务局原油关键馏分的分类指标

关键馏分	石蜡基	中间基	环烷基
第一关键馏分	$d_4^{20}<0.8210$ API度>40	$d_4^{20}=0.8210~0.8562$ API度=33~40	$d_4^{20}>0.8562$ API度<33
第二关键馏分	$d_4^{20}<0.8723$ API度>30	$d_4^{20}=0.8723~0.9305$ API度=20~30	$d_4^{20}>0.9305$ API度<20

表3-2 原油的关键馏分特性分类

序号	第一关键馏分属性	第二关键馏分属性	原油类别
1	石蜡基	石蜡基	石蜡基
2	石蜡基	中间基	石蜡—中间基

续表

序号	第一关键馏分属性	第二关键馏分属性	原油类别
3	中间基	石蜡基	中间—石蜡基
4	中间基	中间基	中间基
5	中间基	环烷基	中间—环烷基
6	环烷基	中间基	环烷—中间基
7	环烷基	环烷基	环烷基

1. 石蜡基原油

石蜡基原油一般烷烃含量大于 50%，特点是蜡含量高，胶质含量低。典型的石蜡基原油是大庆原油，该类原油的减压渣油针入度大、延度低、蜡含量高，不符合道路沥青标准，石蜡基原油不适合用作沥青生产原料。

2. 环烷基原油

环烷基原油一般具有密度大、黏度大、凝点低、蜡含量低等特点，其减压蜡油是生产电气绝缘油和橡胶油的优质资源，减压渣油裂解性能差，不宜作为催化原料，但其减压渣油生产的道路沥青延度大、流动性能好、低温抗变形能力强、路面不易开裂、高温性能好、不易拥包、抗车辙能力和抗老化能力好，是生产道路沥青的首选原料。环烷基原油属稀缺资源，储量只占世界已探明石油储量的 2.2%，中国、美国和委内瑞拉等国家拥有环烷基原油资源，中国环烷基原油主要产自新疆油田、辽河油田、大港油田以及渤海湾等地区。

3. 中间基原油

中间基原油性质介于石蜡基原油和环烷基原油之间。这类原油通常含有一定的蜡，需要通过减压深拔或提高减压塔顶真空度等手段，尽量将减压渣油中的中间馏分分离出来，减少减压渣油蜡含量，得到的产物才能用作道路沥青。由于环烷基原油稀缺，中间—环烷基原油和中间基原油是目前国内大部分沥青生产企业采用的原料，中东地区伊朗重质原油、沙特阿拉伯中质原油、沙特阿拉伯重质原油、阿曼原油、科威特原油均属于中间基原油。

常见不同基属原油的减压渣油蜡含量和四组分组成见表3-3。

表3-3 不同基属原油的减压渣油蜡含量和四组分组成

原油	原油基属	蜡含量/%	四组分组成/%			
			饱和分	芳香分	胶质	沥青质
沙特阿拉伯中质原油减压渣油	中间基	1.98	10.1	50.5	32.1	7.3
科威特减压渣油	中间基	1.49	11.2	51.8	28.2	8.6
阿曼减压渣油	中间基	2.10	24.3	49.4	25.0	1.3
伊朗减压渣油	中间基	2.20	12.4	51.4	29.5	6.7

续表

原油	原油基属	蜡含量/%	四组分组成/%			
			饱和分	芳香分	胶质	沥青质
塔河减压渣油	中间基	2.00	20.2	38.7	24.4	16.7
欢喜岭减压渣油	环烷基	2.00	24.7	37.8	34.3	3.2
绥中36-1原油减压渣油	环烷基	1.90	18.4	31.0	45.5	5.1
玛瑞减压渣油	环烷基	1.70	13.8	44.3	22.3	19.6
波斯坎减压渣油	环烷基	2.00	15.3	47.4	21.5	15.7
新疆九区原油减压渣油	环烷基	1.72	44.5	37.6	17.5	0.4
大庆原油减压渣油	石蜡基	22.00	36.7	33.4	29.9	0

二、沥青原料选择

沥青主要由沥青质、胶质、芳香分和饱和分组成。沥青是胶体分散体系，其分散相是以沥青质为核心吸附部分胶质形成的胶束。只有沥青中所含的饱和分、芳香分、胶质、沥青质的量符合一定关系式，沥青的性能才能符合要求。为了判断哪些原油适合生产道路沥青及大致的产率情况，不少学者总结了一些经验方法，通过原油中沥青质(A)、胶质(R)、蜡(W)的相对含量进行判断。

1. $(A+R)/W$ 判断法

国内学者杨三华提出用于判断原油是否适合生产沥青的经验式：$(A+R)/W$。

（1）当$(A+R)/W>1.5$时，可生产重交通道路沥青；

（2）当$(A+R)/W=0.5～1.5$时，可生产普通道路沥青；

（3）当$(A+R)/W<0.5$时，不适合生产沥青。

2. $A+R-2.5W$ 判断法

苏联学者克巴诺夫斯卡娅提出了原油是否适合生产沥青的经验式：$A+R-2.5W$。

（1）当$A+R-2.5W>8$时，这类原油为高胶质低蜡、高胶质含蜡和含胶质低蜡，最有利于生产道路沥青；

（2）当$A+R-2.5W=0～8$时，这类原油为高胶质高蜡、含胶质含蜡或少胶质低蜡，可生产普通道路沥青；

（3）当$A+R-2.5W<0$时，这类原油为含胶质高蜡、少胶质含蜡或低胶质高蜡，不利于生产道路沥青。

表3-4为国内常用于生产沥青的几种原油的性质。采用$(A+R)/W$计算时，得到的数据基本远大于1.5，采用$A+R-2.5W$计算得到的数据基本大于8，但沙特阿拉伯中质原油和伊拉克重质原油的值低于8。实践证明，以上经验公式可用于原料初选，但初选后需要采用实沸点蒸馏仪对原油进行进一步切割，并调整减压渣油的馏程范围，才能最终确定原料是否适合生产沥青。

表3-4 国内常用于生产沥青的几种原油的性质

项目		欢喜岭稠油	辽河超稠油	绥中36-1原油	伊朗索鲁士原油	科威特原油	沙特阿拉伯中质原油	委内瑞拉-16玛瑞原油	委内瑞拉波斯玫原油	卡斯原油	伊拉克重质原油	巴士拉原油	加拿大冷湖原油	拉娜原油
密度(20℃)/(g/cm³)		0.9712	0.9970	0.9690	0.9350	0.8713	0.8720	0.9536	0.9901	0.9465	0.8746	0.9128	0.9165	0.9875
运动黏度/(mm²/s)	50℃	287.60	—	845.20	149.00	8.58	7.69	272.90	—	143.95	7.20	27.40	42.12	1309
	80℃	56.1	5647.3	131.9	—	—	4.075	—	426.1	25.74	2.50	10.90	11.40	—
	100℃	—	1589	—	—	—	—	—	162.80	17.90	30.20	23.43	22.80	11.70
API度		14.60	10.40	19.10	32.75	29.79	30.10	15.95	10.98	14.00	—	10.20	11.93	12.44
凝点/℃		−2	48	−9	−9	<−15	−10	−23	0	−27	−12	−39	−16	—
残炭/%(质量分数)		8.20	14.60	8.94	—	—	6.37	11.80	15.90	14.00	6.02	10.20	11.93	12.44
灰分/%(质量分数)		0.022	0.125	0.340	0.420	—	0.011	0.062	0.210	0.083	0.083	0.080	0.086	0.112
硫含量/%(质量分数)		0.18	0.42	0.34	3.71	2.68	3.31	2.60	4.90	2.24	2.58	3.71	3.35	6.87
氮含量/%(质量分数)		0.34	0.41	0.42	0.97	1.47	—	0.38	0.46	0.35	0.21	0.15	0.39	0.082
酸值/(mg KOH/g)		2.58	5.57	3.61	0.56	0.25	0.31	1.24	1.39	0.97	0.27	0.34	0.94	0.54
胶质/%(质量分数)		21.20	28.20	25.10	24.30	11.63	8.75	15.30	19.80	11.77	7.25	15.59	14.73	10.48
沥青质/%(质量分数)		1.04	2.00	3.13	3.18	2.28	1.21	7.60	12.30	7.18	4.01	5.58	6.36	16.17
蜡含量/%(质量分数)		1.29	4.31	0.85	7.17	1.51	2.87	1.30	1.50	2.20	2.77	1.50	0.87	3.82
盐含量/(mg NaCl/L)		2.4	4.9	—	14.0	20.6	3.5	34.4	41.6	48.9	5.1	46.6	53.8	105.9
金属含量/(μg/g)	Fe	21.80	78.70	10.70	2.31	0.77	18.24	9.10	17.80	3.00	1.34	22.00	7.03	1.00
	Ni	31.90	276.30	48.90	39.30	4.45	29.31	99.00	74.40	65.00	24.00	26.20	51.92	44.90
	Cu	0.18	1.30	—	0.04	0.03	0.12	0.20	0.20	—	—	0.10	0.10	—
	Ca	—	360	89	4.46	0.40	—	8	19	39	—	29	6.96	—
$(A+R)/W$		17.24	7.01	33.21	3.83	9.21	3.47	17.62	21.40	8.61	4.06	14.11	24.24	6.97
$A+R-2.5W$		19.015	19.425	26.105	9.555	10.135	2.785	19.650	28.350	13.450	4.330	17.420	18.910	17.100

目前，世界各地1500多种原油中，适合生产道路沥青的只有105种。可以生产沥青的原油按区域分可分为中东系原油、南美系原油和国产原油。

中东系原油包括伊朗索鲁士原油、伊朗轻质原油、沙特阿拉伯中质原油、科威特原油、上扎库姆原油和巴林原油。

伊朗索鲁士原油硫含量为3.71%，相对较高；凝点较低，为-9℃；50℃时运动黏度为149mm^2/s，适合管输，属高硫中间基原油。

伊朗轻质原油密度为0.8541g/cm^3，50℃时运动黏度为4.790mm^2/s，凝点为-8℃，适合管输，硫含量为1.48%；酸值为0.16mg KOH/g，属含硫中间基轻质原油。

沙特阿拉伯中质原油密度为0.8720g/cm^3，50℃时运动黏度为7.69mm^2/s，凝点为-10℃，全年均适合管输，硫含量为3.31%，属高硫中间基原油。

科威特原油密度为0.8713g/cm^3，50℃时运动黏度为8.58mm^2/s，凝点<-15℃，适合管输，硫含量高达2.68%，属高硫中间基原油。

上扎库姆原油密度为0.8520g/cm^3，50℃时运动黏度为4.705mm^2/s，凝点<-35℃，非常适合管输，也可与凝点高的原油混输，属含硫中间基轻质原油。

巴林原油50℃时运动黏度为8.461mm^2/s，凝点为-26.0℃，对管输有利，硫含量为2.524%，属高硫中间基原油。

南美系原油包括委内瑞拉玛瑞-16原油、委内瑞拉波斯坎原油和厄瓜多尔那波原油。

委内瑞拉玛瑞-16原油密度为0.9536g/cm^3，50℃时运动黏度为272.90mm^2/s，凝点为-23℃，为安全起见，可以掺混一定比例低黏度的原油管输；酸值为1.24mg KOH/g，蜡含量为1.30%，硫含量为2.60%，属高硫环烷基原油。

委内瑞拉波斯坎原油20℃时密度为0.9901g/cm^3，80℃时运动黏度为426.1mm^2/s，凝点为0℃，黏度较大，不适合管输，需要与轻质原油混合管输；蜡含量为1.50%，硫含量为4.90%，酸值为1.39mg KOH/g，属高硫环烷基重质原油。

厄瓜多尔那波原油的密度为0.944g/cm^3，50℃时运动黏度为157.6mm^2/s，凝点为-24℃，硫含量为1.51%，黏度不符合输送要求，尽量和轻质原油混合管输，属含硫中间基重质原油。

国产原油中能够生产道路沥青的主要分布于新疆、辽河和渤海湾三大油区。

新疆稠油包括北疆稠油和南疆稠油。北疆稠油主要以克拉玛依九区原油为代表，其密度为0.941g/cm^3，50℃时运动黏度为59.41mm^2/s，凝点达-18℃，硫含量为0.15%，属低硫环烷基原油；南疆稠油主要以塔河原油为代表，塔河原油密度为0.929g/cm^3，硫含量高达1.59%，与克拉玛依九区原油相比硫含量高，沥青质含量高。

辽河油区原油主要以欢喜岭稠油为代表，其密度为0.9712g/cm^3，50℃时运动黏度为287.60mm^2/s，硫含量为0.42%，为低硫环烷基原油。

沙特阿拉伯中质原油组分适中，是生产沥青的优质原料，但沙特阿拉伯轻质原油密度较小，经深拔后得到的沥青软化点仍然较低，不符合交通行业标准要求，通过与伊朗索鲁士原油等密度大的原油混炼，也能得到品质较好的沥青，拓宽了原料来源。另外，有些高黏稠油单独加工时沥青产率较高,但加工量小,影响装置经济效益,可与一些黏度较小的原油混炼,平衡装置的产品收率,优化经济效益。

三、沥青产率预测

直馏石油沥青的产率随油源不同而不同,而不同牌号沥青的产率取决于生产方法和工艺条件。利用原油的康氏残炭值或减压渣油体积收率可以预测沥青的产率。

1. 利用原油康氏残炭值预测沥青产率

针入度70(1/10mm)的沥青产率(质量分数)=原油残炭值(质量分数)×4.9。

实践证明,该方法适用于估算沥青质含量低于10%的原油,所得计算值与实测值的偏差约为5%。几种原油的实测产率与计算差值见表3-5。

表3-5 几种原油生产数据对比

原油	残炭值/%	产率经验公式计算值/%	70号沥青实测产率/%	差值[①]/%
1号	7.30	35.17	39.06	3.89
2号	8.30	40.07	36.75	-3.32
3号	8.90	43.01	44.95	1.94
4号	9.40	45.46	47.55	2.09
5号	10.70	51.83	55.95	4.12
6号	12.40	60.16	63.55	3.39
7号	12.50	60.65	62.62	1.97
8号	12.70	61.63	59.80	-1.83
9号	12.80	62.12	62.65	0.53
10号	12.80	62.12	58.35	-3.77
11号	13.06	63.39	60.60	-2.79
12号	13.50	65.55	61.85	-3.70
13号	13.90	67.51	68.75	1.24
14号	14.50	70.45	69.95	-0.50
15号	15.00	72.90	70.01	-2.89

① 差值=实测产率值-产率经验公式计算值。

2. 利用渣油体积收率估算沥青产率

针入度70(1/10mm)的沥青产率(质量分数)=减压渣油(体积分数)+667×(渣油相对密度-1.020)%

实践证明,该方法适用于估算沥青质含量低于10%的原油,所得计算值与实测值的偏差约为3.8%。

四、原油对沥青指标影响及因素分析

1. 原油四组分

当原油芳香分含量较高时，所产沥青产品容易进行改性；当沥青质含量较高、胶质含量低、残炭值高时，所产沥青产品延度指标将受到较大影响；当胶质和沥青质含量较低时，所产沥青产品的软化点及动力黏度指标容易不合格。

2. 原油密度及运动黏度

原油密度小于 $0.900g/cm^3$ 时，轻组分含量过高，此时减压装置深拔温度需要达到 500℃ 及以上；原油密度大于 $0.980g/cm^3$ 时，接近水的密度，脱盐、脱水困难，影响电脱盐装置的稳定运行；原油运动黏度较大时，影响生产加工过程中运输及泵送的操作成本。

3. 原油馏程及含水率、含酸量

原油初馏点低、汽油收率高时，常压塔顶压力易受较大影响，此时若以沥青装置加工该类原油时，其加工量将因塔顶负荷大而受限制；原油含水率较高时，影响生产装置操作压力的稳定控制；原油酸值高时，电脱水后容易乳化，不利于装置的稳定操作。

4. 原油蜡含量

在生产工艺不变的情况下，如果原油蜡含量偏高，不易通过蒸馏工艺和外加助剂的方式得到合格沥青，只能通过降低比例与其他原油混炼的方式，进行生产方案的优化。

第二节　道路沥青生产工艺

道路沥青的生产工艺有多种，主要有常减压蒸馏工艺、溶剂脱沥青工艺、氧化沥青工艺、调和沥青工艺及组合工艺。

一、常减压蒸馏工艺

常减压蒸馏是原油加工过程中的第一道工序，常减压蒸馏装置是原油加工的龙头装置。从常减压蒸馏装置可以分离出汽油、煤油、柴油及减压馏分油，余下的减压渣油符合石油沥青技术标准的就可以作为沥青产品外售出厂，用这种方法得到的沥青也称为直馏沥青，它是生产道路沥青的最主要方法，也是最经济的方法。

1. 常减压蒸馏工艺原理

常减压蒸馏是利用原油中烃类混合物沸点不同，将原油加热，使部分组分汽化，然后再冷凝而实现分离的过程，属物理过程。简单的蒸馏往往得不到切割精确的目的产品，要得到分离度好的目的产品就要进行精馏。精馏的基本点建立在蒸馏的基础上，将蒸馏产生的烃类气体抽出冷凝后，再将冷凝液部分或全部送回，并迎着上升气流逆向接触，称之为回流。通过回流操作可以使上升气流中高挥发组分进一步密集，从而实现高效分离的目的。同时，下降液流中低挥发组分的浓度也得到提高。在原油蒸馏时，由于常压下原油中的高沸点组分在高于380℃左右就会剧烈分解，因此只有在低于大气压力下进行蒸馏，使高沸点组分在低于常压沸点的温度下汽化蒸出，从而不致产生严重的分解而影响馏出物和沥青的质量。为达到这个目的，工业生产上最常用的手段是常压蒸馏和减压蒸馏。

常压蒸馏是在大气压的环境下，用蒸馏方法将原油分离成各种组分，直接或进一步加工成各种石油产品。为了提高拔出率，通常在蒸馏塔的塔底或加热炉炉管吹入过热水蒸气来降低烃类组分的沸点以增加馏出物，也将其称为水蒸气蒸馏。由于水和油的体系是互不相容的混合物，根据道尔顿分压定律，在塔内总压力保持一定时，塔内总压力等于水蒸气分压和烃类分压之和，这时，烃类是在一定的烃分压下进行蒸馏，也就是水蒸气帮助了烃类在低于它们沸点的温度下汽化或沸腾。吹入水蒸气越多，形成水蒸气分压就越大，烃类分压就越小，烃类沸腾所需温度就越低。

减压蒸馏与常压蒸馏相比，要增设形成真空的系统，以便将蒸馏设备内的气体抽出（包括水蒸气、不凝气等），使烃类处在低于大气压力下进行蒸馏，这样，高沸点组分就在低于它们沸点的温度下汽化蒸出，不致产生严重分解。

减压塔内的实际压力称为残压，大气压减去残压即为真空度。真空度越高，塔内残余压力越低，油品就可在更低温度下进行蒸馏。但随着塔内残压的不断降低，烃类蒸气密度也随之减小。为保证减压塔操作正常，塔内气速应保持在允许的范围内。为此，减压塔的塔径也要相应增大，并使塔内构件有较小的压降。这些都使减压蒸馏在工艺、设备和操作上比常压蒸馏复杂。

2. 常减压蒸馏工艺流程

原油常减压蒸馏工艺流程如图3-1所示，原油经泵送入装置后，经换热器换热至135℃左右进入电脱盐脱水系统，电脱盐脱水系统采用三级交直流电脱盐工艺进行深度脱盐脱水。脱盐脱水后原油再次换热后进入初馏塔T101。初馏塔塔底油经泵抽出送入换热器换热后进入常压炉，在常压炉中被加热到350~370℃后经常压转油线进入常压塔T102进行常压蒸馏。

常压塔顶油气经油气空冷器冷却进入常压塔顶产品回流罐进行油、气、水三相分离，分离出的常压塔顶汽油由常压塔顶产品回流泵抽出，一部分冷回流返至常压塔顶，另一部分作为汽油组分进入加氢精制系统；分离出的常压塔顶瓦斯经常压塔顶瓦斯分液罐分液后作为常压炉的燃料，分离出的含硫污水和减压塔顶分离出的含硫污水汇合进入电脱盐注水罐作为电脱盐注水或直接出装置。

常压塔一般设有三个侧线，常一线油从常压塔上部抽出，进入常压汽提塔一段汽提，汽提后由常一线油泵抽出经换热冷却至电精制系统精制，精制后作为煤油组分出装置。常二线油从常压塔中部抽出，进入常压汽提塔二段汽提，汽提后由常二线油泵抽出经换热冷却至加氢精制系统精制，精制后作为轻柴油组分出装置。常三线油从常压塔下部抽出，进入常压汽提塔三段汽提，汽提后由常三线油泵抽出经换热冷却至加氢精制系统精制，精制后作为重柴油组分出装置。

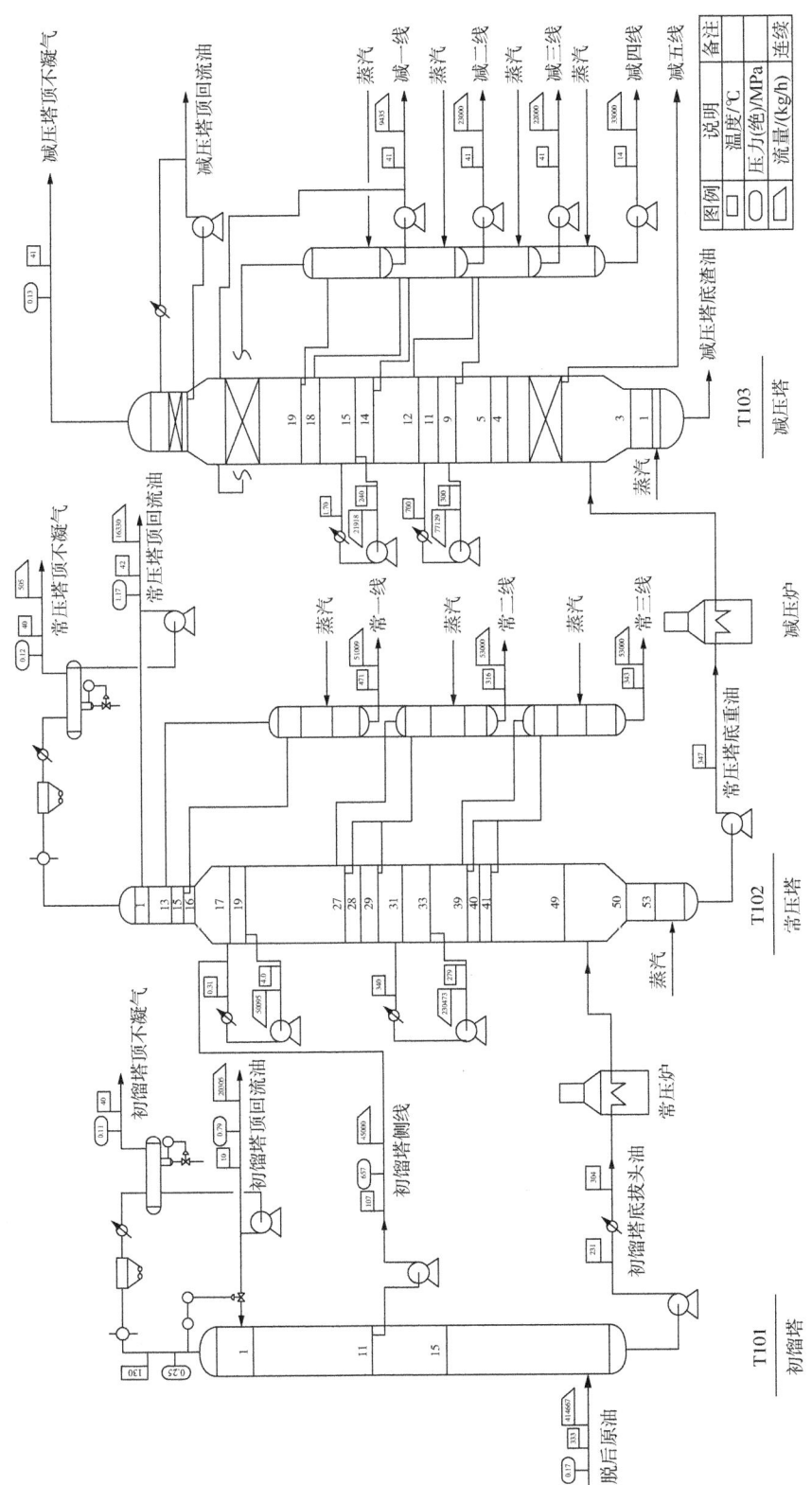

图 3-1 常减压蒸馏装置流程图

常压渣油由常压塔底泵抽出后进入减压炉，常压塔底油在减压炉中加热后经减压转油线进入减压塔 T103 进行减压蒸馏。减压塔为全填料塔，塔顶一般设三级抽真空系统。

减压塔顶油气经减压塔顶抽空冷凝器冷却至减压塔顶油气分水罐，未凝油气、水蒸气至真空泵增压，增压后至减压塔顶油气分水罐分液。减压塔顶油气分水罐分离出来的不凝气经减压塔顶瓦斯分液罐分液后作为常压炉的燃料。减压塔顶油气分水罐分离出来的减压塔顶油由减压塔顶油泵抽出作为重质柴油或催化裂化原料并入减一线出装置。减压塔顶油气分水罐分离出来的含硫污水排入含硫污水管道送至污水处理装置。

减压塔根据下游加工工艺有多个侧线(一般设三个)。减一线蜡油由减一线及减压塔顶循环泵从减压塔第一层集油箱抽出，冷却后一部分作为内回流返回减压塔，另一部分作为减一线蜡油出装置。减二线蜡油从减压塔第二层集油箱抽出，换热后一部分返回减压塔作为回流，另一部分作为催化裂化原料出装置。减三线蜡油从减压塔第三层集油箱抽出，换热后一部分作为回流返回减压塔，另一部分作为催化裂化原料出装置。

减压塔底减压渣油由减渣泵抽出经换热至150℃左右出装置作为沥青产品。

3. 常减压蒸馏工艺对沥青指标影响

常减压蒸馏装置分馏效果差时影响沥青指标，尤其是蜡油拔出率未控制到合适的范围内就会影响沥青三大指标。沥青软化点的影响因素及调节方法见表 3-6。

表 3-6 影响沥青软化点的影响因素及调节方法

影响因素	调节方法
减压炉出口温度高导致软化点高	按照工艺操作卡调整减压炉出口温度
塔顶真空度低导致软化点低	按照工艺操作卡调整三级抽真空系统负荷，并调节侧线油回流
塔底吹汽量大、汽提蒸汽温度高导致软化点高	适当降低塔底吹汽量，另外再控制过热蒸汽的压力和温度
原油性质的变化	按照工艺操作卡调节减压炉出口温度
减压塔底的液面高导致软化点高	按照工艺操作卡减少进料量或加大侧线油抽出量
各侧线回流量大导致软化点高	按照工艺操作卡均衡各侧线量
常压拔出率低导致软化点低	按照工艺操作卡加大常压拔出率

沥青针入度的影响因素及调节方法见表 3-7。

表 3-7 影响沥青针入度的影响因素及调节方法

影响因素	调节方法
减压炉出口温度高导致针入度低	按照工艺操作卡调整减压炉出口温度
塔顶真空度低导致针入度高	按照工艺操作卡调整三级抽真空系统负荷，并调节侧线油回流
塔底吹汽量大，汽提蒸汽温度高导致针入度低	适当降低塔底吹汽量，另外再控制过热蒸汽的压力和温度
原油性质的变化	按照工艺操作卡调节减压炉出口温度
减压塔底的液面高导致针入度低	按照工艺操作卡减少进料量或加大侧线油抽出量
各侧线回流量大导致针入度低	按照工艺操作卡均衡各侧线量
常压拔出率低导致针入度高	按照工艺操作卡加大常压拔出率

1) 塔顶真空度

提高真空度的关键是在保持工作蒸汽温度、压力稳定的前提下，降低塔顶冷凝器的出口温度，即喷射器的吸入温度，以减少吸气量。

减压塔顶真空度采用多级蒸汽喷射泵的串接运行来获得。蒸汽压力的改变明显影响真空度。因此在应用蒸汽喷射泵时，一般要在蒸汽管线设置压力调节系统，以保证至喷射泵的最佳蒸汽压力。山东京博石油化工有限公司高等级沥青生产装置的减压塔顶抽真空系统采用蒸汽抽空器和液环真空泵混合使用的先进工艺，真空度控制平稳，能够最大限度保证减压塔的正常平稳操作，实现高真空、低炉温的工艺条件，保证沥青产品质量的提升。减压塔真空度下降的原因及处理方法见表3-8。

表3-8 减压塔真空度下降的原因及处理方法

原因	处理方法
蒸汽压力低	联系调度或锅炉，平稳蒸汽压力
抽空器本身故障	切换为另一组，检查处理
设备密封垫片损坏，泄漏严重	发现设备密封点泄漏处，设法堵漏，严重时停工抢修
空冷器冷却水(除盐水)压力低	提高(除盐水)压力，调节好真空度
减压塔顶空冷器堵塞，腐蚀严重泄漏	空冷器故障，可以降量，停一组进行抢修
减压塔底吹汽量过大，减压塔顶冷却负荷增加	根据操作情况适当关小塔底吹汽
减压炉出口温度高，油品裂解较多	与司炉岗位联系，稳定减压炉出口温度
常压塔拔出率低，减压塔进料轻	与常压塔岗位联系，提高常压塔拔出率
塔顶温度过高	根据情况调整塔顶温度
减压塔底液面过高，停留时间长	控制降低液面，在中下部为好
减压塔顶瓦斯管线结冻或堵塞	检查减压塔顶瓦斯流程，保证畅通无阻
水封破坏	向水封罐注水，建立水封
真空表失灵	联系仪表维修

2) 炉出口温度

如果炉出口温度油温升高时，油汽化量增大，导致塔底液位降低，塔顶温度升高，应将减压炉出口温度稳定控制在指标范围内。

在设计减压炉时应该控制被加热的油品在加热炉管内加热过程中不超温，油品超温会发生裂解，对结焦速率和产品质量都有影响。因而减压炉除了选择适当的辐射管热强度外，有时还需在油品汽化点注入一定量的水蒸气，以降低油品分压，使进料在规定温度下达到所需汽化率。如油品在汽化率以后不扩径或扩径不足时，油品在炉内的温度会高于出口温度而引起分解，并且在进入转油线时界面突然扩大而形成涡流损失。减压炉出口炉管适当扩径可较大程度地减少上述情况的发生。减压炉出口温度不稳定的原因及处理方法见表3-9。

表 3-9 减压炉出口温度不稳定的原因及处理方法

原因	处理方法
燃料油、瓦斯压力变化	控制好燃料油、瓦斯压力,使其平稳
燃料油性质和温度的变化	平稳减压操作,控制好燃料油的温度
瓦斯带油或带水	瓦斯定期脱油脱水
进料量、温度、性质的变化	平稳进料量,调节幅度不能过大
火嘴堵塞、结焦或熄火	及时细心调节火焰,调火时小动、慢动、勤观察,避免相互影响
仪表控制失灵	仪表失灵时改手动,联系仪表修理
供风量不稳定和供风温度的变化	调节好空气预热系统,保证供风量稳定

3) 侧线蜡油终馏点(TBP)切割温度

沥青质量决定性影响因素就是蜡油 TBP 切割温度,实际生产时需根据沥青产品分析化验数据,调整减压塔顶真空度和减压炉出口温度,调整侧线蜡油收率,实现蜡油 TBP 切割温度的调整,生产合格沥青产品。在 70 号道路沥青操作条件基础上,适当降低蜡油收率,降低蜡油 TBP 切割温度,即可生产合格 90 号道路沥青,如巴士拉原油 TBP 切割温度 530℃时可得到合格 90 号沥青,沙特阿拉伯中质原油和科威特原油 TBP 切割温度为 520~530℃时可生产合格 90 号道路沥青。

部分原油适当提高蜡油收率和提高蜡油 TBP 切割温度,可生产合格 50 号道路沥青,但大部分原油无法通过直馏工艺直接生产 50 号道路沥青,如玛瑞原油和哥伦比亚马纳原油,TBP 切割到 450℃时,减压渣油性质满足 50 号道路沥青质量要求。中质原油即使通过减压深拔也无法生产合格的 50 号道路沥青。

实际上,上述三个装置工艺参数并不是独立的,调整时需要综合统筹调整。

生产不同牌号基质沥青或沥青产品时,常压蒸馏部分汽油、柴油收率基本不受影响,主要是减压蒸馏部分蜡油收率的变化和各侧线之间的平衡,常减压塔需在满足产品质量前提下,优先采取高温位取热,为提高常压炉入口温度创造条件。换热器选型时,每个蜡油馏分及中段,特别是沥青产品换热器应留有足够余量,以达到不同牌号沥青生产时各工艺介质换热需求,回收热量。

生产不同牌号基质沥青或沥青产品时,由于各减压侧线和沥青产品收率变化较大,导致机泵负荷变化较大,若都通过流控阀组实现流量和液位控制,必然会导致无效电耗增多,也可能导致机泵流量超出稳定运行区,因此推荐减压部分机泵采取变频控制或设计手动调挡变频,提高机泵负荷适应性的同时减少无效电耗。

目前,减压塔顶抽真空系统基本都是一、二级蒸汽喷射器+三级液环真空泵设计,在当前节能降碳、提高装置电气化率背景下,适当降低一、二级蒸汽喷射器压缩比,提高液环真空泵压缩比,有利于优化装置能耗。一、二级蒸汽喷射器压缩比适当降低后,不可回收蒸汽消耗降低,三级液环真空泵电耗增加,随着"绿电"的蓬勃发展,将有利于装置能耗和加工成本降低,减压塔顶采用全机械抽真空技术的经济性优势将愈发显著。

4. 强化蒸馏技术

沥青生产最常用的手段是通过常减压蒸馏，将原油中的软组分尽可能分离出来，如分离效果较差，过多的轻组分残留在沥青中，会使沥青的闪点、质量损失等指标变差。因此提高原油常减压蒸馏拔出率，是合理利用石油资源、提升产品质量的有效途径。在传统石油加工理论的影响下，炼油企业大多采用节能降耗、设备改造、工艺改进等方法提高蒸馏效率，经过几十年的发展，利用上述手段提高原油拔出率的潜力正逐渐减小。人们开始把研究重心转移到试图找到一种能对原油体系进行活化的物质，通过对原油进行活化达到提高拔出率的目的，基于这一想法强化蒸馏技术得到了发展。

苏联研究人员 Cоняев. з. и. 提出了石油加工中"可调节的相过渡理论"，即原油中的一些高分子物质(沥青质、胶质、稠环芳烃等)由于分子间力而相互缔合，形成一种超分子结构。以这种超分子结构为中心，加上它吸附的溶剂化层，形成络合结构单元，构成体系的分散相，它与周围的分散介质形成石油分散体系。在外部因素(添加物、温度、机械因素、超声波、离心场等)的作用下，络合结构单元中的超分子结构的核半径和吸附—溶剂化层厚度会定向变化，使烃类在各相之间重新分布，从而导致石油加工过程中石油产品的收率和质量的变化。

1) 石油分散理论体系

石油是一种复杂的混合物，其组分包括饱和分、芳香分、胶质和沥青质，这些组分又是众多复杂亚组分的混合物。"分子溶液"论者认为石油中的基本结构单元是分子，各组分以分子状态游离存在，互不干扰，均匀地分布在石油中。但随着人们对石油化学这门学科认识的不断深入，逐渐认识到传统的将原油视为分子溶液的观点存在着许多自相矛盾的地方，因此对石油分散和体系状态重新认识，并提出了石油分散体系理论，该理论提出后，科研人员通过大量实验证实了石油体系的胶体特征，并建立了一系列描述石油胶体分散体系的物理结构模型，虽然各种模型对石油分散体系的物理化学结构阐述的角度不同，但都遵循同一种模式，即由沥青质构成分散相的核，在沥青质核以外，由里到外按某种特性(芳香性、极性、溶解度参数等)递减的规律构成分散相核的溶剂化层，并与分散相达成动态平衡。

利用现代的分析手段和实验方法可以证明，原油中的一些高分子物质(沥青质、胶质、稠环芳烃等)由于受到一些作用力，能够重新取向和聚集，相互缔合而形成一些分子基团，即超分子结构。虽然这些作用力的确切机理至今仍不是很清楚，但是这些推动力主要来自电荷转移作用和偶极作用等范德华力以及氢键作用等分子间的作用力。

这些超分子结构外表面分子的过剩能量形成了附加的引力场，它能吸引一些分子量较小、芳构化程度较低的烃类，使其通过电荷转移、氢键及酸碱等相互作用吸附或溶解在超分子结构的周围，从而形成以超分子结构为核、以吸附层为外壳的复杂结构单元。石油就是以这种复杂结构单元为分散相，以低分子烃类为分散介质所组成的分散系。在外部因素(添加物、温度、机械因素、电、磁、超声波、离心场等)的作用下，通过调节分散相、分散介质和吸附溶剂化层中分子间的相互作用，改变复杂结构单元中超分子结构的核半径和溶剂化层厚度以及它们的物化性质，使石油分散体系处于活化极值状态，提高传质和传热，最终控制原油蒸馏过程中产品的收率和质量。原油强化蒸馏过程就是基于这种理论而提出的，是把原油看作以复杂结构单元为分散相、以低分子烃类为分散介质组成的分散系，通过改变一些外部因素改变分散系的分散状态，从而调整或控制烃类在分散系中的分配，最终达到控制加工时产物的产量和质量。

2）强化蒸馏原理

关于蒸馏活化剂的作用机理，有报道归纳为胶体结构机理、表面张力机理、阻聚机理和新型活化机理4种。

（1）胶体结构机理。

由于石油缔合胶体的核（即分散相）具有极性，而分散介质是非极性的，因此胶核产生附加吸附力场，使得吸附溶剂化层中相当一部分烃类在达到其沸点时难以转入气相，即存在所谓"动力学障碍"，从而滞留在液相油中，影响轻质油收率。

强化剂可以提高分散介质的溶解能力和屏蔽缔合胶体吸附力场的作用，从而改变烃类在分散体系中的分布，一些分子烃类就会从吸附溶剂化层中释放出来，表现为馏分油收率的提高。

（2）表面张力机理。

在石油馏分的蒸馏过程中，液体沸腾时首先生成很小的气泡。当小气泡内蒸气压超过外界压力时，气泡变大并破裂，气体逸出。强化剂的分子吸附在超分子结构和吸附溶剂化层的相间界面以及气液表面上，抵消了超分子结构表面过剩的能量，降低了界面张力和表面张力，改变形成气泡的临界条件及其破裂的难易程度，强化了相间质量传递，吸附溶剂化层中的烃类分子容易从分散相过渡到分散介质中，相同的烃类重新分配，使更多的烃类分子进入沸腾物中，提高了蒸馏拔出率。

（3）阻聚机理。

原油在300~400℃的高温下蒸馏，难免发生部分裂解，其结果是部分稠环芳烃形成自由基链聚合物，一方面导致缔合胶体数目增加，另一方面限制了加热炉出口温度的提高（过高会结焦），这两个因素均使拔出率降低。因此加入强化剂及时终止链聚合、抑制结焦，可提高加热炉的出口温度，提高拔出率。

（4）新型活化机理。

新型活化剂与原油组分之间产生较强的化学作用力，在蒸馏时能够使复杂结构体超分子结构的化学键（氢键、大π键等）部分断裂，在一定程度上阻碍高分子极性化合物的缔合，使超分子结构减小，极性减弱，其附加的引力场也随之减弱，于是被超分子结构吸附和包裹的烃类便较多地释放出来，这能使相当一部分烃类分子进入分散介质中，因此拔出率提高的幅度相对较大。

事实上，由于原油组成、结构的复杂性，活化剂对蒸馏过程的强化并不是单一机制在起作用，更为普遍的是几种机制协同作用的结果。不同的是，针对特定的油品，某一种机制能够发挥较强的效果，而另一种机制不起作用或者被抑制而效果较弱。

3) 强化蒸馏在沥青生产中的应用

石油是由以超分子结构为核、吸附层为外壳形成的复杂结构单元为分散相,以低分子烃类为分散介质所组成的分散体系。渣油(沥青)是富含胶质、沥青质组分的胶体体系,在此体系中,吸附了部分胶质分子的沥青质为分散相,而油分(芳香分和饱和分)为分散介质,与石油体系相比,其分散特性更为明显。当渣油中加入油浆等强化蒸馏剂时,由于油浆中含有部分缩合性极强的芳烃,渣油中沥青质、胶质对它们的吸附溶解趋势大于原渣油中的小分子芳香分和饱和分,因此削弱了小分子芳香分和饱和分所受的超分子结构引力场的影响,在蒸馏或溶剂抽提时,使这些分子脱离原体系变得更为容易,这种分散体系的极限状态不但与添加物的性质和浓度有关,而且还与原体系中各组分的性质有关。

郭燕生采用不同的催化油浆与渣油蒸馏得到沥青,相比于渣油,沥青中饱和分均有不同程度的减少,而芳香分增加,胶质、沥青质基本无变化。表明经过强化蒸馏之后,化学组成在各产物中进行了重新分配,重新分配的结果是渣油及油浆中饱和度高的馏分富集在馏分油中作为二次加工的原料,改善了馏出油的性质,同时,油浆中缩合度高的芳香分富集在沥青中,改善了沥青组分间的配伍性,从而使沥青性质得以改善。

程健等在常压渣油中掺兑催化裂化油浆的研究中发现,掺兑5%(质量分数)催化裂化油浆进行强化蒸馏,馏分油(以常压渣油为标准)的收率增加了3%~4%,而且渣油的延度也在一定程度上得到提高。在胜华炼油厂$25×10^4$t/a常减压蒸馏装置上进行工业放大试验,试验结果表明:相同的渣油掺兑油浆后进行强化蒸馏,可提高渣油的针入度,而相同针入度的渣油掺兑油浆后进行减压蒸馏,渣油的延度大大增加。因此在常压渣油掺兑催化油浆后进行减压蒸馏,不但蒸馏的拔出率得到一定程度的提高,获得更多的二次加工原料,而且渣油的性质也有所改善。中国石化抚顺石油化工研究院把催化油浆和少量的溶剂抽出油作为强化剂加入原油或者渣油中,再对混合物进行减压蒸馏,将饱和组分及对沥青质量不利的组分蒸馏出去,对沥青性能有利的组分留在混合物中,以此满足对沥青抗老化性能日益严格的要求。

二、溶剂脱沥青生产工艺

溶剂脱沥青是一种重要的渣油改质工艺,广泛应用于生产重质润滑油原料、沥青以及催化裂化原料等。由于溶剂脱沥青是将减压渣油按其分子大小和分子类属进行分离,所得的脱油沥青在烃类族组成上的特点为饱和分含量较低,基本不含高沸点石蜡烃类,富含芳香分,基本浓缩全部胶质和沥青质,适合作道路沥青。选择合适的溶剂和工艺条件,就有可能从石蜡基、中间—石蜡基等含蜡减压渣油直接生产出合格的道路沥青或建筑沥青。例如由我国高含蜡的大庆减压渣油用溶剂沉淀法可以生产出几种牌号的道路沥青和建筑沥青。

溶剂脱沥青常用的溶剂有丙烷、异丁烷、正丁烷、正戊烷以及它们的混合物,不同溶剂脱沥青所得的脱沥青油,在收率和质量上存在较大的差别。以生产轻质油为目的的渣油溶剂脱沥青采用戊烷等重质烃为溶剂,利用重溶剂脱除重油中的全部沥青质和绝大部分金属，得到的脱沥青油（DAO）收率较高，进行加氢处理，加氢后的 DAO 可作为催化裂化原料或加氢裂化的原料，得到的脱油沥青（DOA）可用于焦化反应，也可用于调和道路沥青。

中国石化广州石化公司溶剂脱沥青装置是以减压渣油为原料，以丁烷或戊烷为溶剂，将减压渣油中的轻组分萃取出来。萃取出来的脱沥青油作为催化裂化装置的原料进行二次加工，萃取后的脱油沥青一部分与胶质调和成重交沥青，剩余部分送往减黏裂化或延迟焦化装置深度加工。

1. 溶剂脱沥青工艺原理

溶剂脱沥青是利用低分子烃类（如丙烷、丁烷和戊烷等）及其混合物对重质油不同组分的溶解度不同的原理，把重质油中理想组分和非理想组分分开，因此溶剂脱沥青工艺主要由溶剂抽提和溶剂回收两大部分组成。

溶剂抽提原理：原料和溶剂经静态混合器充分混匀后进入抽提塔，原料中大部分烃类（蜡油相）溶解于溶剂中，形成密度较小的轻相，而另一部分胶质、沥青质不溶于溶剂，形成密度较大的重相。轻重两相在抽提器内分别向上、向下流动，重相在下降过程中，经洗涤溶剂冲洗，进一步回收可溶解的烃类和部分胶质，最后沉降至抽提器底部，从而达到了脱沥青油和沥青分离的目的。

溶剂回收原理：溶剂回收采用超临界回收的方法，回收的溶剂循环使用。溶剂对油的溶解能力随着温度的升高而下降，当达到溶剂的临界状态时，油相在溶剂中的溶解度最小，使脱沥青油从溶剂中解吸出来。当操作压力和温度在高于溶剂临界状态下，则能使油和溶剂分离效果更好。此时溶剂处于临界状态，在不发生相变化的情况下，即可经冷却循环使用，达到很好的节能效果，该工艺称为超临界溶剂回收。

2. 溶剂脱沥青工艺流程

如图 3-2 所示，减压渣油和溶剂进入静态混合器混合后进入抽提器 V102。在抽提器内，抽提相与抽余相沉降分离，从顶部出来的抽提油经换热进入沉降器 V103，在沉降器 V103 内做进一步的沉降分离。从沉降器 V103 顶部抽出的抽提油溶液，通过泵增压后进入脱沥青油加热炉 H103，抽提油溶液升温到临界温度以上进入溶剂分离器 V104，从 V104 顶部出来的超临界溶剂经换热器换热、冷却后返回溶剂罐循环。脱沥青油从 V104 底部进入汽提塔 T101，经蒸汽汽提后，溶剂由塔顶抽出，经油水分离后溶剂返回溶剂罐，脱沥青油由塔底抽出进一步加工。

从沉降器 V103 底部出来的重脱沥青溶液泵送至加热炉 H102，加热后进入汽提塔 T103，塔顶溶剂冷却后，进入溶剂回收罐循环使用。塔底重脱沥青油出装置，进入调和沥青罐或再进行二次加工。

抽提器 V102 底的脱油沥青溶液经塔底泵泵送至加热炉 H101，加热后进入脱油沥青汽提塔 T102，塔顶溶剂经油水分离后，进入溶剂回收罐循环使用，塔底脱油沥青出装置，进入沥青调和罐。

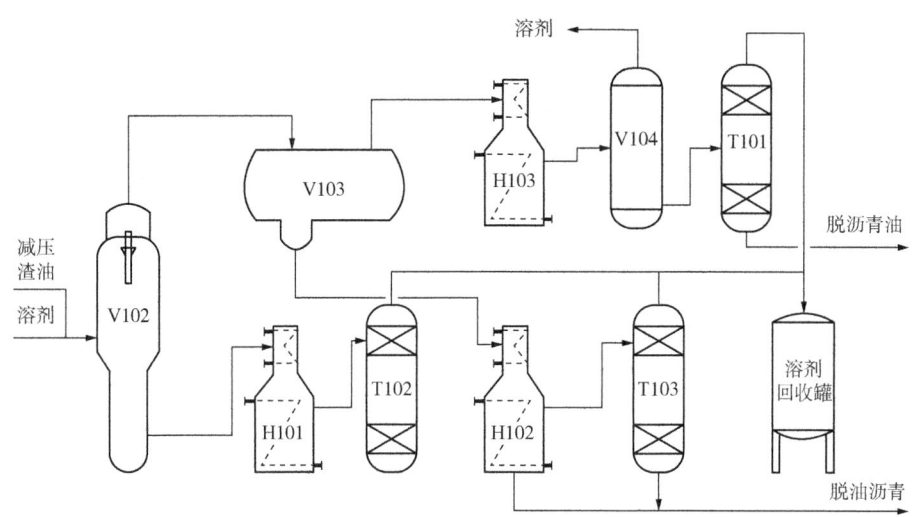

图 3-2 溶剂脱沥青工艺流程

三、氧化沥青生产工艺

氧化沥青在 20 世纪八九十年代达到一个发展高峰，主要是当时进口原油还没有大量应用于道路沥青生产，而国产沥青存在温度敏感性差、蜡含量高等问题，而且当时在纸胎油毡生产中，必须用到的建筑沥青只能采用氧化工艺生产。随着防水企业大量推广性能更好的 SBS、APP 等改性防水卷材，纸胎油毡的生产逐年减少，氧化沥青的应用市场也一度连年萎缩。沥青氧化工艺因一系列反应放出大量含有苯并芘等有害物质的尾气，随着国家对企业排放的监管力度加大，迫使生产企业在尾气处理方面增加投资，削减了经济效益，同时氧化沥青工艺还是一个放热反应，极易产生火灾等安全事故，因此造成社会上已有的氧化沥青生产装置开工率较低。

氧化沥青也称为空气吹制沥青，在高温下向渣油中吹入空气，进行氧化生产得到沥青，不论得到产品软化点的高低，都应属于吹制沥青的范畴。该过程是一个相当复杂的多种反应的综合过程，不仅仅有氧化反应，但习惯上把该法称作氧化法，用该方法得到的产品称作氧化沥青。

在传统的氧化塔操作中，压缩空气通过一个带有细喷嘴的空气分布环进入原料，这使分布环区域附近产生过氧化反应，由于过热而使喷嘴结焦。随着气泡上升，加上静压的降低，汇集成大气泡，气泡外表面的氧很快耗尽，而内部氧未被利用，实际氧化反应只发生在底部。由于对流不佳，氧化塔的某些区域会存在完全没有反应的死区，最终结果是生成过氧化和几乎没有氧化的非均质混合物。奥地利 Poerner 项目有限公司在 20 世纪 80 年代开发了 Biturox 工艺，对传统氧化塔内部做了很大改进，在塔的中下部安装一个反应釜，塔顶安装搅拌电动机，搅拌轴上安装一级至三级叶片(根据氧化塔尺寸确定叶片级数)，使叶片位于反应釜内，结构简图如图 3-3 所示。

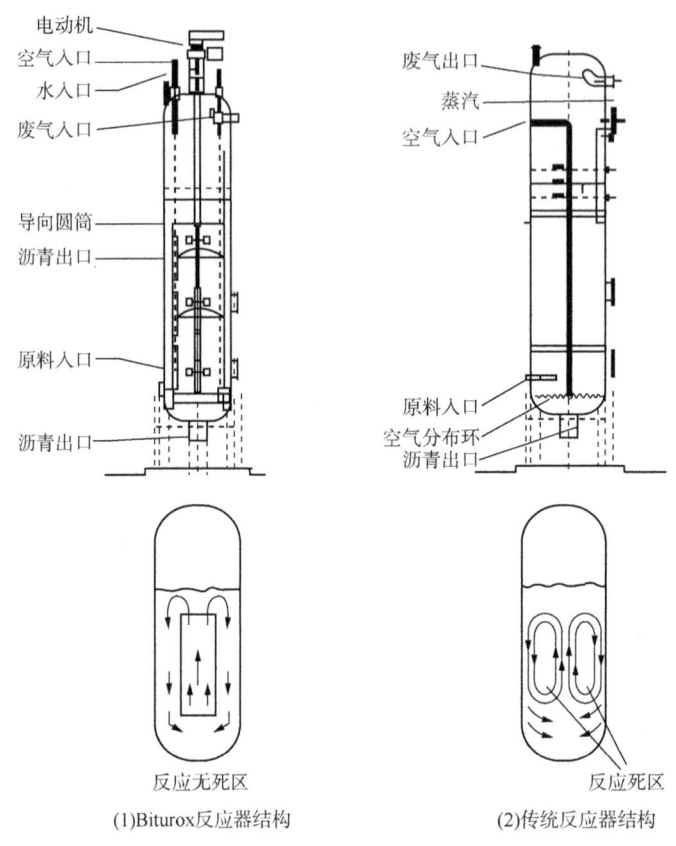

图 3-3　Biturox 工艺与常规氧化反应器的结构比较

1. 氧化沥青工艺原理

减压渣油与氧气反应生成沥青的过程，会发生一系列氧化、聚合、缩合和脱氢反应，并生成水和含氧有机化合物，伴随着放出大量的热，化学反应式如式(3-1)所示：

$$C_xH_y + O_2 \longrightarrow C_xH_{y-2}O + H_2O + Q \quad (3-1)$$

上述反应过程中减压渣油中的油分、胶质和沥青质随着反应的进行而不断发生变化，一部分油分转化为胶质，一部分胶质又转化为沥青质，随着反应的进行，沥青质慢慢积累，使得反应后沥青质和胶质含量变高，油分含量变低。减压渣油中成分含量发生变化，具体表现为分子量变大、软化点升高、针入度和延度变小。沥青氧化反应遵循自由基反应机理，大致经过以下三个阶段。

1) 氧化诱导阶段

减压渣油与空气中氧气刚接触时，需要经过一段时间才有显著的反应发生，该过程为氧化诱导阶段，该阶段中减压渣油的软化点变化不大，且氧气消耗量低，该阶段反应式如式(3-2)和式(3-3)所示。

$$R\cdot + O_2 \longrightarrow ROO\cdot \tag{3-2}$$

$$ROO\cdot + RH \longrightarrow ROOH + R\cdot \tag{3-3}$$

2）加速反应阶段

加速反应阶段激烈地进行氧化、聚合、缩合和脱氢等反应，沥青产品主要由该过程反应得到，该阶段中减压渣油的软化点上升很快，氧气的消耗量也大幅度增加，反应方程式如式(3-4)至式(3-6)所示。

$$ROOH \longrightarrow RO\cdot + \cdot OH \tag{3-4}$$

$$RO\cdot + RH \longrightarrow ROH + R\cdot \tag{3-5}$$

$$\cdot OH + RH \longrightarrow H_2O + R\cdot \tag{3-6}$$

3）反应迟滞阶段

反应迟滞阶段软化点上升速度慢慢下降，氧气的消耗量也大幅度减小，反应方程式如式(3-7)和式(3-8)所示。

$$R\cdot + R\cdot \longrightarrow R\text{—}R \tag{3-7}$$

$$ROO\cdot + ROO\cdot \longrightarrow ROOR + O_2 \tag{3-8}$$

红外光谱(IR)分析说明，减压渣油经氧化反应后分子结构中侧链与芳环上的氢均减少，而整个芳环的缩合度增加，因此沥青氧化实际上是氧分子在沥青中传递并参与分子间的交联反应，从而生产出满足性能指标要求的沥青产品。氧化沥青制取工艺按氧化深度的不同，可分为氧化工艺和半氧化工艺；按氧化过程中是否加入催化剂，可分为非催化氧化工艺和催化氧化工艺。

2. 氧化沥青工艺流程

使用氧化反应生产高软化点的沥青(如建筑沥青)是比较成熟的工艺，国内外普遍采用，共经历了间歇式氧化釜、连续式氧化釜和连续式氧化塔三个阶段。目前除了生产一些特殊的沥青产品和使用釜式氧化法外，大部分的氧化沥青装置都采用单塔或多塔串联的连续氧化沥青工艺流程。典型的单塔式氧化沥青装置流程如图3-4所示。经常减压蒸馏装置得到的减压渣油通过加热炉加热后进入氧化塔中部，从压缩空气罐出来的压缩空气从氧化塔塔顶接入塔底，与减压渣油逆向接触发生氧化反应，在一定的氧化时间后(氧化时间根据沥青试验结果确定)，成品沥青通过氧化塔底进入成品沥青罐。

原料在氧化反应过程中，除了生成氧化沥青之外还会产生一部分氧化沥青尾气，它是由未反应完的空气、反应后夹带的油分(馏出油)以及氧化反应后油中分解的气态烃类衍生物组成。气态烃类衍生物包括一部分小分子烃类化合物和大分子芳烃化合物，大分子烃类化合物包括苯并芘、苯并蒽、咔唑等强致癌物质，代表物质为苯并芘。

国内早期沥青尾气治理方法大多为直接放空、水吸收或油吸收处理。随着技术的发展，在20世纪70年代末开始利用直接燃烧处理尾气，之后随着环保意识的提高和技术进一步发展，尾气处理方法不断多样化，当今国内外沥青尾气的处理方法主要有吸收法、焚

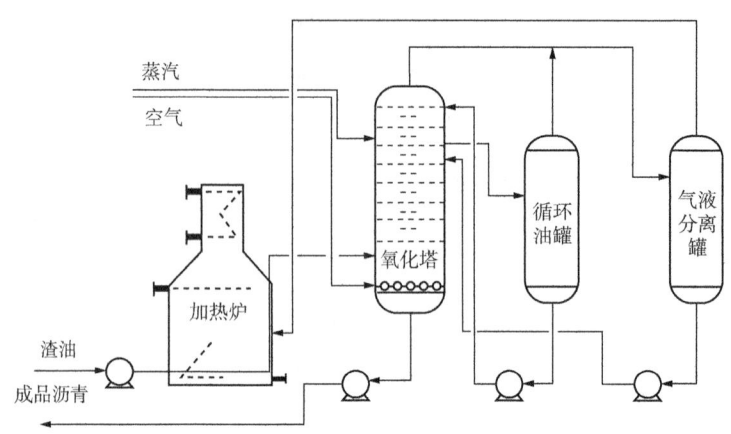

图 3-4 单塔式氧化沥青装置流程示意图

烧法、光氧化法、电捕集法、吸附法等。

1) 吸收法

吸收法是指利用洗涤油与氧化沥青尾气逆向接触，将尾气不可凝气中小分子烃类、馏出油等分离出来，而实现沥青尾气的净化。吸收法的优点是既可以除去馏出油，还可以冷凝吸收部分小分子烃类气体，缺点是氧化沥青尾气中的水分很难彻底清除干净。

目前国内的各种沥青装置中，吸收法常有应用，通常采用柴油循环作为洗涤油。沥青尾气通过洗涤吸收后，能够满足排放要求，并能明显改善装置区工作环境。吸收法运行中，装置的能耗、物耗增加，运行费用较高。吸收法能够有效处理沥青尾气携带的苯并芘，但是对游离的苯并芘则不能完全吸收。

2) 焚烧法

焚烧法就是把尾气集中输送至焚烧炉中，使氧化沥青尾气中的大分子烃类和可燃炭粉充分燃烧。焚烧法可以处理沥青尾气中的大分子烃类、可燃物、焦油、苯并芘等物质，焚烧温度要求在 600~1000℃，在国内外的生产运用中，有的会将焚烧炉与原料加热炉合并设置，以利用焚烧炉产生的大量热量。

在 GB 31570—2015《石油炼制工业污染物排放标准》中，明确要求工艺加热炉排放的尾气中 NO 含量应小于 $180mg/m^3$，由于焚烧炉燃烧温度高，燃烧后尾气中的 NO 含量随着温度的升高而升高，因此焚烧法虽然可以除去苯并芘等污染物，但是其增加的 NO 排放是需要考虑的。而且焚烧法要求燃烧物达到一定浓度方可燃烧，燃烧时间严格控制，若燃烧时可燃物浓度较低，停留时间不够，容易造成不完全燃烧，尾气中的苯并芘含量较高导致大气污染物排放指标高于限制。焚烧法处理沥青尾气，缺点是一次性投资高和运行费用高。

3) 光氧化法

光氧化法是采用光氧废气净化装置处理沥青尾气，光氧废气净化装置作用原理为利用 C 波段光源使废气中的有毒有害的大分子链分解为无毒无害的小分子，该过程发生了化学分子链的裂解、断链、氧化、分解。光氧化法处理苯并芘的效果较为理想，但是其在炼油厂沥青废气处理领域的工业应用还需要进一步的调研，且单纯的光氧化法无法处理沥青尾气。

4) 电捕集法

电捕集法原理是利用高压静电焦油雾滴，具体方法为在沉淀极(+)和电晕极(-)间加直流高压，氧化沥青尾气电离出大量正、负离子，并向沉淀极和电晕极移动，当正、负离子与焦油雾滴相撞时，焦油雾滴带电，之后被电极吸引，从而达到去除焦油雾滴的目的。该法对尾气浓度与烟尘比电阻有一定要求，缺乏应用实例，能量消耗大，且无法处理尾气中的苯并芘。

5) 吸附法

吸附法指用吸附剂吸附净化沥青尾气中的有害气体，该吸附过程为分子吸附。吸附剂一般具有较高的孔隙率和较大的比表面积，以利于气体的吸附反应。这种方法操作简单、投资低，但吸附效率低，且对吸附剂材料要求较高，对沥青尾气中苯并芘的处理效果也不佳。

四、调和沥青工艺

调和法生产沥青时，参照普遍认可的石油沥青四组分的范围（饱和分8%~15%，芳香分30%~55%，胶质25%~45%，沥青质1%~10%），将难以直馏生产沥青的原料，按照相同油源或不同油源生产的减压渣油调和成满足道路沥青产品。其降低了沥青生产中对原油的依赖性，扩大了沥青来源；满足对沥青产品的个性化需求；更容易实现沥青产品的差别化和功能化。

沥青的四组分在化学组成和物理性质上有很大差异，而且随着油源和生产方法的变化而变化，要对沥青的组分规定统一比例加以控制是不可能的。为此，必须研究用于调和的组分的化学组成和物理性质，弄清调和比例对调和沥青性能的影响，从而找出性能最佳和胶体结构稳定性最好的组分构成。目前工业上广泛应用的是软硬沥青组分的调和与脱油沥青的调和。

将半氧化沥青与直馏沥青调和时，发现调和沥青性质与调和比都不呈线性关系，针入度的变化呈峰形，用环烷基直馏沥青比用中间基直馏沥青其调和沥青的延度和针入度峰最为明显，其他性质也都不呈线性关系。这是因为环烷基直馏沥青是典型溶胶型结构，与半氧化沥青调和时，胶体结构发生较大变化，因而性质也发生变化，而中间基直馏沥青的胶体结构比较接近半氧化沥青，调和时变软趋势小，直馏沥青或半氧化沥青自身调和时不出现这一现象，说明进行软硬沥青调和时必须注意沥青来源，以便有效控制或利用调和沥青性质。

1. 调和沥青工艺原理

调和法生产沥青绝大多数使用两种组分，一种为硬组分，另一种为软组分。硬组分多为经溶剂脱沥青工艺得到的脱油沥青、经减压深拔得到的沥青、经半氧化后得到的半氧化沥青；用作调和沥青的软组分可以是原油的减压渣油和炼油过程中的副产物（如加工润滑油时从溶剂精制过程中得到的抽出油,从催化裂化过程中得到的油浆等),其中溶剂精制的抽出油被广泛采用,并经试验证明是有效的软化组分。

调和法生产沥青是按沥青质量、胶体结构的要求,调整构成沥青的各个组分的比例获得符合质量要求的沥青产品。

调和沥青工艺流程如图3-5所示。

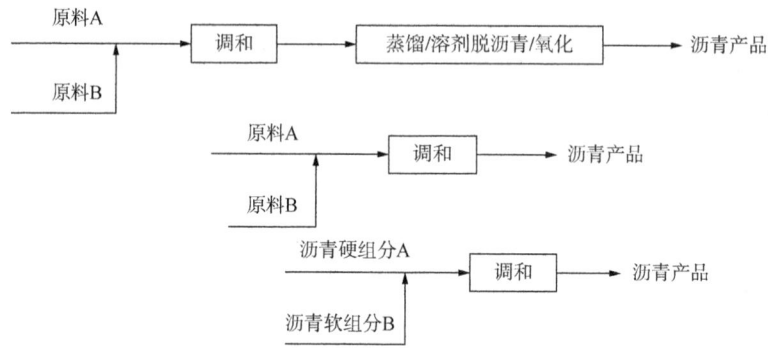

图3-5 调和沥青工艺流程示意图

经过大量的数据归纳,沥青的调和大致符合以下的关系。

1) 计算混合沥青针入度

(1) 同一原油、同一种生产方法生产的沥青调和:

$$\lg P = a\lg A - (1-a)\lg B \tag{3-9}$$

(2) 不同基属的原油生产的沥青调和:

$$P = 0.94[aA + (1-a)B] \tag{3-10}$$

式中 P——调和沥青的针入度,1/10mm;

A,B——软、硬沥青组分的针入度,1/10mm;

a——调和比(A组分在调和沥青中的质量分数),%。

2) 软化点调和指标预测模型

$$T_{mix} = aT_a + (1-a)T_b \tag{3-11}$$

式中 T_{mix}——调和沥青的软化点,℃;

T_a,T_b——软、硬沥青组分的软化点,℃。

3) 动力黏度调和指标预测模型

$$\ln\eta_m = a\ln\eta_a + (1-a)\ln\eta_b \tag{3-12}$$

式中 η_m——调和沥青的动力黏度,Pa·s;

η_a,η_b——软、硬沥青组分的动力黏度,Pa·s。

2. 调和沥青工艺流程

沥青的黏度较大,软化点较高,要将沥青调和计量准确,调和过程自动化难度较大。

最简单的方法是罐调和，其流程如图3-6所示，使沥青保持在一定温度下，将沥青调和组分打入调和罐，分别计量，用泵将沥青组分循环，达到搅拌、调和的目的，或者在调和罐中安装搅拌器，这种方法需要维持较高的温度和搅拌较长的时间。由于受热和氧等因素的影响，使沥青的流变性能有一些改变。有的沥青生产装置，在调和罐中通入空气进行搅拌，既可以达到均质化的目的，也可以调整沥青的某些性能，弥补氧化装置的不足，但这一方法使能耗增加，也带来尾气处理等环保问题。

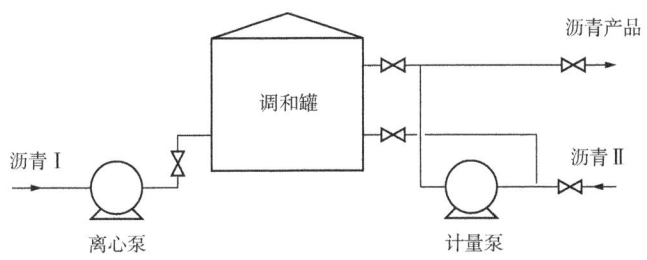

图3-6　简单调和罐调和流程

另一种方法是在线调和，调和组分按给定的调和比例经泵送到静态混合器，经混合后连续得到调和产品，实现对调和组分质量及数量自动控制。也可以将上述两种方案结合使用，既采用调和罐，也采用静态混合器，如图3-7所示，根据产品质量确定调和方案及时间。

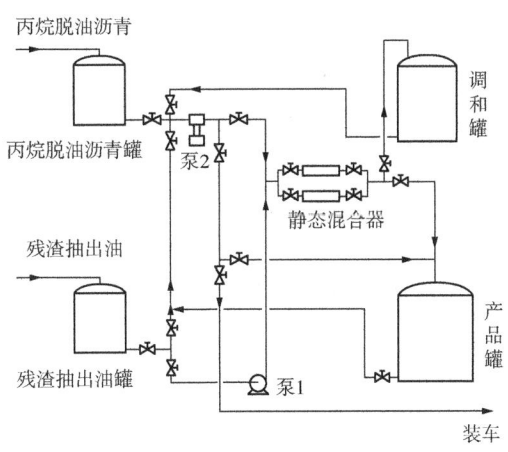

图3-7　调和罐、静态混合器调和流程

五、组合工艺

1. 蒸馏—调和工艺

原油经过减压蒸馏，减压塔底油一部分作为软沥青组分，另一部分进二级高真空度减压塔，其二级减压塔渣油作为硬组分，然后将软、硬组分加以调和，得到要求的道路沥青。采用这种生产方式的原因主要是有些减压蒸馏得到的沥青在性能方面存在缺陷，需要通过外加组分弥补或提升其性能。

中国石化大连石油化工研究院利用春风稠油沥青具有较好的低温和耐老化性能特点，在春风稠油减压渣油基础上适度补充高温稳定性优良的塔河稠油沥青组分，通过调和复配工艺过程，使春风塔河沥青的组成结构得到优化配置，得到的春风塔河沥青优于市场同类产品，高温性能突出，低温性能适宜新疆等极寒地区的需要。

此外，炼厂在运行过程中会产生较多的附加值较低的副产物，如催化油浆、焦化蜡油、糠醛抽出油、脱油沥青等，这些组分要合理利用，调和沥青也是一种手段。

辽河油田曙光一区高黏度原油密度大、黏度大、凝点高，属于低硫环烷基原油。该原油无汽油馏分，柴油馏分饱和分收率低，仅占 7.19%，润滑油馏分不适合作润滑油原料，而且渣油馏分也不宜作催化裂化原料。但此油的蜡含量比较低，胶质、沥青质含量高，是生产沥青的一种优质原料。辽宁石油化工大学以辽河油田曙光一区高黏度原油的渣油为基础组分，以炼厂富芳烃的副产品为调和组分进行调和，可制备出符合 GB/T 15180—2010《重交通道路石油沥青》要求的各种牌号沥青，其调和的沥青有很好的低温性能和抗老化性能。

2. 蒸馏—溶剂脱沥青工艺

该组合工艺应用较少，中国石化济南炼油厂在 20 世纪 90 年代，采用临商原油生产道路沥青时，由于临商原油属石蜡基原油，采取了减压深拔—丙烷脱沥青组合工艺，通过提高减压拔出深度、改变渣油组成、改变溶剂脱沥青操作参数等措施，降低减压渣油中的蜡含量，道路沥青质量得到提高。

3. 溶剂脱沥青—调和工艺

在溶剂脱沥青工艺路线产品中，脱沥青油具有较好的性质和加工性能，可用于生产高黏度润滑油，也用于催化裂化原料或加氢裂化原料，经济和应用价值较高，相比之下脱油沥青具有软化点高、重金属含量和杂原子含量高的特点，脱油沥青的应用是制约溶剂脱沥青效益的关键。溶剂脱沥青技术问世以来，国内外学者对于脱油沥青的研究都非常重视，其中用于道路沥青调和是主要的应用途径，脱油沥青与组分合适的软沥青调配，也可以得到性能优良的交通道路沥青。

秦一鸣等以锦州 9-3 脱油沥青为原料，通过调和手段生产出合格的道路沥青。王金勤等以克拉玛依环烷基稠油为原料，采用丙烷脱沥青—调和工艺生产 30 号和 50 号的硬质道路沥青，对产品的性质进行细致分析，并进行 PG 分级评定以及混合料性能实验。分析结果表明两种沥青产品性质优良；沥青混合料实验结果表明，两种混合料的各项性能均满足 JTG F40—2004《公路沥青路面施工技术规范》的技术要求，具有良好的高温性能和低温性能。

中国石化茂名石化公司炼油分部为解决道路沥青生产原料不足的问题，开展了沥青原料拓展研究攻关。从所加工的进口新油种中，优选出 9 种新、老原油减压渣油作为道路沥青生产原料。同时，分别对丙烷重脱油、减四线馏分油进行了调和试验，寻找到合适的糠醛抽出油替代物。开展了新油种生产道路沥青的优化，得出了适宜的浅拔、深拔、混炼、调和等工艺路线，所生产的道路沥青产品全部为 A 级石油沥青。

第三节 沥青生产质量管控系统

沥青作为沥青路面混合料的重要胶结材料，其质量好坏直接影响沥青混合料的性能及沥青路面的使用耐久性。沥青的质量与原料、生产工艺密切相关，沥青生产企业一般应有常减压蒸馏装置，原料为环烷基或中间基原油，并有全过程的质量监控系统。

一、生产质量控制

根据生产工艺及客户需求，不同牌号的沥青依据各自产品特点选择不同的原料，并做好原料入库质量管理工作，确保到货原料指标的稳定。如需要更换原料需提前进行技术方案评价，更换原料后的产品应单罐储存，取样分析确认后方可进行销售应用。因物料混储或混输极易造成沥青产品质量不合格，所以必须遵循"专料专储、专车专用"原则。

1. 原料质量监控

原料采购部门在原料货源确定后，应固定提货地，保证货源质量稳定，并有固定中转罐，由中转站进来的原料需专门储存，尽可能不与其他物料混储混输。防止产生分层、离析等现象。但目前炼油厂加工的原油种类众多，而且多采用混炼的手段，使得原油不相容现象时有发生，造成原料中出现粒径为 $0.1 \sim 5 \mu m$ 甚至更大的微粒，严重时可能导致沉淀和分层。原油不相容现象的出现会引起储运设备结垢、炼油设备结焦、催化剂中毒、公用工程投入增大、生产效率降低、生产成本增加等诸多问题，影响炼油厂的经济效益。另外，近年来原油价格连续攀升，许多炼油厂为了减少成本而购买机会原油，也增加了原油不相容的风险。

如需验证两种甚至多种原料的相容性可通过斑点实验进行，实验方法如下：(1)取出一定量的原油 A、原油 B 或其他原料混合于三角瓶中，充分振荡使混合物混合均匀，然后在 50℃下静置 1h；(2)同时将滤纸在 100℃的烘箱中干燥至少 10min；(3)用已经预热的玻璃棒搅拌混合物后，将其拔出并悬于三角瓶正上方，使得第 1 滴液滴自由落入瓶中，第 2 滴液滴在已经干燥的快速定性滤纸中央，液滴在滤纸上自由扩散，形成一个斑点痕迹；(4)将此斑点与斑点实验标准参考图对比，确定样品的相容性。若斑点痕迹处于 2 个标准参考斑点之间，则取相容性差的作为结果[可参考标准 ASTM D4740—04（2014）*Standard text method for deanliness and compatibility of residual fuels by spot text*（用斑点实验法测定燃料清洁度和兼容性的标准实验方法）]。

图 3-8(a) 和图 3-8(b) 的斑点都是均一斑点，没有明显的颜色过渡带或者内斑，说明是比较稳定的体系；图 3-8(c) 和图 3-8(d) 的斑点出现不同程度的分相现象，沥青质析出，体系相容性变差。

沥青原料一般为重质或中质原油，当原油进行管输时，管输线的油头油尾一般采用轻质原油进行置换,若置换量不能有效地进行控制,部分非沥青原料会切换到沥青原料里,对沥青品质造成较大的影响。因此更换原料前,一定要跟生产调度进行确认,其次也可以采用在线监测设备实时监测原油的性质变化。

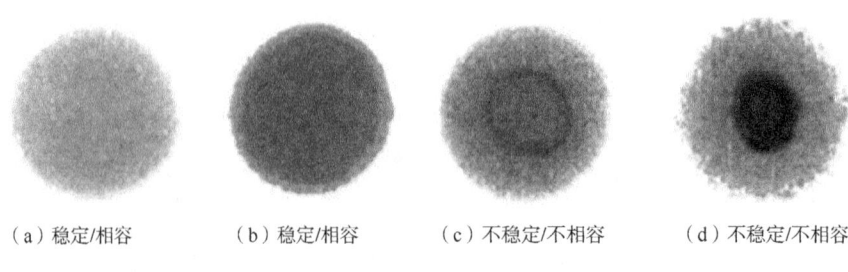

(a) 稳定/相容　　(b) 稳定/相容　　(c) 不稳定/不相容　　(d) 不稳定/不相容

图 3-8　斑点实验的标准参考图

2. 生产过程质量监控

设备管理部门应负责关键设备维护保养,定期进行设备维护,保障装置平稳运行;技术部门制定沥青生产工艺指标、工艺卡片,编制作业指导书,保证装置稳定操作,确保产品合格;质量部门严格按照内控质量指标控制,确保最终产品合格。

装置开工产品调整合格后,装置产品改进合格罐,同时取样对装置产品按 JTG F40—2004《公路沥青路面施工技术规范》要求进行分析。为了确保最终产品合格,装置出现异常时第一时间汇报生产调度,由生产调度综合罐内库存、罐内指标等情况进行不合格罐调整。

3. 产品质量监控

道路沥青产品进储罐达到安全液位后使用旋喷器进罐或采用搅拌设备,确保产品搅拌均匀。根据产品性质,满罐循环时间一般为 3~8h 能确保罐内沥青产品混合均匀。分析检测部门取样分析合格后封罐发货。发货期间不允许产品进罐,不发货期间对发货罐持续打循环,确保产品质量均匀。发货停止后装置新进沥青,需重新分析指标合格后发货。跟踪产品发货周期,超出 1 月后的储罐应重新进行指标分析。

4. 产品检测管控体系

分析检测部门严格按照《检测和校准实验室能力认可准则》(ISO/IEC 17025:2017)建立检验体系。确保数据的准确有效性。为了保证公司产品在生产时的可靠性、安全性以及满足顾客需要对产品进行确认检验。

确认方式包括:内部数据比对、实验室间数据比对,或委托第三方(如国家质检机构)进行数据验证。

5. 产品发货管控体系

道路沥青车辆装车前由仓储车间管理员对车辆进行检验,检验无异常方可装车。沥青车辆检查标准:罐底无明水,罐壁、罐盖无冷凝水珠,罐底无煤焦油;否则,装车后可能产生冒罐、改变产品指标等风险。

二、新型质量监控手段

1. 红外光谱沥青智能检测技术

沥青产品对道路等下游工程的质量影响巨大,据调查我国沥青市场仍存在不合格的沥青产品,使用假冒伪劣、以次充好沥青的现象时有发生。识别沥青时,传统的简单物性检测方法不仅耗时耗力,且易受改性剂和稳定剂等添加剂的影响,实验结果容易失真。同时,沥青产品的关键指标(如四组分含量、蜡含量等)采用标准的测试方法,完成一个检测周期繁冗耗时(至少需要 1 周时间),难以满足生产、贸易和施工等的即时需求。

基于衰减全反射红外光谱和化学计量学即时定量测定沥青针入度、软化点、蜡含量、延度、动力黏度、SBS 含量等指标的快速检测方法,解决了沥青多性质即时测定的技术难题,对我国沥青生产、流通和应用领域技术进步具有重大实际意义。

1)技术原理

在有机物分子中,组成化学键或官能团的原子处于不断振动的状态,当用红外光照射有机物分子时,分子中的化学键或官能团可发生振动吸收,不同的化学键或官能团吸收频率不同,在红外光谱上将处于不同位置,从而可获得分子中含有何种化学键或官能团的信息。

采用傅里叶变换红外光谱法表征沥青特征官能团,如 C—C、C=O、—CH_2—等时,所照射红外光的光子电磁场频率与分子振动产生电磁场频率相同时,这两个电磁场之间发生共振,化学键吸收光子后跃迁至较高能级。分子振动产生电磁场频率取决于化学键的能量,即使同一种类化学键在不同的化学环境中,其能量也不同。通过测量被吸收的红外光就可以对不同的官能团进行分析。

图 3-9 是沥青样品 ATR 衰减全反射红外吸收光谱。表 3-10 列出了沥青组成有关的光谱特征峰,表明红外吸收光谱可以从分子水平上反映沥青的组成与结构信息。

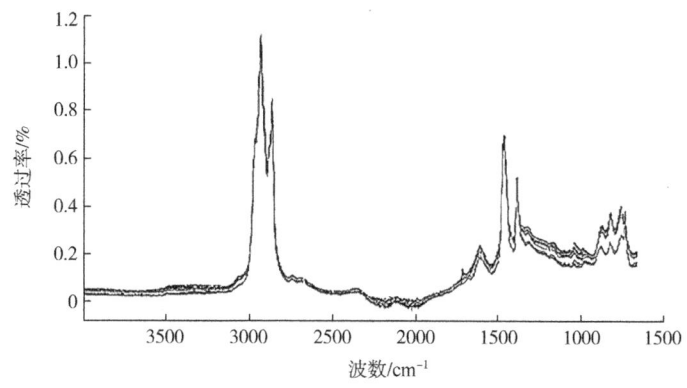

图 3-9 沥青样品红外光谱图

表 3-10 沥青主要红外吸收峰

序号	波数/cm^{-1}	谱峰归属
1	2924	亚甲基中 C—H 的非对称伸缩振动
2	2852	亚甲基中 C—H 的对称伸缩振动
3	2729	醛基的伸缩振动
4	1686	Ar—C(=O)—R 中 C=O 伸缩振动
5	1671	伯酰胺羰基的 C=O 伸缩振动
6	1600	非对称取代苯环的呼吸振动
7	1461	亚甲基(—CH$_2$—)剪式振动
8	1377	甲基(—CH$_3$)伞式振动
9	1031	亚砜(S=O)的伸缩振动
10	868	苯环的伸缩振动
11	812	苯环的伸缩振动
12	747	芳香族支链的弯曲振动
13	722	亚甲基链段的协同振动

2）应用进展

（1）通过对不同品牌沥青的红外测试，开展谱图数据库建设工作，建立沥青红外指纹谱图快速检测系统，用于识别沥青品牌，防止以次充好。在"吐鲁番—小草湖"项目中，通过沥青指纹数据库，每车沥青红外检测可以快速、及时地在 2min 内判定沥青品牌，筛选混兑调和沥青，提高沥青路面质量，提高管理效率，节约建设成本。

（2）建立与传统沥青指标检测的数据关联。常规工地的沥青三大指标检测时间包括沥青原材到场取样 1h，沥青样品加热脱水约 2h，进行各软化点、针入度、延度实验所需的灌模制模工作约 2h，对检测样品的恒温控制及实验过程约 4h。全部流程从沥青运输车到达现场到检测结果完成至少需要 9h。

红外光谱沥青快速识别检测配套取样附件，沥青样品凝固状态下无须进行加热即可取样检测，节省加热时间，也防止重复加热对样品的老化。基质沥青样本针入度、软化点指标与红外数据比对及偏差见表 3-11 和表 3-12。采用红外光谱沥青快速识别时，无须制样，样品可直接涂抹在检测窗口，全部检测过程只需要 5min，大大缩短了沥青到场所需要的检测时间，为工程的推进提供了有力的保障。

（3）采用红外光谱检测沥青关键官能团用以评价混凝土老化程度，识别高氧化 RAP 铣刨料用于热拌沥青混合料的可行性，并预测掺加 RAP 铣刨料的热拌沥青混合料质量。

表 3-11 基质沥青样本针入度红外数据比对

样品编号	针入度/(1/10mm)						偏差/(1/10min)
	实验检测结果			红外光谱沥青快速检测结果			
	测量值	均值	标准差	测量值	均值	标准差	
1	73	73.3	0.47	74.8	74.8	0.24	-1.5
	74			74.5			
	73			75.1			
2	68	69.0	1.41	69.2	68.7	0.37	0.3
	68			68.7			
	71			68.3			
3	76	74.3	1.25	74.3	73.3	0.78	1.10
	73			72.4			
	74			73.1			

注：国际上要求针入度检测实验三次平行实验的结果差值不超过4，同一实验室不同实验人员的实验检测结果不超过均值的4%，不同实验室的实验检测结果不超过均值的11%。

表 3-12 基质沥青样本软化点红外数据比对

样品编号	软化点/℃						偏差/℃
	实验检测结果			红外光谱沥青快速检测结果			
	测量值	均值	标准差	测量值	均值	标准差	
1	—	48.2	—	46.9	46.9	0.37	1.3
				46.4			
				47.3			
2	—	48.1	—	48.5	48.8	0.73	-0.7
				48.1			
				49.8			
3	—	47.6	—	49.6	48.4	1.03	-0.8
				48.6			
				47.1			

注：国际上要求软化点检测实验两次平行实验的结果差值不超过1℃，同一实验室不同实验人员对同一样品的实验检测结果不超过均值的1.2℃，不同实验室的检测结果不超过均值的2.0℃。

2. 热分析技术

热分析技术是在程序温度下测量物质的物理特性与温度之间的关系。近年来沥青性能评价中常用的是差示扫描量热法（DSC）和热重分析（TG）。

1) 技术原理

采用DSC可以研究沥青随温度的变化情况，进而评价沥青的性质。温度变化导致沥青内组分聚集状态发生变化,通过 DSC 曲线可以分析沥青相态转化时热量变化大小(吸收峰的面积)与发生相态转化时的温度范围,在程序控制温度下样品发生物理化学反应的热量变化体现在 DSC 曲线上。一般来说,吸热量越大,说明这个温度范围内发生相态转变的组分数量越多,微观组分结构变化程度大,表现为沥青宏观性质迅速变化,温度稳定性差。TG 是使用热天平在程序控制温度下,测量物质的质量随温度变化的一项技术,广泛应用于原油及其衍生物的研究。TG 实验的数据做出的谱图称为热重曲线,对热重曲线进行温度(或时间)的一阶求导,可得出热重曲线的微分曲线 DTG,DTG 曲线的纵坐标为质量变化速率,横坐标为温度(或时间),其反映了 TG 曲线变化的快慢。沥青在加热过程中会发生轻组分挥发、氧化、分解等一系列物理化学反应,导致质量变化,TG 实验则是通过受热过程的质量变化对物质的组成及性能进行评价。

2) 应用进展

使用 DSC、TG 可以测定沥青随温度变化过程中的热效应,从不同角度评价沥青材料的性质。陈华鑫对沥青四组分 DSC 谱图进行分析后提出,相比芳香分与饱和分,沥青质与胶质 DSC 曲线更平稳,性质更加稳定。饱和分的吸热峰值能量远大于沥青质的吸热峰值能量,且吸热温度范围宽,对沥青的热性能影响很大。曾凡奇对含蜡和不含蜡的基质沥青 DSC 谱图分析,可见蜡使沥青总体的吸热量增加,这会对软化点等高温评价实验产生影响,使结果偏大。

DSC 在确定玻璃态转化温度(T_g)中起着非常重要的作用,沥青随温度的感温变化实际上是沥青相态变化的过程,这个变化在 DSC 曲线上得到体现,若吸热峰值大,说明此时发生相态转变的组分种类、数量多。沥青中某些组分由固态转化为液态,不仅分子间作用力减小,而且分子可以自由移动,在此温度区间内微小的变化集中在一起体现为沥青的宏观性质显著变化,分子间相互约束减少,针入度很快增加。若此温度区间在路面工作温度范围内,会对道路的正常服务功能产生影响。

3. 流变技术

目前国内外通行的沥青标准与沥青路面的实际性能已显露出许多矛盾,有些指标并不能反映沥青的使用品质。我国现行规范使用的针入度、延度和软化点指标,都是根据沥青的物理性能提出的,虽然操作简单,但是具有局限性。其一,实验方法都是经验性的,这就意味着在实验结果得出富有意义的数据之前,就要求有路面性能的经验;其二,沥青标准指标的实验方法中,没有较好反映低温性能的指标,不能评价低温开裂的耐久性;其三,没有考虑沥青在路面整个使用期间的老化,薄膜烘箱或旋转薄膜烘箱,只能模拟沥青在拌和与摊铺过程中的老化,不能完全模拟路面整个使用过程中的老化;其四,不能评价改性沥青。总之,现行规范使用的指标,不是根据沥青路面的使用性能对沥青质量指标提出要求,所以在评价沥青,特别是评价改性沥青时暴露出很多不足的地方。

美国在 1987—1993 年完成的战略公路研究计划(SHRP),耗资 1.5 亿美元,就公路的 4 个领域(公路运营、混凝土与结构、沥青和路面长期使用性能)进行了研究。其中,5000 万美元花费在沥青研究上,对沥青高温和低温条件下的流变性质提出了新的测试方法。

SHRP 沥青实验方法以流变学为基础，不同温度范围内有相应的流变仪与之对应。其中使用最普遍的有 DSR 动态剪切流变仪、BBR 弯曲梁流变仪和 Brookfield 旋转黏度计。它们分别用于测定超常温（40~82℃）、低温（-5℃以下）、高温（100℃以上）下改性及非改性沥青的流变指标，且各指标与沥青路用性能有直接关联。实验操作简单、试样所需量少而且清洗相当容易，更为重要的是实验精度较高。因此说 SHRP 成果是 20 世纪 90 年代沥青研究方面的里程碑。动态剪切流变仪和弯曲梁流变仪能为建立某时段蠕变曲线和劲度模量提供依据，Brookfield 旋转黏度计通过计算剪切速率和剪切应力能又快又容易地测量沥青高温黏度。

1）技术原理

众所周知，沥青的物理力学性质与外力和环境温度密切相关，沥青的流变性质还可以用表现出的不同胶体结构来划分。其中溶胶—凝胶型沥青是最常用的筑路材料，这种沥青在常温下表现为典型的黏弹性材料，其在外力和温度的作用下，响应十分复杂。

车辆重复荷载对沥青路面的作用可视为按强迫振荡的正弦波形剪切应力作用，沥青作为其响应的剪切应变也按正弦波形变化，两者之间以一个时间间隔形成时间差，这个时间间隔代表了剪切应变响应对所施加的剪切应力的时间滞后或相位滞后，通常以峰值剪切应力与峰值剪切应变之比表示复数剪切模量（G^*），如图 3-10 所示，用滞后的时间间隔与剪切应力或作为响应的剪切应变的角速度（或角频率）的乘积来计算相位角（δ）。

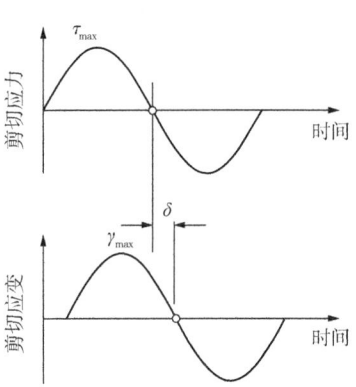

图 3-10 剪切应力、剪切应变与相位角的关系图

τ_{max}—最大剪切应力；

γ_{max}—最大剪切应变；δ—相位角

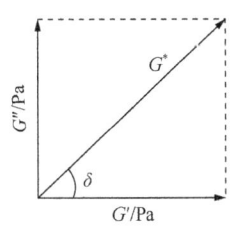

图 3-11 沥青黏弹特征

G''—黏性分量；G'—弹性分量；

G^*—复数剪切模量；δ—相位角

对于完全弹性的材料，剪切应力与作为响应的剪切应变之间没有滞后，δ 为 0°；对于完全黏性的材料，作为响应的剪切应变与施加的剪切应力完全异相，δ 为 90°；沥青胶结料这样的黏弹性材料，其 δ 在 0°~90°之间。δ 的大小不仅与实验温度有关，而且与沥青材料的黏弹特性密切相关，在高温条件下，δ 接近于 90°，在低温条件下，δ 接近于 0°。在多数情况下，或者在沥青路面的使用温度条件下，沥青主要表现为黏弹性，在这个温度范围内，动态剪切流变实验的 δ 在 0°~90°之间。由图 3-11 可见，弹性分量和黏性分量的大小与 G^* 和 δ 密切相关。

2）应用进展

（1）用于不同沥青间的疲劳性能评价。疲劳开裂是路面常见的破坏形式，其主要取决于沥青，但在常规的指标体系中并没有指标反映这一性能。基于动态剪切流变仪的沥青疲劳性能指标包括动态剪切流变实验疲劳因子、"时间—扫描"实验重复剪切疲劳作用下复合模量降低到 50%初始模量时的荷载作用次数、耗散能变化率等。研究表明，这些参数反映疲劳性能的可靠性参差不齐且影响因素复杂，通过对不同类型沥青的动态剪切流变实验、"时间—扫描"实验以及沥青混合料的疲劳实验对比，分析用于评价沥青疲劳性能的合理指标。

(2) 通过应力扫描表征永久变形能力。沥青路面在使用期间会经受不同等级荷载的作用，为了能够模拟受力情况，实验中通过连续动态改变应力参数来实现对沥青样品应力扫描流变实验，应力范围 0.05~20000Pa，剪切频率 10Hz，实验温度为 60℃。动态应力扫描实验中可根据采集到的复数剪切模量和相位角参数来确定沥青的屈服应力，并以此来评价材料黏弹性和结构稳定性，屈服应力越大，表征沥青发生永久变形的荷载条件越高。

(3) 温度扫描用以表征沥青塑性变形极限能力。由于沥青对温度条件较为敏感，因此通过连续改变实验温度来分析沥青剪切模量和相位角变化情况，考虑到实际工程中沥青老化是长期存在的问题，因此实验采用经老化后的沥青作为实验样本，通过压力老化实验对沥青模拟长期老化。老化时间越长，沥青弹性成分占比越高，硬化程度越高，老化 20h 的基质沥青在实验温度达到 35℃后，其相位角变化突然变得平缓，此时沥青较为稳定，这说明经过模拟长期老化后的沥青在高温段的温度敏感性严重降低，温度的变化基本不改变沥青黏弹成分占比，意味着当沥青严重老化后，沥青路面产生的塑性变形不会持续增加，而是有极限的。

参 考 文 献

[1] 张德勤. 石油沥青的生产与应用[M]. 北京：中国石化出版社，2001.

[2] 陈惠敏. 石油沥青产品手册[M]. 北京：石油工业出版社，2001.

[3] 柴志杰，任满年. 沥青生产与应用技术问答[M]. 2版. 北京：中国石化出版社，2015.

[4] 卢嫦凤. 强化蒸馏的研究进展[J]. 云南化工，2020，47(4)：32-33.

[5] 朱建华，沙峰，王黎明，等. 原油强化蒸馏过程的研究进展[J]. 化工学报，1998，49：19-27.

[6] 颜立成，林瑞森，厉刚. 原油强化蒸馏过程和机理的研究(Ⅰ)[J]. 浙江大学学报(自然科学版)，1994(4)：389-395.

[7] 陆善祥，崔建，钟晓航，等. 添加剂强化蒸馏及其在胜利原油蒸馏中的应用[J]. 石油学报(石油加工)，2000(3)：1-8.

[8] 蒲延芳. 石油分散系统理论与强化蒸馏[J]. 化学工程师，1996(2)：11-17.

[9] 郭燕生，张玉贞，程健. 改善沥青质量的新途径[J]. 石油沥青，1997(3)：4-10，16.

[10] 程健，罗运华，刘以红，等. 脱油沥青生产道路沥青方案研究[J]. 抚顺石油学院学报，1999(4)：7-12.

[11] 张铎，严金龙. 溶剂脱沥青技术进展与工艺优化[J]. 石化技术，2008，25(7)：123-124.

[12] 危建波. 溶剂脱沥青工艺条件对重交通道路石油沥青质量的影响及对策[J]. 石油沥青，2006(5)：47-52.

[13] 杨茂军，王俊美，刘晓丽，等. 催化油浆用于生产沥青的工艺技术研究进展[J]. 山东化工，2019，48(2)：54-55，57.

[14] 蔡烈奎，杨文中，王凯，等. 环烷基重质馏分油和减压渣油混合溶剂脱沥青和产品开发[J]. 石油与天然气化工，2023，52(2)：23-27，34.

[15] 徐晓胜，王利平，李青松，等. 溶剂脱沥青工艺优化研究进展[J]. 应用化工，2019，48(2)：

402-406.
- [16] 李飞飞, 迟春红, 王俊美, 等. 溶剂脱沥青工艺在当今炼厂的作用及发展趋势[J]. 化学工程师, 2022, 39(3): 73-76, 72.
- [17] 孙庶. 石油沥青的催化氧化[J]. 中国建筑防水材料, 1992(3): 2-4.
- [18] 单群, 雷帅, 张铎, 等. 氧化沥青装置原料的最佳选择[J]. 工程技术(引文版), 2016(5): 182.
- [19] 郭克雄, 戈彩虹, 蔡晓. 氧化沥青研究及生产工艺的发展[J]. 内蒙古石油化工, 1995, 21(2): 46-53.
- [20] 滕文贵. 氧化沥青尾气焚烧炉的设计和运行经验[J]. 石油沥青, 1995(1): 46-49.
- [21] 秦一鸣, 田义斌, 朱玉龙, 等. 锦州9-3脱油沥青调和生产道路沥青[J]. 山东化工, 2014(43): 93-94.
- [22] 王金勤, 李明科, 罗来龙. 克拉玛依30号、50号硬质道路沥青的性能评价[J]. 石油炼制与化工, 2009, 40(8): 63-64.
- [23] 胡国刚, 梁天贵. 红外光谱沥青快速识别检测在高速公路项目的应用[J]. 公路, 2019, 64(9): 193-195.
- [24] 邓长忠, 高延龙. 记红外光谱沥青智能检测仪在"吐小高速"建设中的应用 沥青快速准确鉴定的创新工艺[J]. 交通建设与管理, 2017(7): 56-59.
- [25] 陈华鑫, 贺孟霜, 李媛媛, 等. 沥青与沥青组分的差示扫描量热研究[J]. 重庆交通大学学报(自然科学版), 2013, 32(2): 207-210.
- [26] 曾凡奇, 黄晓明, 李海军. 沥青性能的DSC评价方法[J]. 交通运输工程学报, 2005, 4(5), 37-42.
- [27] 卢健. 沥青流变性研究[J]. 石油沥青, 2019, 33(6): 38-42.

第四章　沥青的储存和运输

沥青产品温度敏感性较强，随着温度的变化呈现液态、固态及黏稠态等状态。沥青产品的使用与其储存和运输密切相关，在低温下呈固态，有利于储运，而高温下为液态，有利于应用。因此沥青产品在储存、运输过程中需要特定的设备和储存条件。按照运输方式不同，沥青产品的运输分为热态运输和冷态运输。热态运输是将沥青产品在较高温度下进行储存和运输，以保证沥青产品送达时是具有一定温度的液态产品形式，包括罐车、铁路槽车、沥青船等；冷态运输是将固态沥青产品运送到目的地后再升温使用，对运输过程的要求并不高，但包装成本较高且不利于重复利用，包括袋、桶、集装箱等形式。

目前，中国有85%以上的沥青产品以液态沥青罐车形式进行热态运输，而不足15%的沥青产品通过集装箱、桶装、袋装等形式进行冷态运输。此外，沥青储存、运输是连接生产、加工、分配、销售等环节的纽带，涉及能耗、成本及安全等诸多问题。加强对沥青储存和运输环节的管理，对生产企业和用户都具有重要意义。

第一节　沥青的储存

一、沥青库(罐)区分类及要求

1. 库(罐)区安全等级划分

沥青产品是石油产品的一种，石油产品按照闪点的不同，可划分为不同等级安全性的产品，具体划分标准见表4-1。

表4-1　库(罐)区易燃和可燃液体火灾危险性分类表

类别		特征或液体闪点 F_t/℃
甲	A	15℃时的蒸气压大于0.1MPa的烃类液体及其他类似的液体
	B	甲A类以外，$F_t<28$
乙	A	$28 \leqslant F_t < 45$
	B	$45 \leqslant F_t < 60$
丙	A	$60 \leqslant F_t \leqslant 120$
	B	$F_t > 120$

常规石油沥青闪点大于230℃，按表4-1分级，沥青库(罐)属于丙B类。库(罐)区内生产性建(构)筑物需达到三级耐火等级，建(构)筑物的构件不得采用可燃材料。

投资建库，首先要确定拟建库(罐)区规模，不要盲目图大求全，应根据当地市场需求、运输距离、冬贮量、周转率等各因素统筹考虑。石油库(罐)的等级划分参照表4-2。

表4-2 石油库(罐)等级划分表

等级	储罐计算总容量 T_V/m^3	等级	储罐计算总容量 T_V/m^3
特级	$1200000 \leqslant T_V < 3600000$	三级	$10000 \leqslant T_V < 30000$
一级	$100000 \leqslant T_V < 1200000$	四级	$1000 \leqslant T_V < 10000$
二级	$30000 \leqslant T_V < 100000$	五级	$T_V < 1000$

注：(1) 表中 T_V 不包括零位罐、中继罐和放空罐的容量；
(2) 丙B类液体储罐容量可乘以系数0.25计入储罐计算总容量。

沥青库(罐)的等级不同，库区选址、防洪标准、消防、排污等要求也会有很大差别，盲目提高等级，不只是增加储罐投资，应合理规划，避免浪费。

库(罐)区布置、道路、竖向布置、罐区、防火堤、消防设施、给排水及污水处理、电器、采暖通风等在 GB 50074—2014《石油库设计规范》中有详细规定。

2. 沥青库(罐)区分类及特点

炼油、石油化工企业在储存不同性质的液态及气态石油化工产品时，广泛使用各种类型的储罐。根据储存介质的不同，储罐的形式可进行以下分类：

（1）按位置分类，可分为地上储罐、地下储罐、半地下储罐等；
（2）按油品分类，可分为原油罐、燃油罐、润滑油罐、沥青(渣油)罐等；
（3）按用途分类，可分为生产油罐、储存油罐等；
（4）按形式分类，可分为立式储罐、卧式储罐等；
（5）按结构分类，可分为固定顶储罐、浮顶储罐、球形储罐等。

在沥青生产厂区中，沥青储罐设计、罐区布置和装车流程是总体设计中重要组成部分。合理布置罐区平面，选定油罐类型、油罐容量、油罐结构以及必备的附件，对设计沥青厂整体布局、节约投资成本、降低能耗、安全生产及提高运转效率具有重要意义。

3. 沥青库(罐)区特点

（1）"储、产"结合方案的总体布局方式。

"储"是指沥青的储存、装卸；"产"是指沥青及二次加工制品的生产，具体产品如沥青、改性沥青、乳化沥青类等。

道路工程建设和防水卷材生产都有较强的季节性，春秋季节为需求旺季，产品周转快，储罐要有较强的灵活性；冬夏季节为淡季，产品周转慢，对保温性要求高。因此，为了提高生产的经济效益，需要根据不同的生产条件，适当调整沥青中转和沥青制品生产的比例。

（2）沥青库(罐)区的平面布局应以热源供给系统为圆心布置，供热管道直顺，沿程阻力损失小。

(3) 沥青库(罐)区的立面布局需根据地形、地热因地制宜;充分利用液位差原理,减少沥青输送泵台数和伴热管道的工程数量,从而节约能源。

(4) 相同容积的沥青罐尽量相邻布置,码放整齐;性质相同或相近的储罐相邻布置,便于倒罐和压缩管带长度、宽度等。

(5) 高黏度沥青罐应靠近输热干管的输入端布置,有利于提高热效率。

(6) 使用铁路专用线接卸沥青油品的储罐群,需在铁路专线一侧一字排列,有利于油品接卸、节约用地,同时便于油品管道布置。

(7) 沥青库(罐)区总平面和罐区内部的布置应符合防火规范规定,避开高压线路穿过廊区。

二、沥青罐类型

1. 按照建筑材料分类

根据建筑材料类型不同,沥青罐可分为金属罐(池)和非金属罐(池)两大类。

金属罐常用的结构类型分为拱顶罐、卧罐、浮顶罐。最常用的结构类型为拱顶式油罐,其特点如下:

(1) 罐壁与管道结合,附件、附属设备预留孔洞,结构处理技术简单,施工方便,工期短,便于检修渗漏。

(2) 罐壁材料强度高,工作适宜温度可达120℃,且适宜存放高黏度油品。

(3) 可现场预制,施工简便,工期短。

(4) 钢材耗用量大,须进行保温及防腐处理,日常维护费用高。

非金属罐(池)按结构类型分为预应力混凝土、非预应力混凝土、瓦工砌体等,特点如下:

(1) 建筑材料源广泛,耐腐蚀,导热系数小,结构截面大,不需要采取保温、防腐措施,日常维护费用少,施工难度小。

(2) 罐壁与管道结合,附件、附属设备预留孔洞,结构处理技术复杂,施工质量不易保证,渗、漏事故不易检查及修复。

(3) 结构厚度大,截面内、外应力差大,沥青储存适宜工作温度≤90℃,不适宜储存高黏度油品。

2. 按建筑标高分类

根据建筑标高不同,沥青罐可分为地下式、半地下式、地上式三类。

(1) 地下式储罐、储池:地面空间占地小,便于防火,但不便排污、清渣、维修,防水工程、供热保温设备技术处理复杂。

(2) 半地下式储罐、储池:特点基本同地下式储罐、储池。

(3) 地上式储罐:工程量相对较大,但便于施工,维修检查、清渣、供热保温设备及各种管道处理简单。

沥青储罐一般采用容量为1000m³以上的大型、立式、固定顶储罐。

三、沥青罐的构造

沥青储存是沥青生产完成至运输中的重要一环，一般石油沥青的温度达到110~130℃才能具有较好的流动性，满足交付要求。因此，沥青储罐不仅需要一定的容积，还应具有良好的保温功能。沥青储罐构成包括罐体、保温层、加热盘管、循环设施及辅助设施等(图4-1和图4-2)。

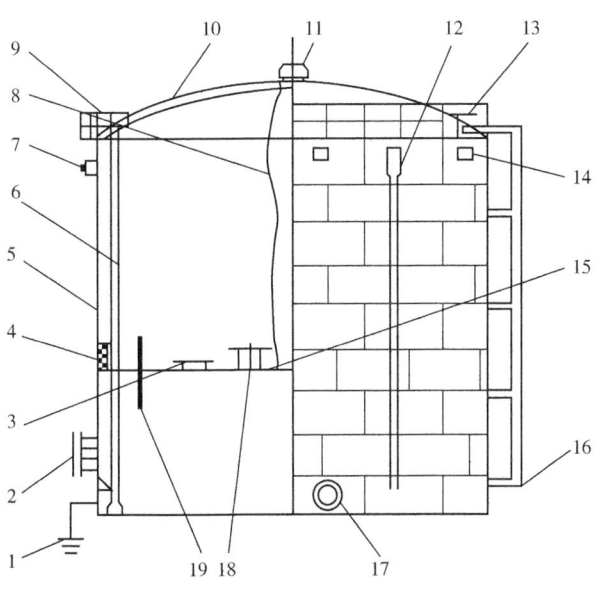

图4-1 立式固定顶储罐剖面图

1—接地线；2—带芯人孔；3—浮盘人孔；4—密封装置；
5—罐壁；6—量油管；7—高液位报警器；8—静电导线；
9—检尺口；10—固定罐顶；11—罐顶通气孔；12—消防口；
13—罐顶人孔；14—罐壁通气孔；15—内浮盘；16—液面计；
17—罐壁人孔；18—自动通气阀；19—浮盘立柱

图4-2 沥青储罐实景图

1. 储罐罐体

1) 罐的容量

罐的容量可按式(4-1)计算：

$$V = \frac{\pi}{4} D^2 H \tag{4-1}$$

式中　V——罐的容量，m^3；

　　　D——罐的内径，m；

　　　H——罐壁高度(一般罐顶部要预留一定空间)，m。

2) 储罐的径高比(D/H)

建造相同容量罐时，建大罐比建造多个小罐更节省钢材、节省投资，同时大罐占地面积小，便于操作管理，节省配件和罐区管网，因此尽量建造大容量储罐。在制作储罐时，相同的钢材用量情况下，径高比(D/H) = 1 时，容量最大，但由于地面承压的限制，所以要选择合适的径高比(表4-3)。

表4-3　径高比(D/H)经验值

公称容积/m^3	500	1000	2000	3000	5000
罐的内径/m	9.0	11.5	15.0	18.0	22.0
罐壁高度/m	7.8	9.6	11.3	12.0	13.5
罐的径高比(D/H)	1.15	1.20	1.32	1.50	1.63

道路用 70 号沥青、90 号沥青软化点较小，储存温度低，通常选择储存于 $5000m^3$ 以上的大型储罐。而改性沥青软化点较大，储存温度较高，适合储存于 $1000m^3$ 以下的储罐。

3) 储罐底的结构

(1) 罐底板内径。

罐底板最小内径按式(4-2)计算：

$$D_{底} \geq D + 2t + 2\delta + 50 \tag{4-2}$$

式中　$D_{底}$——罐底板最小内径，mm；

　　　D——底层罐壁内径，mm；

　　　t——底层罐壁厚度，mm；

　　　δ——保温层厚度，mm。

(2) 罐底板结构。

罐底板一般采用搭接焊缝，搭接宽度为 5 倍板厚。为保证边缘板平坦，中幅板必须搭在边缘板上，中幅板的厚度不应小于6mm，搭接宽度最小为60mm，底板结构如图 4-3 所示。边缘板与底层壁板焊接的部位应做成平滑的支承，与底层罐壁板之间的连接应采用两侧连续角焊。

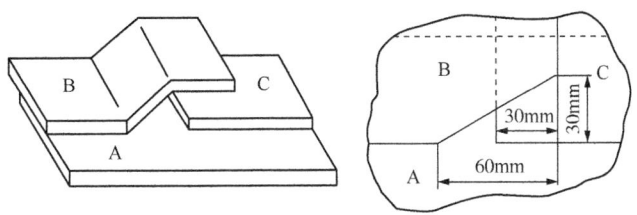

图 4-3 罐底板结构及正视图
A—中幅板；B—搭接头；C—边缘板

4）罐壁

（1）罐壁的厚度。

罐壁按强度要求的最小厚度 t，一般按式（4-3）计算：

$$t = \frac{DHg\rho}{2\sigma\varphi} \tag{4-3}$$

式中　t——罐壁的最小厚度，mm；
　　　D——罐的内径，m；
　　　H——罐壁高度，m；
　　　g——重力加速度，取 9.8m/s²；
　　　ρ——沥青的密度，通常取 1t/m³；
　　　σ——材料的许用应力，MPa；
　　　φ——焊缝系数，一般取 0.9。

按式（4-3）计算出的 t 值，考虑安全、罐壁腐蚀量等的影响，应适当将 t 值向上调整。罐壁厚度的最小值不应小于表 4-4 所列数值。

表 4-4　按刚性要求的罐壁最小厚度

罐的内径范围 D/m	$D<12$	$12 \leqslant D<15$	$15 \leqslant D<36$
最小壁厚/mm	4	5	6

（2）罐壁加强圈。

同时考虑风载荷对罐壁稳定性的影响，储罐需根据具体条件对罐壁进行加强。加强圈的最小截面尺寸应符合表 4-5 的要求。加强圈距罐壁环向焊接接头的距离不得小于 150mm。

表 4-5　加强圈的最小截面尺寸

罐的内径范围 D/m	$D \leqslant 20$	$20 \leqslant D<32$
加强圈最小截面尺寸/(mm×mm×mm)	∟100×63×8	∟125×80×8

5）罐顶

沥青储罐采用自支承式拱顶结构，拱顶形状近似球面，依靠拱顶周边支承并焊在罐壁包边角钢上；拱顶由中心盖板和瓜皮板组成。对于1000m³以下的罐通常做成光面拱顶，1000m³以上的大型罐则做成带肋拱顶。拱顶板最小厚度不小于4.5mm，最大厚度不大于12mm。拱顶的球面内半径宜为储罐内直径的0.8~1.2倍。顶板自身的拼接可采用对接或搭接等方法。搭接宽度不小于5倍板厚，且不小于25mm。中心盖板与瓜皮板焊接的搭接宽度一般为50mm。顶板与包边角钢之间的连接应采用薄弱连接，外侧采用连续焊，焊脚高度不应大于顶板厚度的3/4，且不大于4mm，内侧不得焊接。

2. 保温层

保温是沥青储罐节约能源、降低能耗的有效措施之一，但保温层作为沥青储罐的附属往往被设计者们所忽视，从而造成不必要的损失。在计算储罐的热平衡时，可参照如下计算方法。

1) 沥青放热量

热沥青每小时放出的热量 $Q_{放}$ 计算公式如下：

$$Q_{放} = mc(T_1 - T_2) \tag{4-4}$$

式中　$Q_{放}$——热沥青经1h后所放出的热量，kJ；

　　　m——沥青质量，kg；

　　　c——沥青平均比热容，kJ/(kg·℃)，取 T_1 与 T_2 温度时比热容的平均值(表4-6)；

　　　T_1——经1h降温后允许的沥青温度，℃；

　　　T_2——沥青的初始温度，℃。

表4-6　沥青不同温度下的比热容

沥青温度/℃	10~20	20~60	60~100	100~150	150~180
沥青比热容/[kJ/(kg·℃)]	1.10~1.25	1.25~1.45	1.45~1.65	1.65~1.85	1.85~2.20

2) 罐壁散热量

沥青通过罐壁散失的热量 $Q_{散}$ 计算如下：

$$Q_{散} = 3600KS(T_L - T_H) \tag{4-5}$$

式中　$Q_{散}$——热沥青通过罐壁1h后的散失热量，kJ；

　　　S——储罐的表面积，m²；

　　　T_L——沥青的平均温度，℃，取 $(T_1 + T_2)/2$；

　　　T_H——外界环境空气温度，℃；

　　　K——传热系数，kW/(m·℃)。

$$K = \frac{1}{1/\alpha_1 + l_1/\lambda_1 + l_2/\lambda_2 + l_3/\lambda_3 + 1/\alpha_2} \tag{4-6}$$

式中　α_1——由沥青到罐内壁的放热系数，W/(m·K)；

　　　l_1——罐壁厚度，m；

λ_1——壁材的导热系数，W/(m·K)；

l_2——保温层厚度，m；

λ_2——保温层的导热系数，W/(m·K)；

l_3——保温板厚度，m；

λ_3——保温材料的导热系数，$\lambda_1=\lambda_3$，W/(m·K)；

α_2——由保温板到空气的放热系数，W/(m·K)。

3）保温层厚度确定

通过热平衡方程，即 $Q_{放}=Q_{散}$ 得到：

$$mc(T_1-T_2)=3600KS(T_L-T_H) \tag{4-7}$$

求解方程，可得保温层的厚度 l_2。

4）保温材料选择

大型的沥青储罐一般采用导热油或蒸汽作为介质来维持温度，但是这种方式能耗较大，而采用性能良好的保温材料作为保温层时，则可以大幅降低能源的消耗量。沥青储罐保温材料应具有导热系数低、质轻、易造型等特点。根据组成不同，保温材料可以分为有机保温材料和无机保温材料两大类型：有机保温材料包括木屑板、稻草板、泥炭板、谷壳、泡沫聚乙烯、聚氨酯等；无机保温材料包括加气混凝土、泡沫玻璃、膨胀珍珠岩、膨胀蛭石、玻璃棉、矿物纤维及其制品等。常用保温材料的性能见表4-7。

表4-7 常用保温材料的性能

材料名称	容重/(kg/m³)	导热系数/[W/(m·K)]	最高使用温度/℃
石棉绒	<300	0.1	600
石棉泥	500~600	0.07	600
膨胀珍珠岩制品	200~350	0.056~0.098	600
岩棉制品	80~150	0.041	350
微孔碳酸钙制品	100~250	0.0407~0.0488	650
超细玻璃棉制品	40~100	0.042~0.0465	350
硅酸铝显微制品	60~200	0.093	1000
硅酸盐制品	120~180	0.034~0.062	800
矿物棉制品	100~120	0.0372	600
聚氨酯泡沫	30~60	0.255~0.034	130

（1）岩棉制品。

岩棉的主要原料是玄武岩、辉绿岩、白云岩等，通过将原料按配比投入炉内熔化，经四辊离心机高速离心抛出，最后经高压风喷吹制成。岩棉纤维极细，直径仅有 4~7μm，性能稳定，且不变脆、粉化。外加黏结剂可制成具有优良绝热、隔声性能的轻质材料。岩棉的体积密度为 40~250kg/m³，有很好的弹性和柔韧性，易加工成不同形状，导热系数低于 0.034W/(m·K)。由于岩棉具有较低的导热系数，同时容重低、廉价以及最高可承受350℃的高温等特点，成为目前应用最广泛的保温材料。

（2）玻璃棉及其制品。

玻璃棉是玻璃在高温下熔融，采用空气喷吹而制成的短纤维，其直径为 4~7μm，长度不大于 150mm。玻璃棉中的短纤维之间由于互相纵横交错，构成了多孔结构。其具有容重轻、导热系数小、吸声好等优点。玻璃棉的导热系数为 0.052W/(m·K)，体积密度为 40~50kg/m³。

（3）膨胀珍珠岩。

膨胀珍珠岩是采用酸性火山玻璃质岩石（如珍珠岩、松脂岩等）经过破碎、筛分、预热后，使用高温悬浮瞬间焙烧、急剧膨胀而制成的一种白色颗粒。其内部呈多孔结构，具有无毒、无味、不燃烧、耐腐蚀等特点。膨胀珍珠岩的导热系数为 0.058~0.175W/(m·K)，最高使用温度为 800℃左右。

（4）聚合物保温材料。

聚合物保温材料是以树脂为原料，通过加入发泡剂、催化剂、稳定剂等辅助材料，经加热发泡制成的轻质保温材料。泡沫塑料的种类较多，通常以所用的树脂基料命名。常用的聚合物保温材料有聚苯乙烯泡沫塑料、硬质聚氯乙烯泡沫塑料、软质聚氨酯泡沫塑料、硬质聚氨酯泡沫塑料、硬质脲醛泡沫塑料等。不同保温材料导热系数对比曲线如图 4-4 所示。

聚苯乙烯泡沫塑料是以低沸点可发性聚苯乙烯树脂为基料，经预发泡后放到模具内加热成型，其具有微细闭孔结构，是一种硬质泡沫材料。其特点是质轻、保温、吸声、防震、吸水性小、耐低温、高弹性等。体积密度一般为 20~50kg/m³，导热系数为 0.031~0.046W/(m·K)。

聚氯乙烯泡沫塑料是通过将聚氯乙烯树脂与发泡剂、稳定剂、溶剂等捏合、球磨、模塑发泡而成型的一种闭孔结构的硬质泡沫材料。其特点是质轻、保温隔热、防震、阻燃、吸水性小，但价格较贵。聚氯乙烯泡沫塑料的体积密度为 40~50kg/m³，导热系数为 0.043W/(m·K)。

聚氨酯泡沫塑料是以聚醚树脂为基料，通过与甲苯二异氰酸酯、水、催化剂、泡沫稳定剂等混合、发泡成型，其是一种开孔结构的泡沫材料。根据原料不同，其又可以分为聚酯型和聚醚型两种，产品又分硬质和软质两类。由于聚醚树脂来源充足，价格低廉，生产工艺简单，因此工厂大多生产聚醚型的聚氨酯泡沫塑料。聚氨酯泡沫塑料的特点是质轻、柔软、保温性好、耐腐蚀、使用温度范围大。聚氨酯泡沫塑料体积密度一般为 30~60kg/m³，导热系数为 0.255~0.034W/(m·K)。

聚合物类保温材料优点是质轻、导热系数低且可塑性高等，适用于各种造型，但成本较高，同时所适用的温度普遍低于无机保温材料。

（5）气凝胶绝热材料。

气凝胶绝热材料是近几年发展起来的新型保温隔热产品，是由珍珠链状纳米骨架框架组成的具有超高孔隙率的纳米孔固体材料，其孔隙率高达 99.9%，体积密度低至 3kg/m³，比表面积高达 1100m²/g，导热系数低至 0.007W/(m·K)，防火等级 A1 级，使用温度 -200~1000℃。在同等绝热效果下，气凝胶保温系统更轻薄，更节省空间和辅料，其厚度仅为传统保温材料的 1/5~1/3；而且憎水不吸潮，无沉降，稳定性更优，使用寿命是传统材料的 10 倍；还可拆卸重复使用，便于检修和维护，减少废弃物污染；且气凝胶绝热材料属于柔性材料，具有易于切型、钻孔、覆膜、可在复杂安装环境下操作等特点。

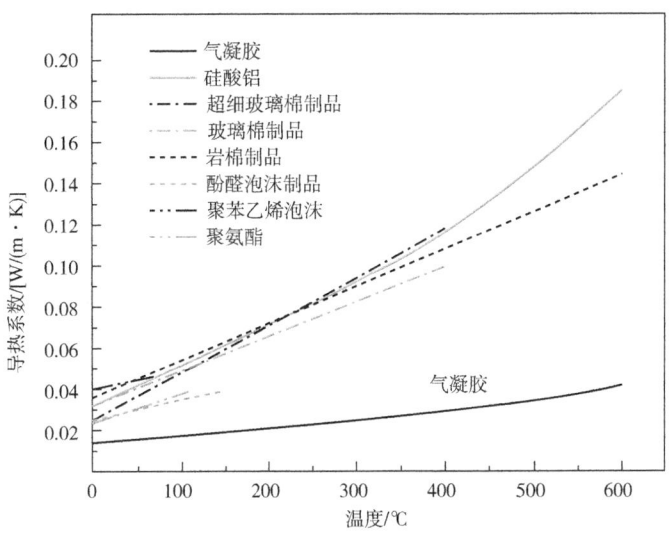

图 4-4　不同保温材料导热系数对比曲线

3. 加热盘管

为了让沥青保持良好的流动性，防止凝罐，通常从储罐内部对沥青进行加温。而蒸汽加热盘管是最常用的一种储罐加温设施。储罐蒸汽加热盘管主要由蒸汽进气管线、加热盘管、冷凝水回水管线和控制阀门组成。蒸汽加热盘管是在储罐底部安装的管线回路，通过在入口处接入蒸汽系统，利用锅炉蒸汽作为热源对罐内的介质进行热传递加热，出口处接入回水系统排出冷凝水，即形成一套完整的加热回路。

1）加热盘管类型

目前大型储罐中较为常用的管式加热盘管按照布置形式可分为全面加热盘管和局部加热盘管，按照结构形式又可分为排管式加热盘管和盘式加热盘管。

排管式加热盘管由若干个盘管组成，每一分段由 2~4 根平行的管子构成，两端与两根集合管连接而成，几个分段构件以并联串联方式连成一组，对称布置在储罐进出口的两侧，每组都有独立的蒸汽进口和冷凝水出口（图 4-5）。根据油罐的大小，计算确定罐内加热器的分组数。为便于冷凝水的排出，进出口之间要形成一定的坡度。分段式加热器长度不大，摩擦阻力小，可采用较低压力的蒸汽。

盘式加热盘管是根据储罐的内部结构将钢管弯曲成所需形状的管式加热盘管（图 4-6）。加热盘管在油罐下部均匀分布，可提高油品的加热效果。但是由于管道较长，对蒸汽压力的要求高，有时为了减小压降，也可将盘管分成平行的几组并联使用。可采用 U 形管卡将盘管安装在金属支架上，使管子在温度变化时能自由收缩，同时利用支架高度差异，将盘管沿蒸汽流动方向布置，以便于排出冷凝水。

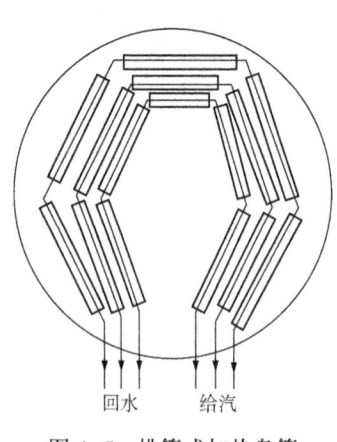
图 4-5 排管式加热盘管

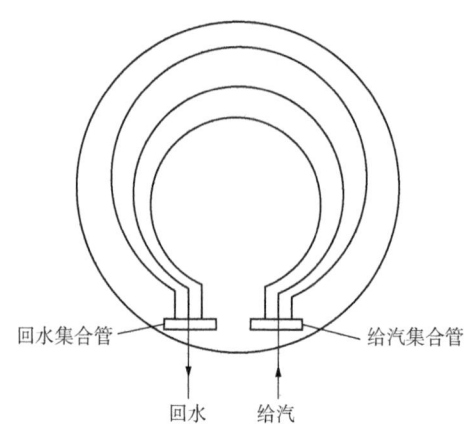
图 4-6 盘式加热盘管

2) 加热盘管维护检修

制作盘管时，应在正对罐壁人孔位置预留人行通道，以方便维修人员进出。盘管组周围与罐壁留出维修空间，以便盘管有泄漏或需要清理结垢时有可操作空间。盘管需分组设置进出口阀门，一旦有盘管泄漏，可关闭该组盘管，同时能保持其他管组开启进行加热，加热至流动后倒空该罐沥青后进行检漏补救。

长时间运行后，沥青会在盘管表面结焦，降低热传导效率，增加热力成本。可在冬天气温最低时人工清理，此时沥青为固体，质脆不易粘连。也可用高压水枪清理，同时确保清理后排空水分。

3) 加热盘管防胀管措施

沥青库区大都会在沥青使用淡季、价格较低的冬季进行冬储。来年使用前对储罐中完全凝固的沥青进行升温熔化。由于加热盘管在罐底部，沥青加温时，盘管周围的沥青先热，而沥青又是良好的绝缘隔热材料，凝固状态下的沥青会阻止热量扩散，不能形成有效的对流。因此盘管周围以及罐底部的热沥青如不能找到出口或者尽快冲破上层沥青束缚升到罐内沥青面层，沥青将膨胀产生压力破坏罐壁与底板处的焊接部位，造成罐体损坏和沥青泄漏。在罐体制作过程中，需要安装通到罐顶的加热管，加热管周围的沥青先熔化，形成从罐底板到罐顶的热沥青对流通道，防止底部沥青加热无处膨胀造成热应力破坏。

4. 搅拌器

搅拌器是沥青储罐中一个重要部件，通常在沥青进出储罐的同时进行搅拌，而后进的沥青温度高于先进的沥青，如果没有混匀，会在沥青层之间存在温差，导致罐体因受热不均而变形。另外，由于沥青中的杂质会逐渐聚沉，造成储罐维修清洗困难、环境污染、产品损耗等诸多问题。

目前石油化工企业内储罐搅拌设施主要有两种：侧向伸入式搅拌器（或称为侧壁式搅拌器）和旋转喷射式搅拌器（或称为旋喷式搅拌器）。

（1）侧壁式搅拌器主要由防爆电动机、减速传动装置、支吊架及螺旋桨等组成。如图4-7所示，其由储罐侧壁伸入罐内，通过法兰与罐体开口相连接。由于螺旋桨式叶轮的转动，使罐内液体产生两个方向的运动，一个沿着螺旋桨轴线方向向前运动，另一个沿螺旋桨圆周方向运动，其方向与螺旋桨的旋转方向相同。轴线方向的运动，由于受到罐壁的阻碍而使罐内液体沿着罐壁做圆周方向运动；液体沿螺旋桨圆周方向运动，使其上下翻动。这样就使罐内液体得到搅拌，并可防止罐内沉积物堆积，实物图如图4-8所示。

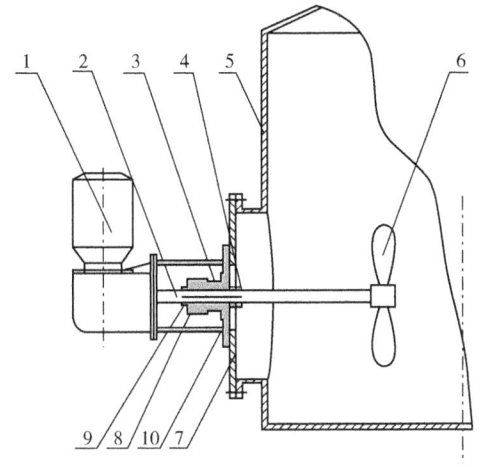

图4-7 侧壁式搅拌器
1—搅拌电动机；2—搅拌轴；
3—侧外端面机械密封；4—侧内端面机械密封；
5—容器；6—搅拌桨叶；7—搅拌器安装壁板；
8—轴承；9—安装衬套；10—密封安装座

图4-8 侧壁式搅拌器实物图

（2）旋喷式搅拌器主要由旋转喷嘴和传动箱内的传动装置组成，模拟图如图4-9所示。将旋喷式搅拌器安装在油罐底板上，外部设置的循环油泵作为驱动源。使用时通过油泵将原油从喷嘴中高速射出，使罐内原油发生对流，同时由于喷嘴的喷射方向偏离其中心，会因喷射的反动力而驱动旋转喷嘴进行360°自动旋转，从而使油品产生涡流，促使沉积物溶解。旋转喷嘴如图4-10所示。

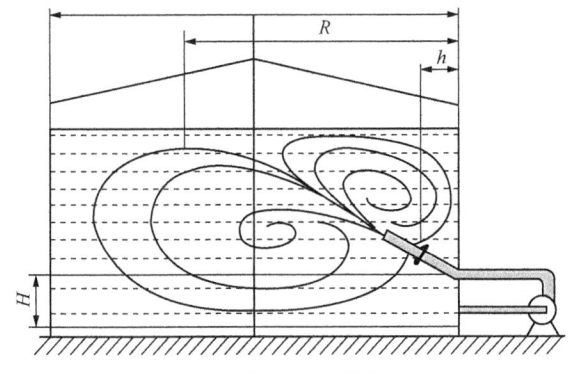

图4-9 储罐中喷射模拟图
H—距地净高；h—距罐壁尺寸；R—喷射距离

图4-10 旋转喷嘴

5. 附属物

1）梯子和栏杆

最常见的梯子是沿着罐壁做盘梯，梯子坡度为30°~40°，踏步高度不超过25cm，踏步宽度为12~20cm，梯宽一般为0.65m。梯子自下而上沿着罐壁做顺时针方向盘旋，梯子外侧做1m高的栏杆作为扶手。

2）避雷针

通过设置避雷针消除雷雨天气不良影响，不同等级防雷具体要求如下：

（1）属于Q1级危险的储罐及场所，应采用独立避雷针保护，要求防雷接地电阻≤5Ω；

（2）属于Q2级危险的储罐，在罐顶装设避雷针保护，要求接地电阻≤10Ω，对于壁厚≥4mm的储罐，避雷针应设在呼吸阀附近；

（3）属于Q3级危险和壁厚≥4mm的密闭金属储罐，一般不装设避雷针，仅做接地处理，接地电阻≤3Ω；

（4）浮顶油罐不装设避雷针，仅做接地处理，接地电阻≤10Ω。

3）静电消除设备

防静电措施是油罐设计时重点考虑的另一因素，主要注意以下几个方面：

（1）储罐接地，并结合防雷要求一并考虑，接地电阻≤10Ω。但由于大多数油品电导率低，积累的电荷消散慢，因此检测取样应在油品静置2h以后进行。

（2）避免采用带飞溅的装罐方式，料液入口速度应限制在1m/s以下，进料管前端开口处应做成向上呈30°的锐角。

（3）液位计的浮子不应有毛刺和尖角，且应固定在金属弦杆上，浮子沿弦杆移动，与罐壁保持一定距离，以防浮子上聚集的静电荷产生火花放电，浮子与绳索接角部位应采用有色金属管制造，以防铁器之间碰撞产生火花。测温、取样桶为金属体时，其吊线绳索也应良好接地。

四、沥青储罐加热设施

石油化工原料和产品（如原油、渣油、沥青、燃料油等）在加工使用时都需要对其进行加热，以防止物料凝固。企业常以伴热的方式降低物料黏度，提高其流动性，热源包括水蒸气、热水和电能等。电能作为热源具有设备简单、操作方便、有利于环保等优点。但由于我国电力供应紧张且成本高，在大型的炼化企业中常用蒸汽和热水作为介质进行加热。热水的最高温度是100℃，远低于沥青的储存温度要求，因此对沥青及黏度较大的产品基本不采用热水为介质，下面重点介绍蒸汽和有机热载体两种介质的伴热方式。

1. 蒸汽加热方式

1）蒸汽的分类

在炼化企业中蒸汽的来源较为广泛，包括产生自换热管网的蒸汽、余热回收蒸汽、锅炉产生蒸汽等，又分为低压蒸汽、中压蒸汽、高压蒸汽和超高压蒸汽，蒸汽压力越高，温度也越高，焓值越大（图4-11）。

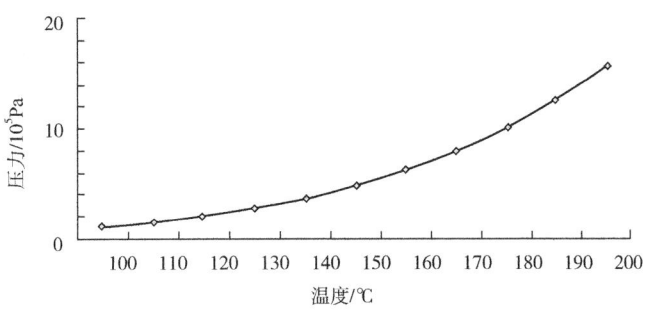

图 4-11 水蒸气温度—压力关系图

依据 GB/T 50655—2011《化工厂蒸汽系统设计规范》，按最高等级母管公称压力大小将蒸汽系统划分为：低压蒸汽系统<2.5MPa；中压蒸汽系统 2.5~6.4MPa；高压蒸汽系统 6.5~13.7MPa；超高压蒸汽系统>13.7MPa。在伴热系统中实际采用的蒸汽要通过蒸汽分配器和减压装置得到，通常采用 0.8MPa、1.0MPa、3.5MPa 等压力的蒸汽（图 4-12）。

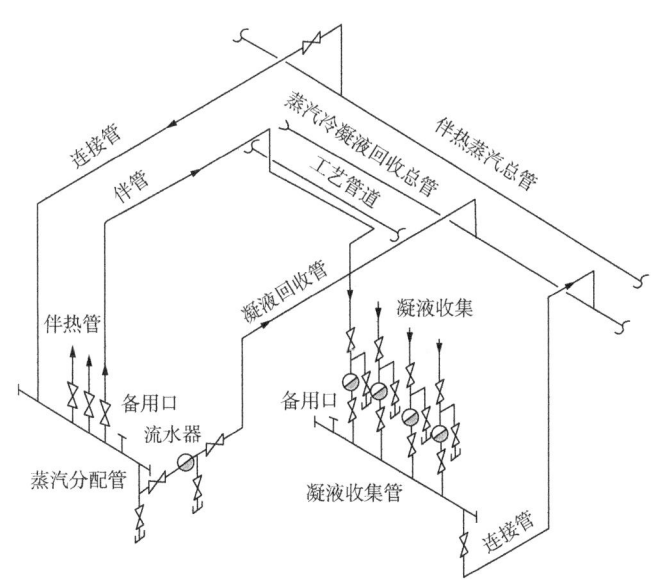

图 4-12 蒸汽伴热系统的组成

2）蒸汽伴热管线的设计

蒸汽伴热是一种比较传统的伴热方式，其原理是利用水蒸气转变为热水时所散失的热量，通过热传递的方式提升被加热物料的温度。由于蒸汽的焓值远高于水的焓值，转换时所产生的热量可通过焓值差或比热容来计算。

例如：0.1MPa、180℃蒸汽放热后变为 0.1MPa、40℃的水。

通过查阅资料得到 0.1MPa、180℃蒸汽焓值为 2835.70kJ/kg，0.1MPa、40℃水焓值为 168.06kJ/kg。80℃蒸汽变成 40℃水，放热量为焓值差：2835.70kJ/kg - 168.06kJ/kg =

2667.64kJ/kg。

100℃饱和蒸汽的汽化潜热值为 2258.4kJ/kg，水的近似比热容为 4.20kJ/(kg·℃)，水蒸气的近似比热容为 1.85kJ/(kg·℃)。

第一步：180℃蒸汽变成100℃蒸汽，放热为 1.85kJ/(kg·℃)×1×(180℃-100℃) = 148.0kJ/kg。

第二步：100℃蒸汽变为100℃水焓变为 2676.30kJ/kg - 419.54kJ/kg = 2256.76kJ/kg（100℃饱和蒸汽的汽化潜热值为 2258.4kJ/kg）。

第三步：100℃水变成40℃水，放热为 4.2kJ/(kg·℃)×1×(100℃-40℃) = 252.0kJ/kg；

总放热量为：148.0kJ/kg + 2258.4kJ/kg + 252.0kJ/kg = 2658.4kJ/kg。

蒸汽伴热系统一般由蒸汽总管、蒸汽分配站、伴管、凝液收集站、凝液回收总管等构成。

(1) 蒸汽总管及凝液回收总管。

蒸汽伴热系统所需蒸汽可由公用系统汽总管提供，也可设蒸汽伴热专用蒸汽总管。伴热用管必须从蒸汽总管或次主管的上部引出并设置根部切断阀。凝液回收总管可按设置蒸汽总管的方法设置，对于不回收的凝液，应排入不会引起人员伤害的地沟中。

(2) 蒸汽分配站及凝液收集站。

每3m半径范围内如有不少于3个供汽点及回收点时，需设置蒸汽分配站和凝液收集站。蒸汽分配站供汽管应从蒸汽总管或次主管上方引出，伴管接管可从蒸汽分配总管的上方或水平方向引出并设置根部切断阀。

(3) 伴管。

伴管为从蒸汽分配站供汽管口至凝液收集站蒸汽疏水器的管线，伴管最大有效长度一般不超过40m。伴管应尽量减少U形弯，每根蒸汽伴管应尽可能从被伴热对象最高点引入，最低点返回；每根蒸汽伴管应有独立的蒸汽切断阀及凝液疏水器。

配合炼厂的余热利用是目前比较经济的一种供热形式，主要在工艺管线及短距离输送管线中采用。但是，因为蒸汽伴热管线比较复杂(需要每隔60~120m设置疏水阀)，蒸汽的散热量不易控制，"跑、冒、滴、漏"等问题时有发生，同时维护量较大，限制了其在复杂工艺管线和较长输送管线上的应用。用于蒸汽发生的锅炉属于压力容器，对使用条件和水质要求都非常苛刻，因此在沥青行业除了大型的生产企业外，很少采用蒸汽作为伴热介质。

2. 有机热载体加热方式

1) 有机热载体

20世纪初，随着工业的发展，传统的加热方式已不能满足要求，人们开始在传热工艺中使用矿物油产品(如机械油、汽缸油等)作为热载体以代替水或蒸汽。20世纪30年代，美国DOW化学公司研制的合成化学品(联苯—联苯醚)，其加热工艺安全可靠，介质温度可达400℃，标志着有机热载体的商业化产品的问世。

水及蒸汽是最常用的无机热载体,虽然廉价而且稳定,但在100℃以上蒸汽压力迅速升高,压力越高设备投资成本就会越大,操作要求就会越高,因此,大多在200℃以下使用。熔盐和液态金属可分别在400~550℃和500~800℃的高温范围内使用,但投资昂贵,不宜广泛推广。有机热载体一般在200~400℃使用,具有使用温度范围宽、操作压力低、控温精度高、对设备无腐蚀等优点,现已成为除水及蒸汽以外使用最广、用量最大的传热介质。

有机热载体加热技术是伴随现代工业而产生和发展的,作为传热介质,有机热载体不论从使用性能还是安全性能角度都有着不同于水、水蒸气和一般石化产品的特殊性能要求和检测方法。

(1) 有机热载体性能要求。

① 良好的热稳定性。热稳定性是导热油的一项重要指标,它表示在最高使用温度下导热油因受热发生分解进而缩合的程度。热稳定性较差的导热油,受热易分解、易氧化生成有机酸,缩聚生成不溶物胶质,而大量的胶质吸附在传热器壁上会影响导热效果也会腐蚀设备。同时胶质不溶物还会堵塞过滤器和阀件,因此要求导热油不宜长期在高温条件下使用。

② 良好的氧化安定性。氧化安定性是导热油在高温下接触空气等外来污染物而老化的程度。对于非密闭系统使用矿物油类的导热油,其氧化安定性极为重要。而在密闭且有氮气封闭的传热系统中,导热油受氧化作用的程度较轻,但仍是影响导热性能的关键因素之一。

③ 高初馏点及低蒸气压。导热油的初馏点应高于加热系统中油的使用温度,以免因沸腾而发生冒油或冲油事故。蒸气压是指容易蒸发的低沸点油品产生的压力。导热油在使用温度下蒸气压的大小,直接关系到生产过程中的操作安全性,蒸气压越低,则越安全。一般根据使用温度控制导热油的初馏点和终馏点。

④ 较高的闪点和自燃点。导热油具有可燃性,在高温泄漏条件下与空气混合时会发生爆炸,造成恶性后果,因此应具有较高的闪点和自燃点。

⑤ 良好的传热性能。适当的流动性有利于导热油以湍流状态通过加热器,可以提高传热效率,减少动力损耗;较好的黏温性能,可使系统在达到工作温度之前装置易于启动。导热油的比热容和导热率越高,则传热性能越好。

⑥ 良好的低温流动性。传热系统在低温冷循环启动时,应有良好的流动性,以保证循环泵启动顺利,要求导热油具有低的倾点和较小的黏度。

⑦ 无腐蚀、无污染性和使用安全性。为了避免导热油腐蚀设备,要求其酸值含量要小。此外还要求导热油对人体无毒害,对环境无污染,具有使用安全等性能。

(2) 有机热载体分类。

按照国际标准化分类,有机热载体属于润滑剂和有关产品(L)类Q组,统称为热传导液,包括各种类型的合成液(热传导液)和矿物油(热传导油)。我国的国家标准GB 7631.12—1994《润滑剂和相关产品(L类)的分类 Q组:热传导》,按照最高使用温度划分为L-QA、L-QB、L-QC、L-QD和L-QE等5类。在GB 23971—2009《有机热载体》

中按照使用温度划分为 L-QB、L-QC、L-QD 3 类。

有机热载体的产品类型有"合成液"和"精制矿物油"之分。合成型有机热载体是以石油化工或化工产品为原料经有机合成工艺制得，有纯的或比较纯的化学品，也有石油化工的副产物，因此，热稳定性有比较大的差别。合成型有机热载体有气/液相两相使用和液相使用两种类型。

GB 7631.12—1994《润滑剂和相关产品（L 类）的分类 Q 组：热传导》中规定最高允许使用温度高于 320℃ 的 L-QD 类产品，其产品类型为"具有特殊高热稳定性的合成液"，而不是一般的合成液。这类产品在国内使用比较广泛的是纯度比较高的合成芳烃型产品，如联苯和联苯醚共沸混合物、三联苯和部分氢化三联苯，以及苄基甲苯和二苄基甲苯等；经热稳定性测定，最高使用温度可以达到 340℃。但并不是所有的合成型产品都具有"特殊高热稳定性"，最高使用温度都能达到 320℃ 以上。有些采用石油化工产品的副产物制得的合成液，如烷基苯重沸物，根据其原料的组成和质量情况，最高使用温度就只能达到 300℃ 或低于 300℃，属于 L-QB 类产品。

矿物油型有机热载体是以石油炼制过程中的某段馏分和经一系列精制过程制得的基础油为原料制得的，一般用于液相传热。从组成上看，矿物油型有机热载体是烃类混合物，馏程比较宽。由于原油性质不同，加工工艺不同，其热稳定性有一定的差别，经热稳定性测定，矿物油型有机热载体一般在液相使用。目前国内市场上，采用精制矿物油馏分制得的产品最高允许使用温度一般在 300℃ 以下，少数精选的精制矿物油可以达到 310℃，个别可达到 320℃。

我国对有机热载体的需求目前主要集中在 L-QB、L-QC 和 L-QD 这 3 个品种，分类及技术要求见表 4-8 和表 4-9。

表 4-8 有机热载体的产品分类

产品品种	L-QB		L-QC		L-QD
产品类型	精制矿物型	普通合成型	精制矿物型	普通合成型	具有特殊高热稳定性合成油
使用状态	液相	液相或气相/液相	液相	液相或气相/液相	液相或气相/液相
适用的传热系统类型	闭式或开式		闭式		闭式
产品代号	L-QB280 L-QB300		L-QC310 L-QC320		L-QD330、L-QD340、L-QD350、L-QD×××[①]

① L-QD×××指经热稳定性实验确定的最高允许使用温度高于 350℃ 的某一产品，如 L-QD360、L-QD370、L-QD380、L-QD390、L-QD400 等。

表4-9 有机热载体的技术要求（GB 23971—2009《有机热载体》）

项目		质量指标						
		L-QB		L-QC		L-QD		
		280	300	310	320	330	340	350
最高允许使用温度/℃		280	300	310	320	330	340	350
外观		清澈透明，无悬浮物						
自燃点/℃		最高允许使用温度						
闪点（闭口）/℃		≥100						
闪点（开口）/℃		≥180		—				
硫含量/%（质量分数）		≤0.2						
氯含量/（mg/kg）		20						
酸值（以KOH计）/（mg/g）		≤0.05						
铜片腐蚀（100℃，3h）/级		≤1						
水分/（mg/kg）		≤500						
水溶性酸碱		无						
倾点/℃		≤-9				报告		
密度（20℃）/（kg/m³）		报告						
灰分/%（质量分数）		报告						
馏程/℃	初馏点	报告						
	2%	报告						
沸程（气相）/℃		报告						
残炭/%（质量分数）		≤0.05						
运动黏度/（mm²/s）	0℃	报告						
	40℃	≤40						
	100℃	报告						
热氧化安定性（175℃，72h）	黏度增长（40℃）/%	≤40				—		
	酸值增加（以KOH计）/（mg/g）	≤0.8						
	沉渣/（mg/100g）	≤50						
热稳定性	最高允许使用温度下加热时间/h	720				1000		
	外观	透明、无悬浮物和沉淀				透明、无悬浮物和沉淀		
	变质率/%	≤10				≤10		

目前，由于国内尚未对有机热载体建立安全监察和市场准入的有效机制，有机热载体的市场情况比较混乱，尤其是矿物油型产品，随着原油价格的不断攀升，有机热载体整体质量呈下降趋势。其中存在的问题包括：采用劣质原料、以次充好、不经热稳定性检验、随意标称产品的最高允许使用温度等；有些矿物油型产品标称的最高允许使用温度甚至为

330℃、340℃或350℃，造成市场混乱。

同时，与蒸汽(水)作为传热介质的情况不同，有机热载体在使用过程中受到过热超温、氧化变质和化学污染等因素的影响时会发生品质变化，并且在绝大多数情况下，有机热载体的品质变化是不可逆的。这些变化轻则会导致有机热载体的使用寿命减短，重则会造成有机热载体系统及设备的安全事故。因此在有机热载体的使用过程中，必须重视对有机热载体品质实际状况及其变化情况的监测，同时应该对有机热载体品质产生影响的因素和存在的问题及时采取适当措施予以解决。表4-10为几种传热介质的主要性能评价与比较。

表4-10 几种主要传热介质的主要性能评价与比较

介质名称	使用温度/℃	导热性能	工作压力	毒性	对设备材质要求	价格	限制条件
水(蒸汽)	100~350	很好	高	无	高压	便宜	应控制在250℃以下
联苯和联苯醚	≤400	好	低	小	高压	高	300℃以上使用
矿物型导热油	≤320	稍差	低	无毒、微毒	低压	中等	应控制在320℃以下

2) 有机热载体加热炉

以导热油或联苯混合物等作为热载体的有机热载体炉，其热载体与水相比，物理性质和化学性质均有较大差别，如导热油或联苯混合物有毒、易燃、渗透性强，同时有机热载体加热温度较高，出口温度一般都在260℃以上，具有低压高温的特性。因此，有机热载体炉在结构特性、制造工艺、安装、使用等方面与以水为介质的锅炉相比具有一些不同的要求。

目前，有机热载体加热炉种类很多，按照加热方式的不同可分为燃油(气)加热炉和电加热炉；按照结构可分为卧式盘管式加热炉、立式盘管式加热炉、锅壳式有机热载体炉、管架式有机热载体炉、电加热有机热载体炉等。随着各地政府对能耗和"三废"排放的管控力度加大，目前燃煤、燃油的加热炉逐渐被淘汰，本节主要对卧式盘管式加热炉、立式盘管式加热炉和电加热炉进行介绍。

(1) 卧式燃油(气)有机热载体炉。

目前，大多数生产厂家采用圆形盘管式结构，其原因是圆形盘管式结构布置紧凑，其圆柱形燃烧室非常适合燃油、燃气的火焰形状，而且有机热载体在受热面中无循环死角，受热均匀。有机热载体炉受热面是由钢管盘绕成一定直径、一定长度的同心管圈组成；管圈中管子与管子进行无间隙密排布置，管圈既作受热面，又作烟气隔墙；管圈数一般是2~3圈，管径一般在$\phi 42 \sim 133mm$范围内。

图4-13是一种比较典型的卧式燃油(气)有机热载体炉的结构。有机热载体炉由燃烧器、本体、烟箱、保温层、内外护板及尾部烟气余热回收装置等组成。本体采用圆形盘管结构，由内、中、外三圈同心组合的管圈组成。

(2) 立式燃油(气)有机热载体炉。

立式布置是指炉体向高度方向发展、使炉体中心线与地面垂直的一种布置方式。立式布置可以减少占地面积，节省锅炉房投资。

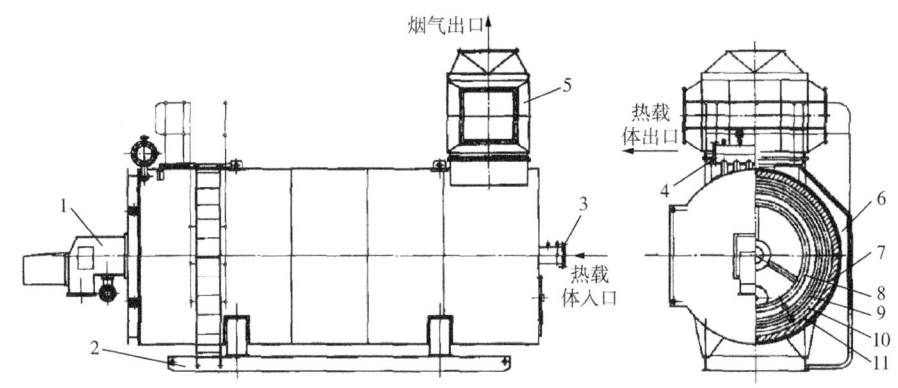

图 4-13 卧式燃油(气)有机热载体炉结构示意图

1—燃烧器；2—底座；3—热载体入口集箱；4—热载体出口集箱；5—余热回收装置；
6—外护板；7—保温层；8—内圈盘管；9—中圈盘管；10—外圈盘管；11—内护板

立式燃油(气)有机热载体炉本体结构大多采用经典的圆形盘管结构，如图 4-14 所示。立式布置圆形盘管结构不仅具有前面所述的优点，而且在管圈与管圈为并联布置情况下，有机热载体炉在运行时，有利于排气，停炉检修时，炉内热载体介质可以自由流动，便于有机热载体炉管内介质的排空。

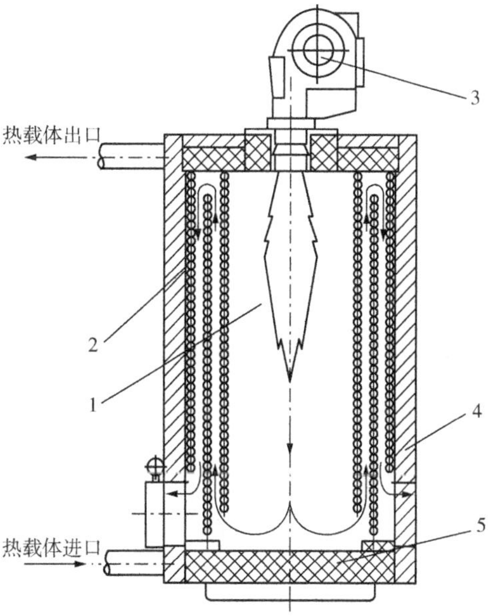

（3）电加热有机热载体炉。

电能是最清洁的能源之一，随着国家能源政策的调整以及环境保护力度的加大，电加热有机热载体炉又开始得到应用与推广，与传统燃料的有机热载体炉相比，电加热有机热载体炉主要有以下几个特点：

① 无污染。由于采用电热元件直接加热有机热载体，电能直接转化成热能，没有有害气体及飞灰、灰渣的排放，符合环保方面的要求。

② 热效率高。电加热有机热载体炉的热损失只有散热损失，而通过改善保温条件，散热损失可以进一步减小。一般情况下，电加热有机热载体炉热效率可以达到98%以上。

图 4-14 立式燃油(气)有机热载体
炉结构示意图
1—燃烧室；2—盘管；3—燃烧器；
4—保温层；5—底座

③ 安全可靠。电加热有机热载体炉本体结构非常简单，加热过程全部在一个筒体中完成，没有燃烧室和烟道，不会出现燃煤、燃油、燃气炉存在的爆燃等问题，安全性能相对更好。

④ 体积小。由于电加热炉体积小，锅炉房占地面积也小，布置更灵活。同时，本体内热载体介质储量少，投资成本低。

电加热有机热载体炉主要由电加热元件、本体、保温层、外包、支座、阀门仪表及自控系统等部分组成,其本体结构比较简单,为带一些管座的圆形承压筒体。电加热元件在整个充满热载体介质的筒体中均匀分布。目前,国内生产厂家常见的电热元件布置方式有两种:一种是多组电热元件沿筒体长度两侧垂直于筒体中心线布置,这种布置方式只需增加筒体长度和直径就能够很方便地增加电热管,有机热载体炉扩容较方便;另一种是在筒体一端或两端的筒体封头或管板上布置,其电热管与筒体中心线平行,这种布置方式较适用于电热管较长的情况。对于有机热载体炉,电热元件表面功率密度限值较低,在同功率下较电热水锅炉需布置更多的电热管加热面。通过加长电热管长度,可以减少电热管的数量,结构布置则更为紧凑方便,因此,端部布置更适合电加热有机热载体炉。图4-15为360kW热功率的电加热有机热载体炉结构示意图,锅筒直径为450mm,电热管单端布置,电热管采用单组集束型结构,并为防爆型,电加热管在筒体内分布均匀,整体结构布置紧凑。

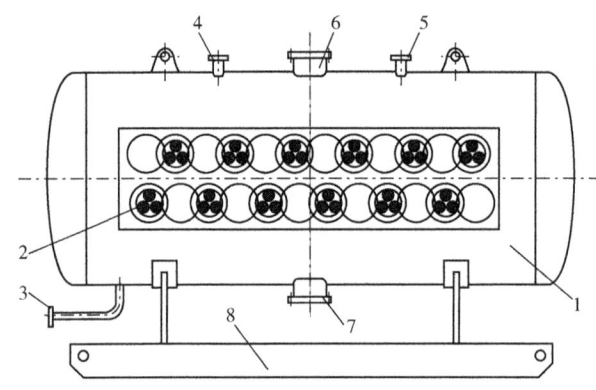

图4-15 电加热有机热载体炉结构示意图
1—本体;2—电热元件;3—排污管座;4—压力表管座;
5—放气管座;6—热载体出口;7—热载体进口;8—底座件

3. 储罐沥青升温计算案例

冬贮沥青由10℃加热到110℃需要5天,可以依此确定导热油锅炉热力和罐内导热油盘管长度。

按4500t沥青计,由10℃升温到110℃所需热量可按如下步骤计算。

第一步,查表,液态沥青的比热容为1.34kJ/(kg·℃),固态沥青的比热容为1.67kJ/(kg·℃),按插入法取温度范围内沥青的比热容为1.45kJ/(kg·℃)。

第二步,计算沥青由10℃升温到110℃所需热量:$Q_{沥} = c_{沥} m_{沥} \Delta T = 1.45 \times 4500 \times 10^3 \times (110-10) = 652.5 \times 10^6 kJ$。

第三步,计算沥青由10℃升温到110℃储罐所吸收的热量[储罐本身质量按150t计,碳钢比热容$c_{钢} = 0.46 kJ/(kg·℃)$]:$Q_{罐} = c_{钢} m_{罐} \Delta T = 0.46 \times 150 \times 10^3 \times (110-10) = 6.9 \times 10^6 kJ$。

第四步,计算锅炉加热功率(升温时间 t 按24h/d×5d=120h计,加热系统的热效率取0.75),需要锅炉每小时提供的热力:$Q_{锅} = (Q_{沥} + Q_{罐})/(0.75t) = 659.4 \times 10^6 \div (120 \times 0.75) = 7.33 \times 10^6 kJ/h = 174.44 kcal/h$。

因此，应选 3t 的导热油锅炉，锅炉热功率为 2160kW。

需要说明的是，以上计算忽略了罐体散热的影响，而在下面的保温计算时则应考虑罐体散热影响。

五、沥青储罐技术新进展

1. 太阳能集热沥青储罐

太阳能是一种清洁的资源，取之不尽、用之不竭，太阳能的利用有光热转换和光电转换两种方式，目前这两种方式技术都已十分成熟。我国幅员辽阔，有着十分丰富的太阳能资源。据估算，我国陆地表面每年接收的太阳辐射能约为 $50×10^{18}$ kJ，全国各地太阳年辐射总量达 $335\sim837$ kJ/(cm^2·a)，中值为 586kJ/(cm^2·a)。从全国太阳年辐射总量的分布来看，西藏、青海、新疆、内蒙古南部、山西、陕西北部、河北、山东、辽宁、吉林西部、云南中部和西南部、广东东南部、福建东南部、海南东部和西部以及台湾西南部等广大地区的太阳辐射总量很大，具有利用太阳能的良好条件。

沥青储罐内的沥青在初加温时，从常温 25℃ 加热至 80~100℃ 需要 10~16h，而从 100℃ 加温至 140℃ 左右需要 40~80min，沥青初加温时煤、电消耗比较高，因此设计一种太阳能加温系统，解决沥青初加温时能耗问题，能对节能降耗起到很好的效果。

太阳能集热沥青储罐系统(图 4-16)分为太阳能集热区(T1)、高温导热油区(T2)和低温导热油区(T3)。来自 T3 的低温导热油利用太阳能集热板加温储能 1~2d，能将导热油升温到 100~140℃(降温 10℃/d 左右)，加热后的导热油进入 T2，对整个系统循环加热，当导热油降温到 90℃时，停止循环，进入低温导热油区；此时第二组高温导热油重复上述过程循环加热，当其温度降到 90℃时，前一次的循环导热油又已升温到 100℃ 以上，这样导热油连续循环交替，能保证沥青持续加温，最终把沥青加温到 80℃ 左右，循环泵停止循环，从而达到沥青初加温的目的。

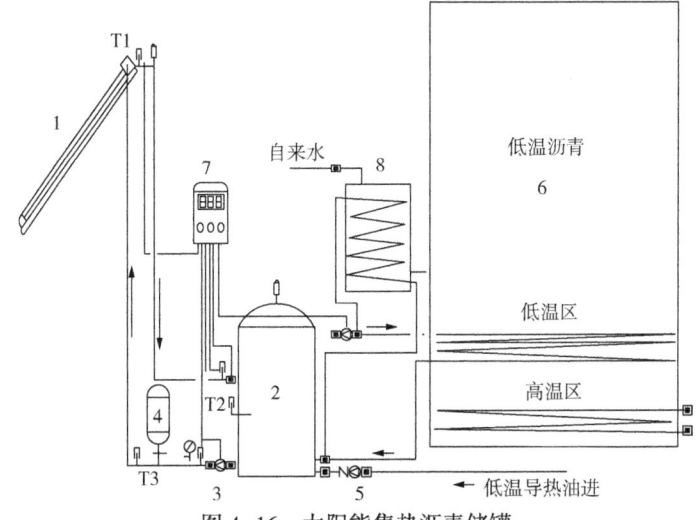

图 4-16 太阳能集热沥青储罐

1—太阳能板；2—导热油罐；3，5—单向阀；4—缓冲罐；6—沥青储罐；7—控制系统；8—冷凝系统

2. 拼装式沥青储罐

拼装式沥青储罐是一种新型的沥青储存设备，适用于高速公路流动施工和对储罐有迁移需求的工程项目(图4-17)。与传统的沥青储存设备相比，具有高效、节能、环保等特点，具体如下：

（1）拼装式储罐实现了所有部件的可移动性，解决了其他储罐混凝土基础残留的问题，避免了对环境的破坏。节能型拼装式储罐实现基础的多次使用，减少了用户的使用成本。

图4-17 钢制拼装式沥青储罐

（2）节能型拼装式储罐减少了现场安装工作量，为用户节省更多的时间，更具市场竞争力。拼装式结构可以多次重复使用，节约了钢材资源，避免了原材料的大量浪费，为用户节约了资金。

（3）拼装式沥青储罐尤其适合公路拌和站使用，每个沥青拌和站一般需要几个到十几个固定式沥青储罐，不仅占用大面积土地，且搬迁、运输都极为不便。

（4）施工期短。与传统的沥青储罐相比，工期仅为一半。

（5）节约能源，热损耗小，罐中罐结构、分层加热系统充分利用了特殊的加热功能，可对沥青局部进行加热或部分进行加热。可以节约能源30%~50%，为用户节约了一半的运行费用。

（6）保护环境。固定式沥青储罐会遗留很多沥青，极易对环境造成严重污染，拼装式沥青储罐针对性地设计了低位集液槽，最后一次抽沥青时，几乎将沥青全部抽净，这样便避免了剩余沥青对环境的污染。

（7）在有条件的地区或施工地，利用太阳能沥青加热系统，更能实现零消耗，既环保，又经济实用。

（8）智能化自动控制系统使产品功能更完善，既实现无人化操作，又保证了运行可靠性。

六、典型的沥青罐区配置情况

除了沥青生产企业外，如改性沥青厂、防水卷材加工厂、沥青混凝土拌和站等应用企业也会涉及沥青储存，下面以改性沥青厂和沥青混凝土拌和站作为典型实例，介绍沥青和其他原料储存所需要配置的资源，为后续研究提供参考。

1. 改性沥青厂沥青罐配置

改性沥青是以70号或90号基质沥青为原料，通过与改性剂、助溶剂等组分混合后经剪切、研磨，进入产品罐进行搅拌发育得到的沥青产品。

改性沥青使用的70号或90号基质沥青，通过管输或汽运进入基质沥青原料罐。原料罐的容量受全厂设计产能决定，此外，还受场地面积、投资情况及企业的流动资金等综合影响，一般原料罐的储存能力要达到 $1000\sim5000m^3$，可以由一个或几个储罐共同构成。基质沥青对储存温度要求不高，可以采用蒸汽或导热油进行伴热。因工厂的产品和工艺配方的差异，原料中还会用到诸如芳烃油、增延剂、软化油等助溶剂，助溶剂的用量比沥青低很多，因此配置的储存能力大多在 $30\sim500m^3$ 范围内。

改性沥青发育温度通常为 $170\sim180℃$，在大多数的工艺流程中，改性沥青生产完毕后进入产品罐进行进一步发育，因此储罐要有良好的保温和供热系统，此外，还应配备搅拌器。按照设计产能 $40\times10^4t/a$ 计算，其产品储存能力不低于 $1000t$，单个储罐的容量宜为 $200\sim500t$。除储罐外，还需要配置卸油池、污油池、装卸台、机泵、导热油泵房、系统管道及公用工程系统等。

2. 拌和站沥青罐配置

大多数沥青拌和站沥青储罐所起的作用是周转和临时存放，极少情况下会进行现场改性或乳化加工，因此拌和站的储罐实用性和机动灵活性更强。现有的路面结构中，最常用的基质沥青是 70 号沥青和 90 号沥青，因此拌和站通常设立一个基质沥青储罐，储存容量一般为 $200m^3$。根据生产任务的不同，还需要配置 $4\sim6$ 个卧式改性沥青储罐，单个储罐容量为 $40m^3$ 左右，可单独使用，也可多个串联使用，便于存放不同种类的改性沥青。

第二节　液态沥青的运输方式

液态沥青在炼厂一般采用管道输送、热罐储存，但外售出厂通常以公路、铁路槽车运输为主，除此之外，还有船运等方式。通常液态沥青运输不同于采用金属桶或沥青袋等灌装后的运输方式，因此又称为散装运输。

一、散装汽车运输

目前国内常用的沥青运输车通常是简易的保温罐车，无加热和泵送装置，沥青运达目的地后靠自流将沥青卸出。该类槽车运距一般不超过 $1000km$，时常有卸货时流出速度慢导致卸车时间过长或因罐车内滞留产品多导致客户亏吨等状况出现。随着沥青转运效率和运距需求的增大，备有加热装置和沥青泵的新型沥青运输车不断被开发并投放市场。

1. 沥青运输车结构及组成

液体沥青运输车总体结构如图 4-18 所示。

1）罐体结构

沥青运输车罐体通常为圆形结构，采用优质碳素钢板卷焊成一个罐筒，两端焊有碟形封头。罐内设有防波隔板，以增加罐体的强度，同时能有效地减缓液态沥青在运输过程中的振荡对罐体的冲击。罐体顶部分别设有一个装料口和一个维修口，用于灌装沥青和人员进出维修罐体。

2) 保温措施

由于沥青的特殊物理性能，确定了液态沥青在运输过程中必须进行保温，这就要求罐体有良好的保温、隔热性能，使热态沥青在一定的时间内温度保持稳定，以便排卸。车辆保温一般由保温材料、保温骨架和保温蒙皮构成，保温原理主要是利用保温材料的保温特性，使罐体内液态沥青的温度不至于下降过快并在一定时间内保持良好的流动性。

保温材料通常包裹于罐体的外部，选用的保温材料主要有两种：一种保温材料是岩棉，厚度为100mm，这种保温材料成本较低、可塑性好，但保温性能较差，适用于中短途运输车；另一种保温材料是硬质聚氨酯，厚度为50mm，其成本较高、一次成型、不能重复利用，但保温性能较好，适用于长途运输车。

保温骨架采用圆弧形钢板与角钢组合焊接在罐体上，填充保温材料后铺上保温蒙板，保温蒙板厚度为1.2~2mm钢板，固定方式为前后搭接全焊在保温骨架上，确保蒙板密封而不漏水，否则会降低整车的保温效果。

3) 加热装置

加热装置是液态沥青运输车的重要组成部分，若运输距离较长，罐体内沥青温度会下降，导致流动性降低或凝结而不能流动，此时必须要有加热装置加热，使其恢复流动性。早期的沥青运输车通常采用喷灯、蒸汽甚至木炭等进行加热，而新型的沥青运输车通常采用柴油燃烧器、逆变器和加热管组成的加热装置。

为了更好地适应公路建设发展，弥补现有沥青运输车辆的不足，新型沥青运输车具有如下特点：

（1）罐体内装有U形加热管，可通过柴油燃烧器对罐内沥青加热保温，燃烧器用的电源由自带24V直流电经逆变器产生；

（2）增加了发动机尾气余热回收利用系统，将汽车发动机尾气排放出来的气体引入罐内加热管，该辅助加热装置主要用于汽车在行驶途中对罐内沥青进行加热和保温；

（3）罐车装配空压机，通过向罐内输送压缩气体以提高液态沥青的排出速度。

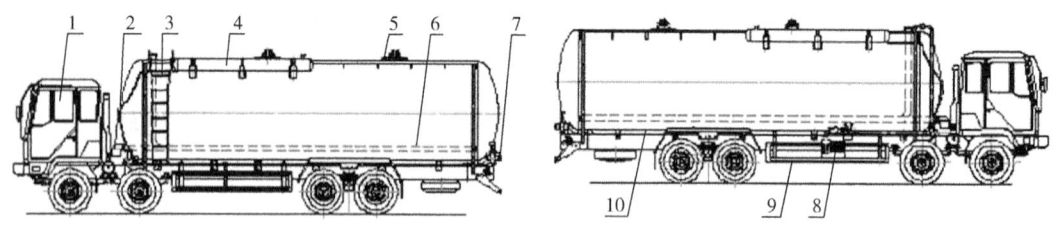

图4-18 液态沥青运输车总体结构

1—驾驶舱；2—柴油燃烧器；3—楼梯；4—滴水箱；5—罐体；6—加热管；
7—卸料阀；8—空压机(沥青泵)；9—防护栏；10—罐体支座

2. 沥青车辆智能化管理

沥青路面施工过程是由物流运输车将沥青从沥青厂运输到施工现场，再将沥青卸到铺路机上，由铺路机进行铺路作业，最后由压路机进行压路施工作业。因此沥青运输是整个物流过程的关键环节。目前虽然车辆管理系统已经初具规模，在很多领域都已经广泛实施，但在沥青物流中，由于其运输距离短、管理人员认识不足等，仍采用传统的人工管理方式，加之城市交通环境的不稳定性，无法合理计算沥青出厂温度。而 $1m^3$ 沥青提升 $1℃$ 的温度，需要耗费 1670kJ 的热量，导致大量能源浪费。具体存在的问题如下：

（1）依据经验设定沥青出厂温度，造成大量能源浪费和环境污染。沥青生产拌和温度一般在 150~180℃ 范围内，如果沥青出厂时温度过低，沥青容易在运输过程就凝结成块，不仅不利于施工，而且还影响铺路的质量；沥青出厂时温度过高，会浪费大量用于加热沥青所用的重油，不利于节能减排。为保证正常施工，传统运输方式要求沥青出厂温度相对较高，这不仅消耗大量的燃油，在拌和运输以及施工过程中还会排放大量二氧化碳、粉尘等有害物质，污染环境。

（2）无法实时获取物流状态，运输时间无法控制。沥青运输车缺乏检测与通信设备，发车后，便无法获取物流车辆的实时动态，如车辆的实时位置、车辆状况、车速、路况、沥青实时温度等信息，管理人员只能依靠经验推测出车辆的大致位置，无法向用户提供车辆准确的抵达时间及沥青质量。

（3）车辆人员管理混乱。随着行业规模的不断壮大，相关公司拥有的物流车辆和驾驶员都越来越多，需要耗费大量人力物力处理订单与车辆的匹配问题，存在很大的随意性和一些无法避免的错误，无法根据订单对物流车辆进行合理科学的分配。驾驶员在运输时只能依靠经验选择道路，无法避开高峰路段，运输时间得不到保证。

针对上述不足，管理系统能够实现智能处理订单信息，根据铺路沥青的运输路况、运输环境及施工环境等因素智能预测铺路沥青出厂的最低温度和运输路径，并精确控制沥青生产温度，实现绿色物流与节能减排的目标。沥青物流运输管理智能系统主要包括四大模块：

（1）智能判断运输地址有效性。操作员录入订单信息，包括运输地点、沥青工作温度等。系统接收到订单信息后将自主判断该地址是否为有效地址，如果不是将提示操作员重新输入，直到判断有效。

（2）智能处理订单信息。系统接收到订单信息后自主接入百度地图、百度天气、交管局网站等接口，获取路况、车流量、气温、车速等信息，计算出既能满足施工要求又能减少资源浪费的沥青最低出厂温度，搜寻出最佳运输线路，预测运输时间，并与订单信息打包成任务数据包。系统根据当前车辆数据库的动态智能匹配运输车辆，向其车载终端发送任务数据包，并判断是否收到反馈信息。同时，系统也向生产终端发送该数据以便安排生产。

（3）智能生产控制系统。系统接收到生产终端的反馈后，通过温度调控设备控制沥青生产加热，并实时监控沥青温度。沥青达到出厂温度后，反馈至系统，同时向生产系统下达停止加热、结束生产指令。

（4）智能监控。车载智能终端实时监控物流车辆状态及沥青温度，并按时向系统发送数据包，一旦车辆运行状况出现异常或沥青温度低于一定值，系统将向驾驶员发出警报信息及检测处理命令。此外，系统可向车载智能终端发送指令获取所需信息，当系统收到完成配送反馈后发出车辆返回命令，并结束配送。

沥青物流运输智能系统功能及功能架构包括无线通信、GPS定位、数据库、传感器等部分，可以提供诸如数据库管理、车辆调度、运输线路规划、车辆监控、路径回放等丰富的功能，满足实际应用需求。

二、散装船运

沥青运输船是一种特殊的油船，与普通油船不同，沥青运输船还应考虑沥青运输过程中的安全风险，例如当温度为127℃的沥青在与水接触的瞬间，会使水急骤变成水蒸气并迅速膨胀，从而使沥青起泡，甚至可能导致剧烈的爆炸。因此，沥青运输船必须满足既能使沥青保持热态，又能同时保证沥青不会与水接触。

沥青运输船的特点是设置独立的加热保温系统，并用特殊的保温材料组成独立的(或整体的)沥青液货舱进行运输，关键技术表现为以下方面。

1. 沥青舱的形式

沥青运输船的液货舱形式可分为整体液货舱与独立液货舱两类。整体液货舱构成了船体结构的一部分，且以相同方式与邻近的船体结构一起承受相同的负荷，是船体结构完整性所必需的一种液货舱。独立液货舱是指不与船体结构相连接，或不是船体结构的组成部分，其对船体结构的完整性不是必需的液货舱。

2. 沥青舱的绝热保温材料

液货舱保温材料要求隔热性能良好，与其保温材料的密度、比热容和导热系数有关。

液货舱内沥青处于热平衡状态时，其每小时导出的热量可以表示如下：

$$Q = \lambda \frac{F(T_1 - T_2)}{\delta} \tag{4-8}$$

$$\alpha = \frac{\lambda}{cr} \tag{4-9}$$

$$Q = rc\alpha \frac{F(T_1 - T_2)}{\delta} \tag{4-10}$$

式中　Q——在单位时间导出的热量，J/h；
　　　λ——绝缘材料的导热系数，W/(m·℃)；
　　　T_1——沥青的温度，℃；
　　　T_2——江水的温度，℃；
　　　F——平均传热表面积，m²；
　　　δ——绝缘材料的厚度，m；
　　　α——绝缘材料的导温系数，m²/h；
　　　r——绝缘材料的密度，kg/m³；
　　　c——绝缘材料的比热容，J/(kg·℃)。

评价保温材料性能的主要指标为导热系数，导热系数值越小，其性能越好。选择一种导热系数小、密度小、阻燃性能好、使用温度高、施工方便、黏结性好的保温材料就可使船舶的载重量系数提高，热能消耗降低，从而大大提高船舶的经济性指标。

3. 沥青运输船的加热系统

根据沥青运输船的特点，需设置加热装置来满足运输时的保温和卸货时的泵送温度的要求。所采取的加热方式、加热设备以及温度控制范围均是沥青运输船加热系统设计好坏的关键。

沥青运输船的加热方式有两种：一种是加热介质直接通入油舱加热盘管加热的直接加热方式；另一种是利用加热介质加热货油后，再将货油引入货舱内加热的间接加热方式。

直接加热方式多采用 0.4~0.9MPa 的饱和蒸汽，引入敷设于货油舱底部的蛇形加热盘管。这种方式的优点是系统简单、热效率高且成本较低。缺点是货油舱底部的蛇形加热盘管庞大，在安装加工或修理时较麻烦。间接式加热系统依靠输油泵将舱内的货油抽出，送到置于主甲板的加热器中，经加热后的油再回到货舱里。这种系统的优点是货舱内无须敷设加热管群，避免了安装维修的不便，灵活性高。但系统中需增加一套液压设备，且货舱内的油温必须保持在货油能流动的最低值，这也就增加了系统的热能耗与成本。

4. 沥青船驳运系统

货油泵是沥青船必设的设备之一，由油泵来完成卸油的工作。油泵的形式有往复式货油泵、离心式货油泵、叶片式货油泵以及螺杆式货油泵。应根据所装沥青黏度、油船的大小等具体条件选择不同类型的货油泵。

沥青驳运管系采用双线式，管路由左右舷两根货油干管和至各舱的支管组成。在各舱内设有集油井，因此不设扫舱管路。该驳运管路设置简单，闸阀较少，布置集中，操作方便。

由于输送的沥青温度高达 160℃，因此必须采取有效的措施保证整个管群的温度。为此，除在沥青舱内设有加热盘管外，在沥青驳运管路、驳运泵及滤器等处都应设有热油伴热管以达到保温目的。

第三节 固态沥青的运输方式

随着我国公路建设的加快，对沥青的需求量逐年增加。在国家政策指引和经济发展需求的驱动下，新增公路项目已从沿海、发达城市向内陆、中西部城市转移。运输距离的增加、交通条件的复杂化对沥青的物流方式提出了更高的要求。传统的物流方式存在的瓶颈也日益凸显，急需创造新型的沥青物流模式。

一、集装箱运输

沥青集装箱始于 20 世纪 70 年代，目前在澳大利亚、欧洲等地区的技术发展已非常成熟，应用也相对广泛。作为一种新型的沥青运输模式，近几年开始逐步在国内沥青市场投入使用。这种模式打破了传统的在内陆地区单一的公路或铁路槽罐车运输的模式,逐步将中远距离集装箱运输和水路、铁路、公路运输相结合的多式联运方式推向市场,并且取得了较好的经济效益。

国内沥青集装箱最早出现在21世纪初,为热式集装箱,每只可装载沥青23t左右,随着近几年技术的不断发展,沥青集装箱的可装载沥青量增加至25t。之后,新型制造的冷态沥青集装箱,可装载沥青量进一步增加至27t。

1. 沥青集装箱结构

按照国际通用的集装箱规格,沥青集装箱架多采用20ft❶箱规格,一节车厢可以装运两个箱。每个箱的装载量约15t(罐内径最大2m,长约5.5m,容积约17.3m³,减去火管体积及5%~7%的安全空间,有效容积15.8m³左右)。由于装运的介质是沥青,罐内的设施基本与沥青槽车的罐体一样,配备装罐孔、盖,卸罐阀门以及呼吸式安全阀。这种罐内还配有加温火管,罐体表面附有保温层,详细情况如图4-19所示。

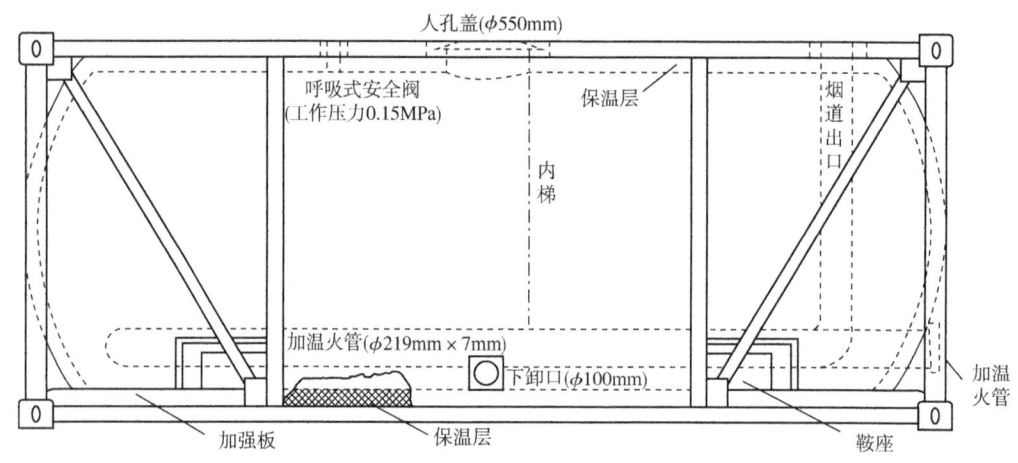

图4-19 沥青集装箱结构示意图

2. 沥青集装箱运输优缺点

根据我国沥青生产发展和国内外沥青使用的情况,用集装箱装运沥青有如下优点:

(1)成本低。集装箱中沥青在运输过程中呈固态,可享受干散货集装箱的运输价格,与传统的铁路槽罐车、热式沥青集装箱、汽车公路运输的运输费率相比均较低;其次,单箱装货量高于热式沥青集装箱,到目的地后只需采用成本相对较低的加温设备加温后即可泵入汽车槽罐车运输至公路路面项目沥青拌和站,基本实现了运输与仓储一体化。

(2)方便用户。热沥青用槽车接运时,用户须有专用线、接卸槽、集油池、蒸汽锅炉等专用卸车设施才能接卸,而采用集装箱装运时,用户可直接到集装箱提货站用汽车提运,而且也不需要专用的存放地。

(3)减少铁路槽车和铁桶装运的损耗和污染。用铁路槽车装运,卸车后还要用汽车转

---

❶ 1ft=30.48cm。

运或装桶才能送到施工现场使用，必然增加中转损耗和污染，用集装箱装运可直接送到现场使用，减少损耗和污染，也节省了中转费用。

（4）用集装箱装运沥青，可以用火车或汽车运输，也可以用船舶运输，其通用性、灵活性极强，对于没通铁路的地方尤其方便，为我国今后的沥青出口也提供了运输条件，从而拓展了沥青市场。

集装箱运输虽然有诸多优点，但在国内普及率和受众程度仍然较低，主要原因包括：

（1）运营成本高。沥青集装箱已实现了较快发展，集装箱数量达到了约 7000 只，但是年运量仅为 $40 \times 10^4 t$ 左右，单只集装箱年周转次数非常低。沥青集装箱若要实现大的发展，需通过更加完善、高效、经济的服务方式提高炼厂、经销商的受众度，进一步增加周转次数，以降低集装箱的使用成本，进而提高使用量，形成良性循环。

（2）外部配套设施有待完善。目前我国能够通过铁路发运沥青集装箱的火车站点依然不多，卸货地具有铁路专用线能够接卸沥青集装箱的也较少，导致在装车、卸车两个环节需要汽车短途倒运，增加物流成本，降低了其在物流经济性方面的优势。

3. 沥青集装箱类别

1）带保温层集装箱

带保温层集装箱受外形尺寸限制，每箱实际装载量约为 27t（图 4-20）。同时由于保温层的存在，到目的地后视沥青实际温度，可选择直接卸油或二次升温卸油。二次升温卸油前，需提前进行堆场建设，安装龙门吊，铺设转运轨道、卸油管等设施，还需提前规划燃料供应。集装箱内完全凝固的沥青，可能需要十几个小时才能卸完。

2）不带保温层集装箱

不带保温层的集装箱可以最大化外形尺寸多装沥青，每箱实际装载量约为 29t。由于没有保温层，到目的地后需二次升温卸油。二次升温卸油前，需提前进行加温池建设（图 4-21），铺设加热盘管和型钢支架，安装龙门吊、卸油管等设施，还需提前规划燃料供应。该类集装箱采取集中加热，一个加温池一次可投放几个到十几个集装箱。

图 4-20 带保温层集装箱

图 4-21 沥青集装箱加温池

3）气凝胶保温层集装箱

气凝胶保温层集装箱充分利用新型绝热材料气凝胶特性，相同保温效率下集装箱的保温层可从10cm减薄到2cm。与以上两种集装箱带货吊装设计理念不同，气凝胶保温层集装箱保温运输，不进行二次加温。只在淡季不用时把空集装箱用吊机从车上卸下。制造时选用轻型材料，减轻自重，尽可能留出空间多装沥青，沥青实际装载量可达约33t。大大降低了运输和二次加温成本，适合中长距离但滞留时间不长的沥青运输。

4. 沥青集装箱在沥青物流领域的应用前景

1）公路、水路、铁路多式联运，缓解沥青资源运输瓶颈

由于我国沥青资源分布不均衡，且南北方气候差异较大，也会造成不同季节南北方沥青供需状况出现截然不同的差异，导致局部资源供应与需求不对称的现象出现。在这种情况下，受基础设施、运力、费用等条件的限制，单纯通过公路、水路、铁路均无法完成将沥青从资源宽松地向资源紧张地及时、低成本运输。沥青集装箱的诞生，为解决这一资源调运难题提供了方案。通过开展沥青集装箱公路、水路、铁路多式联运业务，有效缓解这一运输瓶颈，并且在一定程度上还可以降低物流成本。例如可将辽河石化、大连西太、温州小门岛等炼厂的沥青通过公路、水路、铁路多式联运的方式运输至西南地区的四川等地，在保障资源供应的同时也可产生不错的经济效益。

2）实现运输与仓储一体化，降低物流成本

与传统的沥青物流模式相比，沥青集装箱具有能够堆放和对场地要求不高的便利性，可在距离路面沥青拌和站不远的地方选择堆放场地，将沥青加热后再泵入汽车槽罐车运输至沥青拌和站，省去了沥青卸入沥青库中转的环节。大大降低了对内陆中转沥青库的依赖，同时还可以降低仓储中转成本，减少沥青多次装卸后的损耗。

3）沥青集装箱是长距离运输的首选

与汽车槽罐车相比，沥青集装箱在长距离运输中具有明显的成本优势。此外，由于传统的物流模式中除直接通过汽车将沥青运输至路面沥青拌和站外，其他经过沥青库进行中转的方式均要对沥青进行多次加热，导致改性沥青指标容易衰减。而改性沥青在冷态运输过程中质量相对稳定，冷态沥青集装箱可实现改性沥青的长途运输。

4）集装箱操作简单高效，更适用于中西部地区

由于集装箱的堆放对于场地要求不高，对于中西部等沥青库设施较少、交通情况较为复杂的地区，沥青集装箱易堆放、易加热的便利性达到充分的体现。目前国内主要沥青资源分布和使用地中，已有广东、广西、山东、新疆等地使用过沥青集装箱。随着沥青集装箱运转效率的提高，未来用量将进一步增加，尤其适用于中西部等交通条件较为复杂的地区。

二、桶装运输

桶装沥青曾经是沥青远距离运输的主要方式，如我国从伊朗进口的沥青，或者中国施工企业在国外的项目中用到的沥青大部分采用桶装。钢桶包装是最主要的类型，因回收旧桶的运输成本太大，再者脱桶时为了提高脱桶效率，几乎全是破坏性切割，因此钢桶包装

沥青成本较高，沥青桶基本是一次性使用。

按照国家标准 GB/T 325.5—2015《包装容器　钢桶　第 5 部分：200L 及以下闭口钢桶》，罐装用的钢桶规格分为 25L、50L、80L、100L、200L 等。从生产成本、装运操作和运输相关的费用考虑，包装沥青基本采用 200L 容量的钢桶。

与桶装沥青配套的就是沥青脱桶器，脱桶器可分为如下 4 种类型。

1. 轨道托盘式脱桶器

由人工将沥青桶倒立在一个托盘上，把整个托盘放满后，人工或者机械把托盘沿轨道推入脱桶设备加热室进行加热。其特点如下：

（1）需要挖坑做地下基础，放置沥青储存箱在地面以下，让轨道与地面持平；

（2）需要铺设轨道，保证钢轨平直；

（3）轨道内需设沥青收集槽，回收滴漏的沥青；

（4）需要大量人工把桶翻转至桶口朝下，并转移到轨道上；

（5）轨道和托盘易受热变形、卡顿；

（6）托盘进出会带走大量热量；

（7）托盘和空桶从脱桶箱内移出时温度较高，需要工人在高温下作业，而且托盘上的液体沥青使地面较滑，工人易摔倒受伤。

2. 液压推进式脱桶器

依靠小型行吊把沥青桶吊至进桶位置，依靠液压缸推入熔化室内加温。

3. 带翻桶装置的液压推进式脱桶器

依靠小型行吊把沥青桶吊至翻桶位置，启动翻桶器，使沥青开口朝下，再依靠液压缸推入熔化室内加热。其特点如下：

（1）无须地下基础，硬化地面即可；

（2）无须铺设轨道；

（3）有沥青桶抓取机构，无须人工搬动；

（4）有沥青桶翻转机构，无须人工翻桶，不会造成沥青滴漏；

（5）特殊加固滑动轨道，防止变形；

（6）弹簧门进出，减少热量损失；

（7）劳动强度低，安全可靠；

（8）可加装燃烧器，节省锅炉购置、安装、报检等费用。

4. 链条传动式脱桶器

上述脱桶器为被动式，特别是液压推进，很容易造成沥青桶挤压变形、倾倒，造成无法连续作业。新一代脱桶器依靠链条传动提供动力，自动抓桶，桶与桶之间无接触。自动化程度大大提高，运转更平稳可靠。

三、包装袋运输

沥青袋装属于一种软包装方式，通常采用纸袋、聚烯烃等软包装材料。目前更多的是采用聚烯烃软包装袋。袋装方式的特点是包装成本较低，对运输工具无特殊要求，且搬运码放方便。但袋装沥青在储存和运输过程中，受气温变化、阳光照射、外力等原因的影响，会出现沥青袋变形、破损渗漏、互相粘连等现象，且码放不宜太高。沥青软包装这一新的包装方式包装成本低，而我国公路建设对沥青的用量日益增大，因此采用软包装对降低公路建设整体造价具有重大作用，可使我国道路沥青储运方式发生较大变革。虽然此方式有诸多不足，但通过对沥青包装材料的进一步研究，使其更为可行实用，同时研制与之配套的袋装沥青处理设备，并能实现对袋装沥青的批量生产，便可使袋装沥青这一新技术在我国获得迅速的推广应用。

1. 国内外主要沥青软包装袋

1) 美国聚烯烃沥青软包装袋

有聚乙烯和聚丙烯两种单层袋子，聚乙烯袋子灌装道路沥青温度为120℃，聚丙烯袋子灌装道路沥青温度为130℃，使用时袋子在160℃情况下与沥青共熔。聚乙烯袋子由美国 Amtech 公司生产，价格为28~30美分/个，折合人民币2.8~3.0元/个，尚无配套的灌装设备。

2) 德国聚烯烃沥青软包装袋及灌装设备

德国比较著名的软包装公司是 Alpine 公司，该公司生产的聚乙烯和聚丙烯复合袋，内外层为聚丙烯，中间层为聚乙烯或另一种不同密度的聚丙烯，一次挤塑成型。其沥青灌装温度为130~140℃，袋子在160℃完全熔化在沥青中，每袋沥青灌装量为25~30kg。其中配套的灌装设备由德国的 Uire 公司设计制造。此外，还有德国 Sandyyik 输送机器公司研制的聚乙烯软包装成型设备。

3) 俄罗斯蜂窝纸箱软包装

俄罗斯普遍采用"Smart Box"进行沥青包装，每袋沥青灌装量为1000kg。近几年俄罗斯出口我国的沥青也较多使用这种包装，最内层为不粘连聚乙烯薄膜，中间层为蜂窝纸箱，外层为防水聚丙烯层(图4-22)。

图4-22 俄罗斯蜂窝纸箱软包装

4) 国内聚烯烃沥青软包装袋及灌装设备

交通部"七五"期间组织实施了一项重点科研攻关项目"液态道路沥青包装材料及灌装技术",于1991年2月通过了国家鉴定验收,并在1992年被列为国家科学技术委员会的《国家级科技成果重点推广计划》。整套技术由特殊性能的软包装袋及成套灌装生产线组成,属国内首创。该新型软包装袋仍属聚烯烃软包装袋,分内外两层,内袋为聚乙烯,外袋为聚丙烯编织袋。沥青灌装温度分为三种:A型≤120℃(适用于低软化点道路沥青);B型≤125℃(适用于高软化点道路沥青);C型≤130℃(适用于炼油厂高温沥青)。袋与沥青混熔温度≤160℃,每袋沥青灌装量为25~40kg。

表4-11、表4-12分别为道路交通行业标准JT/T 396—1999《道路沥青塑料包装袋》和包装行业标准BB/T 0021—2001《环保型沥青软包装袋》对沥青软包装的性能要求。

表4-11　道路沥青塑料包装袋技术要求

项目	类型	
	内袋	外袋
拉伸强度	10MPa(纵横向)	550N/50mm(经纬向)
		250N/50mm(封底向)
断裂伸长率/%	250(纵横向)	—
断裂强度/(N/cm)	400(纵横向)	—
封口剥离力/(N/15mm)	—	

表4-12　环保型沥青软包装袋技术要求

项目		性能指标	
		25kg	40kg
材料高温抗张强度/(N/50mm)	纵向	≥350	≥550
	横向	≥200	≥300
底部高温抗张强度/(N/50mm)		≥150	≥250
防粘性(25℃±5℃)		可剥离	
牢固度(25℃)/次		≥6	
底部耐热性		经180℃、30min处理后无开胶、熔痕等异常情况	

近年来研发的不粘连沥青袋(图4-23),以帆布料为胎基,在其上喷涂不粘连材料,然后缝制成沥青袋,在常温下,可实现沥青与包装袋不粘连分离,避免了上述聚烯烃类包装材料在热沥青中难溶、缩集成团等现象。此外,国内一些软包装公司针对20ft集装箱开发的聚氨酯包装袋(图4-24),装满后刚好充满整个集装箱,充分利用集装箱空间,其比40kg或1t装小型包装袋成本更低。

图4-23 帆布料沥青吨包装袋

图4-24 集装箱用聚氨酯沥青包装袋

2. 国内外袋装沥青罐装设备

国内外有许多研发沥青软包装及其灌装成型设备的企业，并且国内已有厂家生产专门的沥青罐装生产线。比如满足生产率为100~150t/h的沥青混合料拌和设备的生产需要，沥青用量按6%计算，每小时至少要提供6~9t的热沥青。若按每袋装沥青30kg计算，袋装沥青处理设备每小时生产率必须达到200~300袋。

在中国台湾省，有一种袋装沥青处理设备，称为BUFFALO袋装沥青熔化炉，相当于将袋装沥青直接投入液态沥青保温罐中进行熔化、升温，并增加搅拌装置加快包装袋熔入液态沥青中。此设备虽简单，但实际使用范围较窄。一般液态沥青的使用温度(即沥青混合料拌和温度)为140~160℃，在实际应用中发现在该温度下包装袋并不能很好熔化，必须耗费更多的能源使沥青升到更高温度，才能完全熔化包装袋，但此时加热温度可能达到沥青的老化温度区，严重影响沥青质量。

中国石油克拉玛依石化公司在1994年就与吉林大学合作引进了两条15×10^4t/a道路沥青软包装半自动灌装生产线，但远远不能满足用户的需求。为此，与北京一家公司合作新建两条20×10^4t/a道路沥青软包装全自动灌装生产线。生产线包括恒温连续供料系统和自动灌装包装系统。其原理如图4-25所示，连续供料系统采用螺杆泵循环保证连续供料，自动灌装生产线分别接在泵的出口，当自动灌装生产Ⅰ线灌装机(或生产Ⅱ线灌装机)开始灌装时，管压降低，关闭阀，正常生产。当自动灌装机Ⅰ、Ⅱ线停止灌装，管压升高，打开阀，循环沥青回釜，从而实现连续供料。

自动灌装包装系统工艺流程如图4-26所示。该系统具有零点自动跟踪上箱、准确计量、可编程逻辑控制器(PLC)电脑控制灌装及灌装区域半封闭、自动喷码、自动传输并全线互锁保护、封口、自动捆扎等功能。具体流程：人工将套好封底的纸箱分别放入输送机拨杆格内，灌装输送机自动将空箱送入半封闭灌装机内的各秤台上，传感器检测到纸箱后秤台升起，然后去皮灌装，粗灌装完成后精灌装。灌装完毕输送机拨杆送出重箱，同时送入空箱继续灌装。重箱排出灌装机后自动喷批号并人工封口，封好纸箱进入成品输送机储存缓冲，再经过动力输送机分别送入纵捆扎机捆扎，最后经过输送机送入横捆扎机完成纸箱包装。

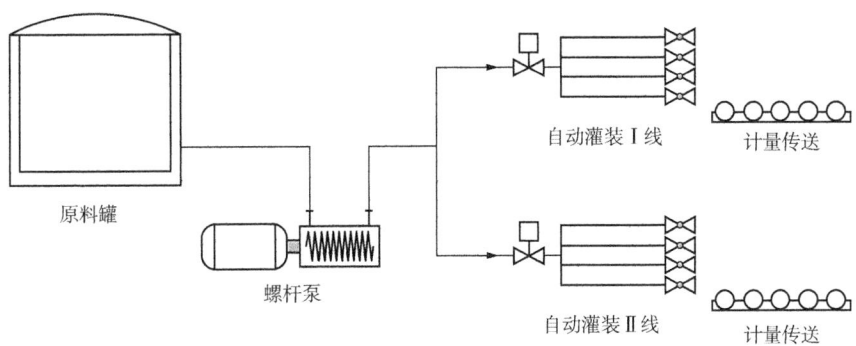

图 4-25 沥青软包装连续供料系统

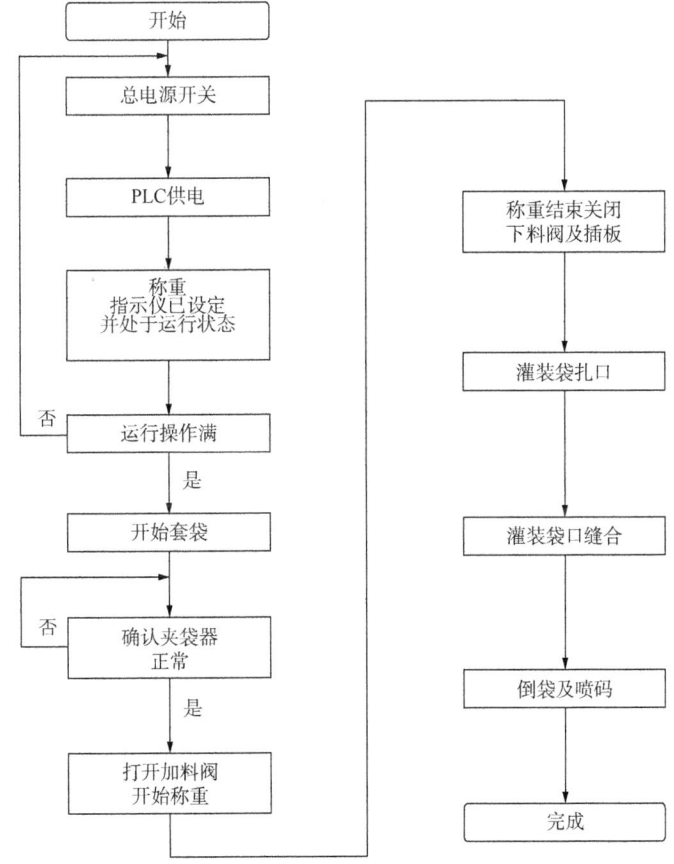

图 4-26 自动灌装包装系统

3. 袋装沥青熔化设备

现阶段还没有理想的袋装沥青熔化设备，只能将袋装沥青直接投入液态沥青保温池中进行熔化、升温，生产效率普遍不高，制约因素主要有：

（1）沥青是隔热材料，热传导率低，沥青块越大越难熔化；

（2）自动化程度低，工人劳动强度大，上料速度慢；

（3）包装材料不能在高温沥青中熔化，会缩聚成不规则块状或球状，堵塞输出管道和沥青泵，如果有搅拌器，还会缠绕搅拌器叶片而无法正常运转；

（4）如果不是连续生产，每次熔化前需先加满沥青作为加热介质。

为增加熔化速度，提高生产效率，可考虑以下几个措施：

（1）利用导热油盘管把沥青由大块切割成小块；

（2）增加搅拌装置，加快包装袋熔入液态沥青中；

（3）增加对流喷射装置，把热熔沥青通过沥青泵一部分外输，一部分参与二次进熔化罐循环，通过喷嘴喷射到未熔的沥青块上，增加熔化速度；

（4）在设备上开清渣孔，及时清理缩聚的包装材料。

第四节　沥青的计量与发运

沥青作为商品交付到用户手里，需要有相对精准的计量方式，但由于沥青及重质燃料油温度高、黏度大，增加了沥青计量工作的难度。随着技术的进步，沥青和重油的计量早已由人工检尺升级为由流量计、DCS组成的自动计量方式，甚至可以通过云智能平台实现远程的计量控制。本节主要介绍几种常用计量设备以及新兴的智能化控制系统。

一、计量设施

1. 流量计

流量计目前广泛应用于石油石化领域，一部分用于生产过程中的流量控制，另一部分用于产品的贸易计量。随着工业生产的发展，流量测量的准确度和范围的要求越来越高，各种类型的流量计相继问世，目前已投入使用的流量计超过100种。流量计按照结构原理可分为质量流量计、容积式流量计、叶轮式流量计、差压式流量计、变面积式流量计、动量式流量计、冲量式流量计、电磁流量计、超声波流量计、流体振荡式流量计等。

由于流体的容积受温度、压力等参数的影响，用容积流量表示流量大小时需给出介质的参数。在介质参数不断变化的情况下，往往难以达到这一要求，而造成仪表显示值失真。因此，质量流量计就得到广泛的应用和重视。

科里奥利质量流量计是根据科里奥利效应制成的，由传感器和变送器两部分组成（图4-27）。传感器敏感元件是测量管，测量管的形状有直形管、U形管、Ω形管、S形管等。测量管虽然形状各异，但工作原理是一样的，通过驱动线圈使测量管振动，流体在振动管内产生科氏力，由于测量管进出侧所受的科氏力方向相反管子会产生扭曲，进而产生相位差，通过检测线圈测出流体流过左右检测线圈时产生的时间差（图4-27）。因为质量流量与这个时间差成正比，所以由左右线圈测得的时间差经信号运算处理后可得出质量流量。变送器的功能是把来自传感器的电信号转化为质量流量信号，一般输出与流量成比例的标准电流信号，或频率/脉冲信号。并可按一定的通信协议，实现与上位机和 DCS 系统的远传通信，变送器上的显示面板可以组态、显示所需要的参数。

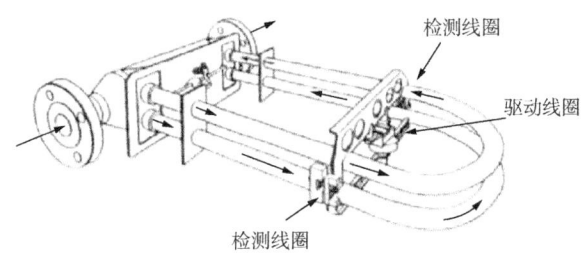

图 4-27 科里奥利质量流量计原理图

科里奥利质量流量计是应用最广泛的直接测量质量、流量的装置，它具有测量范围大、运行成本低、抗腐蚀、可测量多种介质及多个参数等诸多优点，是一种比较理想的测量高温渣油或沥青流量的仪表。

大多数质量流量计能对被测介质质量、体积、流量随温度和压力变化自动校正，但也有部分高压、大管径流量计随着工作压力升高时会引起一些测量误差，需要进行压力补偿。这是因为流量计的流量系数是在一定的温度和压力下标定后得出的，当偏离标定点后，流量系数会发生微小的变化，因此对测定值必须进行修正。修正系数一般由厂家给出，修正系数的大小和质量流量计型号有关，这是因为不同型号的流量计其振动管的几何形状、外观直径和管壁厚薄都不相同，对于口径比较大的传感器这种压力效应更加明显。

2. 计量泵

计量泵是一种既具有介质输送功能又具有流量调节功能的机械设备，随着现代化工工业的发展，计量泵在石油、化工、电力、原子能、轻纺、环保、水处理、食品等领域中起着十分重要的作用，特别是在需要计量精确、配量可靠、连续输送各种介质的工艺流程中显得更加重要。

计量泵主要由动力驱动、流体输送和调节控制三部分组成，动力驱动装置由机械联杆系统带动流体输送隔膜实现往复运动。根据过流部分，计量泵可以分为柱塞活塞式、机械隔膜式、液压隔膜式；根据驱动方式，可以分为电动机驱动、电磁驱动、气动；根据工作方式，可以分为往复式、回转式、齿轮式。目前，因其动力驱动和流体输送方式不同，计量泵主要分为柱塞式和隔膜式两大类，隔膜泵又分为机械传动隔膜泵和液压传动隔膜泵。

1) 柱塞式计量泵

机械驱动柱塞式计量泵被广泛地应用于电厂、石油化工等领域，柱塞式计量泵的效率在各种液压泵中最高，额定工作压力也相对较高；在高功率工况下柱塞式计量泵的测量可靠性高，且在压力冲击、温度变化大的场合其寿命不会明显下降。

柱塞式计量泵主要分为普通有阀泵和无阀泵两种。柱塞式计量泵因其结构简单和耐高温高压等优点而被广泛应用于石油化工领域。针对高黏度介质在高压力工况下普通柱塞泵的不足，一种无阀旋转柱塞式计量泵受到越来越多的重视，被广泛应用于石油添加剂、沥青等高黏度介质的计量。柱塞式计量泵优点是结构简单、工作压力高；缺点是柱塞与柱塞密封填料直接与介质接触，容易造成磨损，使介质泄漏。业内一般认为隔膜式计量泵逐渐取代柱塞式计量泵已成为发展趋势。

2) 隔膜式计量泵

隔膜式计量泵利用特殊设计加工的柔性隔膜取代活塞，在驱动机构作用下实现往复运动，完成吸入—排出过程。由于隔膜的隔离作用，在结构上真正实现了被计量流体与驱动润滑机构之间的隔离。高科技的结构设计和新型材料的选用已经大大提高了隔膜的使用寿命，加上复合材料优异的耐腐蚀特性，隔膜式计量泵目前已经成为流体计量应用中的主力泵型。作为具有介质输送和流量调节功能的流体机械，计量泵已成为现代化流程工业的核心设备，其中隔膜计量泵结构设计合理无泄漏，并且具有耐压、耐磨、耐腐蚀等优点。

3. 电子地磅

地磅，也称为汽车衡，是设置在地面上的大磅秤，通常用来称卡车的载货吨数。地磅称重装置具有测量范围较广、结构简单、反应速度较快、计算机容易控制、应用面广等特点，在石油、矿山、电力、建筑、煤炭、冶金等方面得到了广泛的应用。

地磅主要由承载器、称重显示仪表（以下简称仪表）、称重传感器（以下简称传感器）、连接件、限位装置及接线盒等零部件组成，还可以选配大屏幕显示器、计算机和稳压电源等外部设备。

其工作原理是被称重物或载重汽车置于承载器台面上，在重力作用下，通过承载器将重力传递至称重传感器，使称重传感器弹性体产生变形，贴附于弹性体上的应变计桥路失去平衡，输出与重量数值成正比例的电信号，经线性放大器将信号放大，再经 A/D 转换为数字信号，由仪表的微处理机对重量信号进行处理后直接显示重量数据。配置打印机后，即可打印记录称重数据，如果配置计算机可将计量数据输入计算机管理系统进行综合管理。

地磅按安装方式分为地上、地中两种；按称重方式分为静态与动态两种，一般都是静态的，高速公路上治理超载多为动态轴重秤；按信号传送方式分为模拟与数字两种；按秤台结构分为全钢与钢混两种。地磅常用规格为宽 3~3.4m、长 6~24m，主要考虑车辆的宽度，以及市场面板的宽度综合决定。

从 20 世纪 50 年代，我国衡器制造行业开始应用地磅称重的技术，经过 70 多年发展，逐渐从较为落后的由机电技术结合发展的电气控制型发展到今天的数字智能化、全自动化的地磅衡器，其功能在不断强化，操作却更加简单。

按照我国地磅称重产品发展的特点、技术水平、相关市场需求变化等，地磅称重的技术向着模块化、小型化、智能化和集成化的方向发展。在地磅称重技术的产品功能方面，主要的发展趋势是计量称重控制信号与控制信息的结合，充分实现了智能化，其产品的性能发展向着综合性和组合型的方向发展。

(1) 模块化发展是适应现在市场需求的必然选择。现在交通运输中越来越多的大型承载结构需要用到地磅称重产品，如地磅汽车衡等，这类产品已经逐渐采取了功能和结构模块化方式，例如，以单块、三块和六块模块构成的组合称重产品已经应用于分体式称重中。这一类模块化的分体式称重结构不但可以强化称重产品的可靠性、互换性和通用性，还极大地提高了产品的准确性。另外，模块化的地磅称重产品还可以提高整个产品生产的效率，降低产品生产的成本，从而进一步提高地磅称重相关企业的经济效益。

（2）通过将计算机、自动控制系统和地磅称重技术相结合，可以实现地磅称重产品的智能化控制和显示。在结合了计算机、自动化控制等信息控制系统后，地磅称重产品的功能可以更加多样化，如可以增加判断、自适应、推理和自诊断功能。

（3）地磅称重技术向集成化发展，其生产和制造的相关称重产品则可以实现功能一体化等。例如，专用称、静动态地磅轨道衡、静态地磅称或小型地磅台称等都可以和相应的称重传感器相结合，实现集成化，从而最终实现两个或多个功能一体化的地磅称重产品。又比如称重传感器和小型地磅称集成的动态地磅轮轴秤，可以实现对多个轮轴的动态称量，同时也可以实现静态地磅称的静态显示功能，从而实现了轮轴的动态和静态称量显示等。

（4）随着未来地磅称重技术的不断发展，最终将会实现重量轻、高度低、体积小等目标。最近几年我国研制开发的最新地磅台秤就展示了轻便、小巧型产品的发展趋势。例如，对于低容量的地磅平台秤和地磅轮轴秤，可采用将薄型或超薄型的圆形称重传感器直接嵌入钢板或铝板底面与称重传感器外径相同的盲孔内，形成低外形的秤体结构，称重传感器的数量和位置由秤的额定载荷和力学要求计算决定。钢板或铝板就是秤体的台面，称重传感器既是传感元件，又是承力支点，极大地简化了秤体结构，减少了活动连接环节，不但降低了成本，而且提高了稳定性和可靠性。

二、发运设施

1. 鹤管

鹤管是石化行业装卸流体的专用设备，它采用旋转接头与刚性管道及弯头连接起来，以实现火车、汽车槽车与栈桥储运管线之间传输液体介质。鹤管主要由立柱、油管、长短臂、旋转接头、平衡系统和垂管组成。目前国内常用的鹤管有以下几种形式。

1）固定式万向鹤管

固定式万向鹤管的结构由钢制立管、横管、铝制短管、旋转接头、平衡重锤等组成。如图 4-28 所示，这种鹤管在其立管上装有旋转接头，能使鹤管在水平方向旋转。横管固定在可以旋转的活动杠杆上，并利用橡胶软管与立管相连，当横管上下起落时，短管即可插入或从车内取出。为了降低劳动强度，在活动杠杆的另一端有平衡重锤。横管和短管是依靠特制的法兰连接的，当松动法兰的螺栓后，短管则可保持自然铅垂。短管用铝管制成，不仅重量轻，同时也可避免与油罐车碰撞时产生火花。

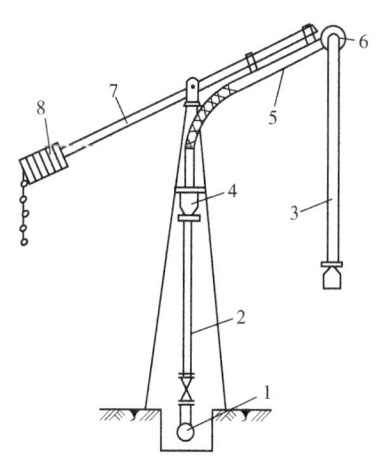

图 4-28 固定式万向鹤管
1—集油管；2—立管；3—短管；4—旋转接头；5—横管；6—法兰；7—活动杠杆；8—平衡重锤

2) 自重力平衡式鹤管

自重力平衡式鹤管为人工操作的装卸油设备，其采用压缩弹簧平衡器与鹤管自重力矩平衡（图4-29）。这种鹤管配有回转器，能旋转360°，因此能给栈桥两旁的油罐车装卸油品。此外，还配有使鹤管上下运动的升降器、对准油罐车位的水平活节和垂直活节及调节对位距离的小臂。这种鹤管操作上下自如，轻便灵活。

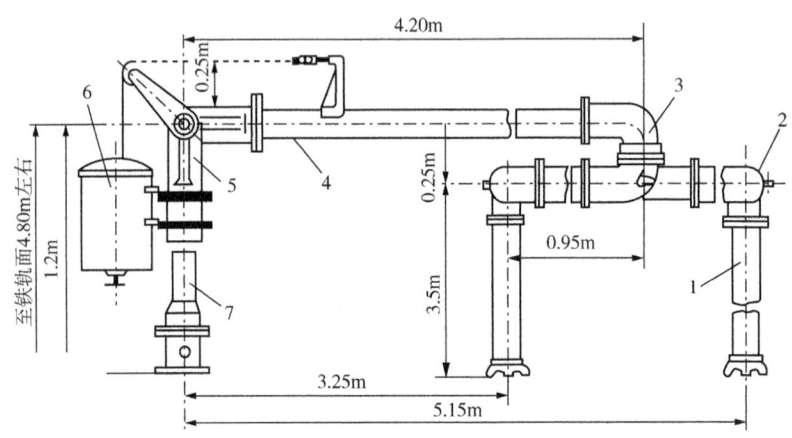

图4-29 自重力平衡式鹤管

1—小臂直管；2—垂直活节；3—水平活节；4—水平管；
5—升降器；6—平衡器；7—回转器

3) 84-100型鹤管

84-100型鹤管主要由立管、活动弯头、升降平衡系统、升降器、竖直立管等组成。鹤管的主要技术性能如下。

(1) 适用介质：各种油品。

(2) 工作尺寸：完全展开时6025mm，完全收拢时3100mm，公称直径100mm。

(3) 升降平衡系统：采用箱式组合压力弹簧平衡器，升降灵活，无惯性。

(4) 转动角度：360°，可供栈桥两侧装卸油品，对车位无死角。

(5) 升降器：呈S形，俯视角度为0°~75°。

(6) 操作耗力：旋转时拉力不大于5kgf❶，升降时拉力不大于10kgf。

2. 汽车发油台

汽车发油台是汽车发油区主要的建筑物，它是沥青罐或油库对外运送的主要场所，主要有以下几种发油台形式。

1) 停靠式

停靠式发油台的特点是用户汽车可直接在发油台边停靠提油。发油台一般为两层，输油管道或机泵等安装在下层，上层为发油操作室，通常安装一些计量仪表和设备，且有较舒适的操作环境。发油台两侧周沿设有0.5~1.0m平台通道，作为发油作业的操作平台，

---

❶ 1kgf=9.8N。

平台上安装一些加油灌桶设备，如汽车鹤管、加油枪、旋塞阀等，平台的高度以人在汽车与平台上下较为方便为宜，一般在 1.5m 左右。

2）通过式

通过式发油台有棚架式和综合式两种形式。

棚架通过式是一种棚架结构形式的发油台。发油棚顶棚宽度应足以遮住一辆汽车。发油设备安装在棚架上，汽车直接进入发油棚，停在指定位置。这种形式的发油区，往往是将发油棚设于发油区中间，发油总控制台和发油泵房设于发油区的一侧，控制台应处于能全面观察控制的位置，往往稍高一些。为了在自动控制系统发生故障时也能进行发油作业，发油棚以及相应的手动控制发油设备应设在供油库发油工上、下汽车加油作业的扶梯停靠台或活动操作台。

综合通过式是具有停靠式发油台和棚架通过式发油台综合特征的发油台，在油库的应用也很广。综合通过式发油台的建筑特征是将停靠式发油台集中的发油工艺设备，按品种分组，分散成若干个停靠式发油台，这些发油台间又采用顶棚互相连成一个整体，顶棚与相邻两发油台间形成一个通道。这种形式的发油台一般采用侧靠式，两边发油台同时可停靠汽车发油，每个车位都设相应的发油设备。综合通过式发油台前后也须设调车场地，故占地面积也较大。但一般发油台一侧设两个车位，以减少占地。

三、智能化定量装车系统

智能化定量装车控制与管理系统是一种全新的装车控制与管理系统，改善了以往装车系统的各种技术问题，是一种集成多种技术创新的信息化、智能化液体装车产品。近年来随着我国在物联网领域飞速发展，关键技术和核心技术不断突破，软、硬件技术和各种传感器技术不断进步，快速定量装车系统的智能化正在稳步向前发展。

定量装车系统可以为企业提高装车效率和精度，降低损耗，降低工人的劳动强度，通过利用移动互联网、云计算等新一代信息化技术和物联网技术有机结合，实现防溢报警、防静电报警和机泵的在线联锁，在沥青汽运及铁路运输方面得到广泛的应用（图 4-30）。

智能化定量装车基本工艺为：每个鹤位配置 1 台定量装车控制仪；每个装车位再配置 1 台流量计，1 套溢油、静电保护装置，1 台控制阀，1 套温度变送器；每个鹤位管线安装的流量计信号、阀门控制信号、静电溢油开关信号、IC 卡读写信号集中进入定量装车控制仪；供电也可由内置在定量装车控制仪的开关电源集中供电；由定量装车仪程序控制现场的装车作业的各种操作，现场定量装车仪分组分别并联通信，通过 RS485 通信接入串口服务器，通过串口服务器的以太网接口连接上位机系统的以太网交换机进入装车系统的工程师站，上位机编程组态开发定量装车控制系统软件实现装车自动化的各项监控管理、安全联锁、数据管理和存储、报表打印等功能。

装车方式可分为自动和手动两种。自动控制装车时，根据罐区计量员传递的每个油罐车装车量和相关参数，微机操作员在上位机设定装车量，并监控自动装车过程。操作人员在现场将鹤管插入罐车，将静电和溢油连接就位，系统采集到装车相关参数正常，且没有其他保护信号后，即可以点击操作装车（控制开阀、启泵、开始装车），工控机采集流量并

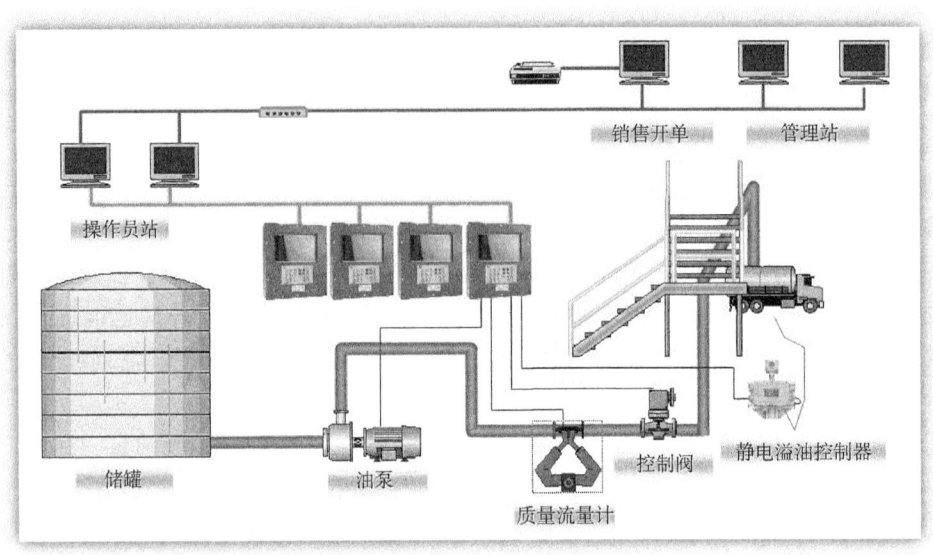

图 4-30　定量装车系统配置示意图

进行流速测算，采用程序控制方式实现控制阀的球体开度自动控制，实现高精度批量装车控制。

现场手动操作装车时，在检查相关设备安全就位后，操作员将客户的装车 IC 卡在定量装车仪上感应一下，IC 卡相关装车数据自动感应写入，确认无误后通过启动装车仪的"启动"按钮，系统在装车完毕后自动控制关停相关设备，完成现场手动 IC 卡装车操作过程。

智能化快速定量装车系统未来发展方向主要是采用动态仿真系统，对快速定量装车系统进行性能模拟实验，模拟现场工况和设备的运行状况，根据实验结果，不断优化设计，提高快速定量装车系统的智能化水平，实现智能检测系统状态、智能调整系统参数、远程监测运行状态、远程维护和消除故障等功能，最终实现无人值守全自动装车。但目前该技术还存在瓶颈，主要表现在：

（1）传感器技术和检测技术不够完善，精度不够，不能满足类似油缸磨损之类的微观故障的反馈要求。

（2）相关新技术的推广应用滞后：一是研发手段相对落后，缺乏实验模拟设备，致使一些实验无法模拟实际工况；二是对检测技术和最新的光电技术应用研究深度不够，对传感器行业及其二次开发应用不能与国际上的同类技术水平持平，对当前最新传感器技术了解不够。今后智能化装车系统的发展需要在大型仿真系统、远程故障诊断系统、智能传感器监测技术、智能液压伺服系统等瓶颈关键技术上进行重点突破，逐步向全自动无人值守装车系统方向发展。

参 考 文 献

[1] 马秀让. 油库设计实用手册[M]. 北京：中国石化出版社，2009.

[2] 陶文辉,陈立权.立式沥青储罐的设计[J].筑路机械与施工机械化,2006(11):22-24,28.
[3] 王政恩,李晓侠.沥青储罐及罐区设计的探讨[J].北京公路,1995(5):6.
[4] 律金华,王成富,侯京立.沥青储罐加热系统改造探讨[J].石油沥青,2005(3):49-50.
[5] 王志宏,王旭.串联立式沥青储罐改造技术研究[J].北方交通,2006(9):72-73.
[6] 李太杰,陈达刚,刘玉龙,等.新型液态沥青运输车设计[J].中国公路学报,1994(4):81-89.
[7] 杨显文.大吨位沥青运输保温罐车的设计和试验[J].公路交通科技,1992(3):47-50.
[8] 罗继宗,雷燕.液态沥青运输车的设计[J].装备制造技术,2008(10):52-53.
[9] 张秀英,牛会明.液态沥青运输车保温技术[J].中国公路学报,1992(4):98-102.
[10] 陈岚.沥青运输船的设计[J].武汉造船,1999(5):8-12.
[11] 巫梅忠,叶国荣,应伟杰.沥青运输专用船的改装[J].广东造船,2002(4):7-9.
[12] 郝丰丰.沥青集装箱在沥青物流领域中应用与发展前景探讨[J].现代商贸工业,2019,40(17):97-98.
[13] 赵欣刚,齐鹿扬.有机热载体炉[M].北京:中国计量出版社,2008.
[14] 竺柏康.油品储运[M].北京:中国石化出版社,2006.

第五章 道路沥青的应用

道路沥青是沥青路面建设的关键材料之一,为道路工程基础设施建设提供了重要支撑。道路沥青主要作为胶凝材料,与碎石等矿质材料共同配制成沥青混合料、沥青砂浆等用于道路路面等工程。本章主要从沥青路面、热拌沥青混合料、热拌沥青混合料施工、沥青路面常见病害4个方面,介绍道路沥青在道路工程建设中的应用。

第一节 沥青路面

道路是为国民经济、社会发展和人民生活服务的公共基础设施,道路运输在整个交通运输系统中处于基础地位。随着国家经济和科学技术的发展,道路交通的地位越来越重要。

一、道路发展史

公元前20世纪,埃及人把大量巨石从采石场运到工地上,建筑金字塔与狮身人面像,并由此建造了道路。公元前12世纪,亚述国王提格拉·帕拉萨一世下令修筑长距离道路,目的是便于战车行驶。古罗马时期,道路有了飞速发展,实现了以罗马为中心、四通八达的道路网。直到今天,在公路建造工程中,还有许多采用当年罗马人所开发的工程技术。18世纪,法国工程师特雷萨盖发明了碎石铺装路面的方法,并主张建立道路养护系统。18世纪末至19世纪初,英国工程师马卡丹主张采用小尺寸的碎石材料铺筑路面,这种碎石材料所铺筑的路面后来被称为马卡丹路面。到了20世纪初,汽车行业飞速发展,马卡丹式公路路基已经不适应汽车行驶的要求,人们又开始大量修建沥青和混凝土铺装的公路。第二次世界大战前,德国建立了高速公路,从此各国的公路都有相应发展,高速公路已经成为现代化公路的标志。

我国道路建设具有悠久的历史。早在西周时期就将城乡道路按不同等级进行统一规划,修建了从镐京(今西安市长安区境内)通往各诸侯城邑的牛、马车道路,形成了以都市为中心的道路体系;公元前2世纪的西汉,开通了连接欧亚大陆的丝绸之路,对当时东西方各国的交往起到了重要的沟通作用。唐代是我国古代道路发展的极盛时期,初步形成了以城市为中心、四通八达的道路网;到清代全国已形成了层次分明、功能较完善的"官马大路""大路""小路"系统,其中"官马大路"长达四千余华里❶。直至19世纪末期,我国

---

❶ 1华里=500m。

才出现了现代铁路和公路。我国最早的公路是1908年苏元春驻守广西南部边防时兴建的龙州到那勘的公路,可惜没有完工。1913年开始修建的长潭公路是我国第一条标准汽车公路,由水路交通和陆地交通组成。

中华人民共和国成立以后,中国公路建设逐步进入现代化时期。1988年是我国高速公路的"元年",我国第一条高速公路沪嘉高速公路建成,全长18.5km。1990年,被誉为"神州第一路"的沈大高速公路建成通车,全长371km,标志着我国高速公路发展进入了一个新的时代。"十五"时期,我国高速公路继续保持举世瞩目的快速发展势头,交通部组织编制的《国家高速公路网规划》是我国历史上第一个高速公路网规划。2013年,交通运输部研究编制了《国家公路网规划(2013—2030年)》,该规划确定了我国国家高速公路由7条首都放射线、11条南北纵线、18条东西横线以及地区环线、并行线、联络线等组成,总里程约$11.8×10^4$km,另规划远期展望线$1.8×10^4$km,简称"71118"网。截至2021年,我国高速公路通车总里程达到$16.91×10^4$km,稳居世界第一。

二、道路结构及类型

1. 道路结构组成

路基和路面是道路工程的主体结构,是相互联系的一个整体。路面是路基顶面的行车部分,是各种混合料铺筑而成的层状结构物;路基是地表按道路的线型(位置)和断面(几何尺寸)的要求开挖或堆积而成的岩土结构物。路面结构作为路基路面结构整体的一个组成部分,常采用狭义的概念,包括面层、基层、垫层3个结构层以及表面用的路拱。路面结构的承载力和耐久性很大程度上依赖于土基、路面排水和路肩,因此广义的路面结构应该包括结构层、土基、路面排水以及路肩(图5-1)。

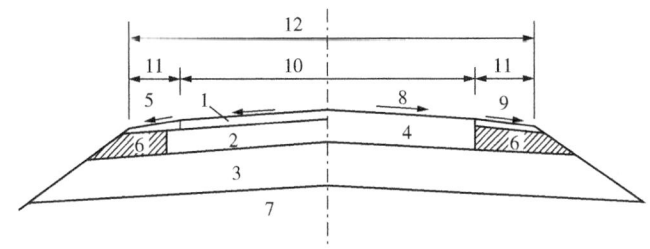

图5-1 道路结构图

1—面层;2—基层;3—垫层;4—水泥混凝土路面板;5—路肩面层;6—路肩基层;
7—路基;8—路拱横坡;9—路肩横坡;10—行车道宽度;11—路肩宽度;12—路基顶宽

1)结构层

各类路面的结构可由面层、基层、底基层和垫层组成。

面层是直接承受行车荷载作用、大气降水和温度变化影响的路面结构层次,应具有足够的结构强度、良好的温度稳定性、耐磨、抗滑、平整和不透水。面层由一层或数层组成,其顶面可加铺磨耗层,其底面有时增设联结层。

基层起主要承重作用,底基层起次要承重作用,都应具有足够的强度,底基层的强度指标可略低于基层。基层、底基层有时设两层,分别称为上基层、下基层和上底基层、下底基层。在路基土质较差、水温状况不良时,宜在底基层之下设置垫层,起排水、隔水、防冻、防污或扩散荷载应力等作用。

起辅助作用的黏层、透层、下封层越来越受到重视,处于有不同认识的发展阶段,可暂且归纳为辅助层。

2) 土基

土基是路床表面以下80cm深度、路面宽度范围内的上部路基,土基的湿度状态对路面结构的强度与稳定性有重大的影响,据此,根据路基土的平均稠度,土基被划分为干燥、中湿、潮湿、过湿4种干湿状态,见表5-1。

表5-1 土基干湿状态的稠度建议值

路基土	稠度(W_c)			
	干燥状态	中湿状态	潮湿状态	过湿状态
土质砂	$W_c \geq 1.20$	$1.00 \leq W_c < 1.20$	$0.85 \leq W_c < 1.00$	$W_c < 0.85$
黏质土	$W_c \geq 1.10$	$0.95 \leq W_c < 1.10$	$0.80 \leq W_c < 0.95$	$W_c < 0.80$
粉质土	$W_c \geq 1.05$	$0.90 \leq W_c < 1.05$	$0.75 \leq W_c < 0.90$	$W_c < 0.75$

3) 路面排水

当防止水分进入路面时,可采取拦截流向道路的地下水、设置路拱、填封路表面各种缝隙和采用透水性小的密级配面层混合料等措施。迅速排出进入路面结构内的水分时,可通过在路面结构内设置排水层,将进入路面结构的自由水横向排送到设在路肩下的纵向排水管,然后排出路基。也可以把基层或垫层的一部分设计成排水层。同时,沥青混合料应具有足够强度以抵抗荷载和水的共同作用。

4) 路肩

路肩设在行车道两侧,供车辆临时停车时使用,并为路面结构提供侧向支承。路肩结构可分为无铺面路肩、沥青路肩和水泥混凝土路肩3类,后两类路肩结构设面层和基层两个层次。路肩应同行车道路面作为一个整体进行结构设计,内容包括:宽度和厚度的确定、组成材料的选择、路面和路肩交界面的填封处理、路肩排水等,水泥混凝土路肩还包括拉杆和横缝设置等。

2. 路面等级与类型

按面层作用、材料的不同,路面可分为沥青路面、水泥混凝土路面、块料路面和粒料路面4类;按公路等级、设计年限与交通量,路面可分为高级路面、次高级路面、中级路面与低级路面4个等级。路面等级与类型的选择应根据公路等级与使用要求、设计年限内标准累计轴次、筑路材料和施工机械设备等因素确定(表5-2);各类路面各结构层次可选用的组成材料推荐见表5-3。

表 5-2 路面类型的选择

公路等级	路面等级	面层类型	设计年限内标准累计轴次/(10^4 次/车道)
高速公路	高级路面	沥青混凝土，水泥混凝土	>400
一级公路	高级路面	沥青混凝土，水泥混凝土	>400
二级公路	高级路面	沥青混凝土，水泥混凝土	>200
二级公路	次高级路面	沥青贯入式	100~200
二级公路	次高级路面	热拌沥青碎石混合料	100~200
三级公路	次高级路面	沥青表面处治	10~100
三级公路	次高级路面	乳化沥青碎石混合料	10~100
四级公路	中级路面	水结碎石	≤10
四级公路	中级路面	泥结碎石	≤10
四级公路	中级路面	级配碎（砾）石	≤10
四级公路	中级路面	半整齐块石路面	≤10
四级公路	低级路面	粒料改善土	≤10

表 5-3 各类路面结构层次可选用的组成材料

结构层次	路面类型			
	沥青路面	水泥混凝土路面	块料路面	粒料路面
面层	沥青混凝土、沥青碎石、沥青贯入式、沥青表面处治	素混凝土、配筋混凝土	整齐块石、半整齐块石混凝土块	泥结碎石、级配碎（砾）石、粒料改善土
基层	水泥或石灰稳定粒料（包括砂砾、砂砾土、碎石土、土等）、石灰—工业废渣或石灰—工业废渣稳定粒料、沥青稳定土、沥青贯入级配碎（砾）石、填隙碎石	贫水泥混凝土、水泥或石灰稳定粒料、石灰—工业废渣或石灰—工业废渣稳定粒料、沥青碎石、沥青贯入水泥或泥结碎石、级配碎（砾）石	贫水泥混凝土、水泥或石灰稳定粒料、石灰—工业废渣或石灰—工业废渣稳定粒料、沥青碎石、沥青贯入水泥或泥结碎石、级配碎（砾）石	石灰或水泥稳定土、大然砂砾
垫层	石灰或水泥稳定土、砂、砂砾、碎石或废渣	石灰或水泥稳定土、砂、砂砾、碎石或废渣	—	—

三、沥青路面的发展及类型

作为路面材料的一种，以沥青混合料为基本结构形式的沥青路面具有下列诸多优势：(1)足够的力学强度，可承受车辆荷载施加到路面上的各种作用力；(2)一定的弹性和塑性变形能力，可承受荷载而不被破坏；(3)与汽车轮胎的附着力较好，可保证行车安全；(4)高度的减振性，可使汽车快速行驶平稳而无噪声；(5)不扬尘，容易清扫和冲洗；(6)维修简便，且沥青路面可再生利用。因此，世界各国的高等级公路大多采用沥青路面，是当今主要的交通运输载体。

1. 沥青路面的发展

约在公元前 600 年,古巴比伦铺筑了第一条沥青路面,但这种技艺不久便失传了。直到 19 世纪,人们才又用沥青来筑路。据记载,1833 年在英国开始进行煤沥青碎石路面铺装,1854 年在巴黎首次用碾压法进行沥青路面铺装,1870 年前后在伦敦、华盛顿、纽约等地采用沥青做路面铺装。

人们在筑路作业时,需要加热沥青,使用上很不方便,1910 年在科诺大学广场上开始第一次使用稀释沥青。当时沥青铺路还只限于在道路表面上涂刷一层沥青,即当今的单层沥青表面处治。这段时期为沥青材料在道路工程中使用的启蒙时期。

第二个时期为 20 世纪 20 年代到 50 年代,出现了用拌制的沥青混合料铺筑路面。20 世纪 40 年代,在美国工程兵团供职的密西西比州道路局的马歇尔工程师提出了著名的马歇尔稳定度试验方法,并提出了初期的马歇尔稳定度等技术标准和评定方法。这些试验方法至今仍在使用,只是根据交通发展的要求不断地进行了修订。

20 世纪 60 年代初,美国州公路及运输协会(AASHTO,American association of state highway and transportation officials)试验路的铺筑和大量的试验研究成果的发表,使沥青路面的设计、施工、结构、材料发生了根本性的变化。这个工作是从 20 世纪 50 年代开始的,AASHO 试验路的成果是集当时研究成果之大成,许多成果成为美国 AASHTO 路面设计指南及一系列施工规范的依据。

20 世纪 90 年代初,美国战略公路研究计划 SHRP(strategic highway research program)及研究项目的进行,以及高性能沥青路面技术(Superpave, superior performing asphalt pavement)等一大批研究成果的发表,使沥青及沥青混合料的研究开创了一个新纪元。国际上对沥青材料的研究得到了前所未有的重视,延续了半个世纪的沥青标准、沥青混合料的体积设计方法,受到了沥青结合料路用性能规范及沥青混合料性能设计的挑战和冲击。这个时期,我国在沥青路面方面通过三个五年计划的科技攻关,也取得了长足的进展。"六五"国家科技攻关期间,依托天津疏港公路沥青路面研究了一系列沥青路面的修筑技术,包括抗滑性能的研究。针对我国生产的普通石油沥青进行了沥青混合料的性能及改性沥青的研究。在高温稳定性方面,用黏弹性理论计算(预估)车辙深度,用单轴变试验确定有关参数,提出了我国各个地区的有效温度;在低温抗裂性方面,利用希尔斯公式判断开裂温度,用低温劲度试验确定相应的参数,用能量法计算低温开裂,以及用应力消解层缓解反射裂缝;在沥青改性方面,主要研究用橡胶(丁苯橡胶、废橡胶粉)改善沥青性能,并研制出丁苯橡胶母体。

"七五"国家科技攻关期间,由交通部门和石油部门合作,研制开发了国产重交通道路石油沥青——单家寺稠油沥青、欢喜岭稠油沥青、克拉玛依稠油沥青,对这些沥青的使用性能进行了较为系统的试验研究。在高温稳定性方面,进行了车辙试验、蠕变试验、环道试验及加速加载试验;在低温抗裂性方面,进行了应力松弛试验、路面温度应力试验,对开裂计算进行了理论推导;在沥青改性方面,橡胶改性沥青得到了一定范围的推广应用。这期间,修订了 JTG F40《公路沥青路面施工技术规范》和 GB 50092《沥青路面施工及验收规范》,一系列科研成果纳入了规范。

"八五"国家科技攻关期间,主要借助"美国战略公路研究计划(SHRP)"针对当前国产的 7 种代表性沥青及其沥青混合料进行了较为系统的研究,提出符合我国不同自然区域道路实际情况与路用性能的气候分区和沥青及沥青混合料的技术指标及相应的试验方法,包括高温、低温、水稳性、老化等各个方面,并提出了初步的技术标准的建议值。在改性沥青方面,对聚乙烯(PE)、苯乙烯—丁二烯嵌段聚合物(SBS)以及丁苯胶乳等改性技术进行了广泛的试验研究。

当前世界,使用最广泛的道路路面是沥青路面,这是因为它所具有的良好的技术性能所决定的,首先取决于它具有足够的力学强度和一定的弹性与塑性变形能力,能够承受应变而不破坏;它与汽车有较好的附着力,行驶安全又具有一定的抗滑性能,保证行驶平稳,而且路面不易扬尘,易清洁,沥青路面还可再生利用,有利于环境保护。

在我国,90%以上的高速公路采用沥青路面。沥青路面又可以根据结构组成的不同划分为不同的类型,其发展可以追溯到 20 世纪 50 年代,那时主要采用了单层沥青路面结构,随着公路建设的不断发展,结构形式不断创新和完善,从 20 世纪 80 年代开始,沥青路面建设水平可分为四个阶段。

(1)阶段一:1996 年以前,高速公路均为半刚性基层沥青路面,在强基薄面的指导思想下,沥青面层一般较薄,少部分为 9~12cm,一部分两层施工,大部分为 14~15cm,一部分三层施工,少部分为厚沥青面层,基层的厚度也较薄。沥青面层采用普通石油沥青,没有使用改性沥青,表面层一般采用抗滑表层(AK),中面层一般采用密级配的 AC-XXI 型,下面层大多采用较粗的沥青碎石(LS)或粗粒式沥青混凝土(LH)。典型代表为沈大高速公路、济青高速公路、广深高速公路、京津唐高速公路。

(2)阶段二:1996—1999 年,全面进入高速公路的建设期,在总结第一阶段高速公路沥青路面修建经验的基础上,开始有所发展,研究和修订了设计规范(JTG D50—2017《公路沥青路面设计规范》)。为改善路表面的安全性能,研究抗滑表层的材料与修筑技术(如 AK、SAC 等),施工技术与设备也大有改善,代表性的有沪宁高速公路、石安高速公路、安新高速公路、广靖锡澄高速公路、沂淮江高速公路等。沥青面层厚度有所增加,普遍在 16cm 左右,个别达到 18cm(浙江沪杭甬高速公路、广东佛开高速公路等)。基层与阶段一相似,厚度约有增加,除北京机场高速公路、八达岭高速公路外,沥青面层普遍采用普通石油沥青,表面层一般采用抗滑表层(AK),中面层一般采用密级配的 AC-XXI 型,下面层大多采用较粗的沥青碎石(LS)或粗粒式沥青混凝土(LH)。开始引进 SMA 技术,修筑部分试验路段。

(3)阶段三:2000—2005 年,针对高速公路沥青路面普遍存在的早期水损害现象,对沥青路面结构、材料与施工进行了全面的研究,尤其是不断完善对沥青路面材料的研究,并引入了国外的先进技术,如 SHRP 研究成果(包括沥青的 PG 分级、级配禁区)、Superpave 沥青混合料设计与评价方法、GTM 设计方法、贝雷法等;沥青路面早期破坏,尤其是水损害得到控制,路面质量全面提高。沥青面层的厚度普遍采用 17~18cm,基层也普遍采用水泥稳定碎石表面层(大多采用改性沥青),湖南省率先在主干高速公路上采用双层改性沥青,表面层的级配普遍进行了调整,抗滑表层的材料设计标准也进行了调整。

(4)阶段四：2005年以后，沥青面层普遍加厚，改性沥青与SMA技术应用更为广泛，矿料级配普遍进行调整，层间结合与防排水技术更为完善，对柔性基层与大粒径沥青混合料进行了深入研究。2005年11月，交通部公路司发布了《关于防治高速公路沥青路面早期损坏的指导意见》（交公路发〔2005〕523号），全国普遍增加了沥青面层的厚度，尤其是为防止反射裂缝，江苏、山东普遍在半刚性基层上增加了一层沥青层，沥青层总厚度接近30cm，路面典型结构图如图5-2所示。

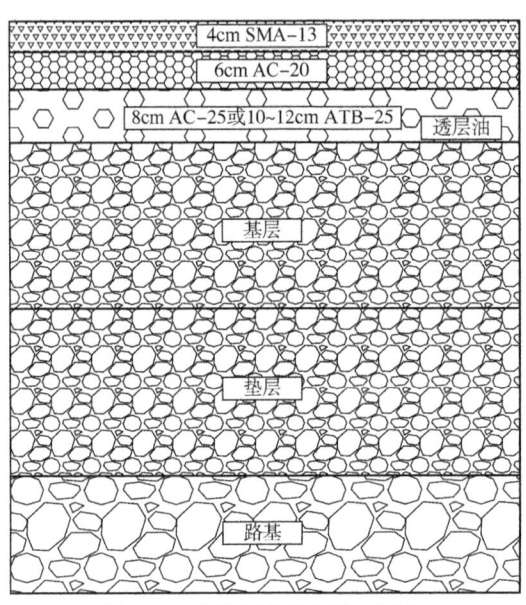

图5-2　公路沥青路面典型结构

随着我国沥青道路的快速发展，高速公路造价也在快速攀升。例如浙江省高速公路造价从1995年杭甬高速公路竣工造价2629万元/km，到2004年金丽温三期概算造价约8000万元/km，最近计划实施的高速公路（六车道）概算造价甚至接近或超过1亿元/km。高速公路造价的不断提高，主要有以下几方面原因：

（1）建设规模和标准的不断提高。

①随着社会经济发展，高速公路建设从早期的四车道高速公路发展到现在基本以六车道高速公路为主，甚至八车道高速公路，规模大大提高。②路面结构的不断发展，沥青面层普遍加厚，标准不断提高。③地方道路和航道等级、密度的迅速提高，导致高速公路立体交叉工程、桥梁工程等的数量和规模不断增长。

（2）材料、人工价格的上涨。

近几年，我国消费和生产资料价格指数一直居高不下，同时由于固定资产投资规模的膨胀，带来了材料价格上涨和人工工资涨价的双重压力，例如近几年钢材等主要材料价格均快速上涨。

（3）其他因素。

设计周期不足、征迁费用不断提高、环保和地质灾害费用提高、现有高速公路建设管理体制不尽合理、社会对工程美观要求提高等各种主客观因素，都促使近年来高速公路建安费的不断上升。

2. 沥青路面的类型

1）按强度构成原理分类

按强度构成原理，可将沥青路面分为密实类和嵌挤类。

密实类沥青路面要求矿料的级配按最大密实原则设计，其强度和稳定性主要取决于结合料的黏聚力和内摩阻力。密实类沥青路面按其空隙率的大小可分为闭式和开式两种：闭式混合料中含有较多的小于0.5mm和0.074mm的矿料颗粒，空隙率小于6%，混合料致密耐久性好，但热稳定性差；开式混合料中小于0.5mm的矿料颗粒含量较少，空隙率大于6%，其热稳定性较好。

嵌挤类沥青路面要求采用颗粒尺寸较为均一的矿料，路面的强度和稳定性主要依靠骨料翻粒之间相互嵌挤所产生的内摩阻力，而黏聚力则起着次要的作用。按最挤原则修筑的沥青路面，其热稳定性较好，但因空隙率较大，易渗水，耐久性较差。

2）按施工工艺分类

按施工工艺的不同，沥青路面可分为层铺法、路拌法和厂拌法三类。

层铺法是分层洒布沥青，分层铺撒矿料和碾压的修筑方法。主要优点是工艺和设备简便、功效较高、施工进度快、造价较低；缺点是路面成型期较长，需要经过炎热季节行车碾压之后路面方能成型。用这种方法修筑的沥青路面有沥青表面处治和沥青贯入式两种。

路拌法是在路上用机械将矿料和沥青材料就地分别摊铺后拌和并碾压密实而成沥青面层的修筑方法。此类面层所用的矿料为碎（砾）石者称为路拌沥青碎（砾）石；所用的矿料为土者则称为路拌沥青稳定土。与层铺法相比，路拌法通过就地拌和，沥青材料在矿料中分布更均匀，可以缩短路面的成型期。但因所用的矿料为冷料，需使用黏稠度较低的沥青材料，故混合料的强度较低。

厂拌法是将规定级配的矿料和沥青材料在工厂专用设备加热拌和，然后送到工地摊铺碾压而成沥青路面的修筑方法。矿料中细颗粒含量少，不含（或含少量）矿粉，混合料为开级配配制的（空隙率达10%~15%）称为厂拌沥青碎石；若矿料中含有矿粉，混合料是按最佳密级配配制的（空隙率为10%以下）称为沥青混凝土。厂拌法按混合料铺筑时温度的不同，又可分为热拌热铺和热拌冷铺两种。热拌热铺是混合料在专用设备加热拌和后立即趁热运到路上摊铺压实。如果混合料加热拌和后贮存一段时间再在常温下运到路上摊铺压实即为热拌冷铺。厂拌法使用较黏稠的沥青材料，且矿料经过精选，因而混合料质量高，使用寿命长，但修建费用也较高。

3）按沥青路面技术特性分类

根据沥青路面的技术特性，沥青面层可分为沥青混凝土热拌沥青碎石、乳化沥青碎石混合料、沥青贯入式、沥青表面处治等类型，此外，沥青玛蹄脂碎石（SMA）等多种性能优良的路面结构近年在许多国家也得到广泛应用。

沥青碎石路面是指用沥青碎石做面层的路面，沥青碎石的配合比设计应根据实践经验和马歇尔试验的结果，并通过施工前的试拌和试铺确定。沥青碎石有时也用作联结层。沥青混凝土路面是指用沥青混凝土做面层的路面，其面层可由单层、双层或三层沥青混合料组成，各层混合料的组成设计应根据其层厚和层位、气温和降雨量等气候条件、交通量和交通组成等因素确定，以满足对沥青面层使用功能的要求。沥青混凝土常用作高等级公路的面层。

乳化沥青碎石混合料适宜用作三级、四级公路的沥青面层、二级公路养护罩面以及各级公路的调平层，国外也用作柔性基层。

沥青贯入式路面是指用沥青贯入碎（砾）石做面层的路面，其厚度一般为6cm。当沥青贯入式的上部加铺拌和沥青混合料时，也称为上拌下贯。此时拌和层的厚度宜为3~4cm，其总厚度为7~10cm。沥青贯入式碎石路面适用于二级及二级以下公路的沥青面层。

沥青表面处治路面是指用沥青和集料按层铺法或拌和法铺筑而成的厚度不超过3cm的沥青路面，其厚度一般为1.5~3.0cm。层铺法可分为单层、双层、三层，单层表面处治厚度为1.0~1.5cm，双层表面处治厚度为1.5~2.5cm，三层表面处治厚度为2.5~3.0cm。沥青表面处治适用于三级、四级公路的面层，旧沥青面层上加铺罩面或抗滑层、磨耗层等。

沥青玛蹄脂碎石路面是指用沥青玛蹄脂碎石混合料做面层或抗滑层的路面。沥青玛蹄脂碎石混合料（简称SMA）是以间断级配骨料为骨架，用改性沥青、矿粉及木质素纤维组成的沥青玛蹄脂为结合料，经拌和、摊铺、压实而形成的一种构造深度较大的抗滑面层。它具有抗滑耐磨、空隙率小、抗疲劳、高温抗车辙、低温抗开裂的优点，是一种全面提高密级配沥青混凝土使用质量的新材料，适用于高速公路、一级公路和其他重要公路的表面层。

第二节　热拌沥青混合料

热拌沥青混合料是由矿料与沥青结合料拌和而成的混合料的总称，是用不同粒径的碎石、天然砂、矿粉和沥青按一定比例以及最佳密实级配原则设计，在拌和机中热拌所得的混合料。沥青混合料经过压实后，具有规定的强度和空隙率，有较强的抗自然侵蚀能力，寿命长、耐久性好，适合作为现代高速公路的柔性面层。热拌沥青混合料是沥青混合料中最典型的品种，根据不同使用场景和功能需求，其在技术发展过程中逐渐演变形成不同的沥青混合料类型。本节主要介绍热拌沥青混合料的类型、配合比设计及性能试验方法。

一、热拌沥青混合料类型

热拌沥青混合料按材料组成及结构分为连续级配混合料、间断级配混合料。连续级配是指矿料在标准套筛中进行筛分后，矿料的颗粒由大到小连续分布，每一级都占有适当的比例，这种由大到小逐级粒径都有，并按比例互相搭配组成的矿质混合料称为连续级配混合料。间断级配是指在矿料颗粒分布的整个区间里，从中间剔除一个或连续几个粒级，形成一种不连续的级配，组成的矿质混合料称为间断级配混合料。

按矿料级配组成及空隙率大小分为密级配沥青混合料、半开级配沥青混合料、开级配沥青混合料，如图5-3所示。开级配沥青混合料设计空隙率一般大于15%，密级配沥青混合料设计空隙率一般小于10%，而空隙率为10%~15%的沥青混合料称为半开级配沥青混合料。

按最大公称粒径的大小可分为特粗粒式沥青混合料（最大公称粒径大于31.5mm）、粗粒式沥青混合料（最大公称粒径不小于26.5mm）、中粒式沥青混合料（最大公称粒径为16mm或19mm）、细粒式沥青混合料（最大公称粒径为9.5mm或13.2mm）、砂粒式沥青混合料（最大公称粒径小于9.5mm）。

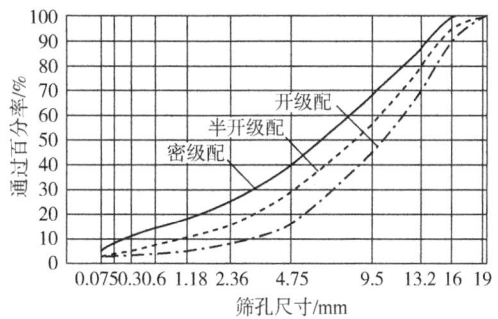

图5-3　3种类型矿质混合料级配曲线

基于结构、空隙率和级配类型的差异，热拌沥青混合料可分为密级配沥青混凝土混合料、密级配沥青稳定碎石混合料、沥青玛蹄脂碎石混合料、大空隙开级配排水式沥青磨耗层、排水式沥青稳定碎石混合料、半开级配沥青碎石混合料等。其中，沥青混凝土与沥青稳定碎石为连续型密级配，沥青玛蹄脂碎石为间断型密级配，空隙率一般为3%~6%；排水式沥青磨耗层与排水式沥青碎石为间断型开级配，空隙率一般大于18%；沥青碎石为半开级配，空隙率为6%~12%。

根据沥青混合料使用场景与路面结构层位不同，热拌沥青混合料所选用的最大公称粒径也不同。通常情况下，考虑车辆行驶的舒适性要求，应用层位越接近路表，热拌沥青混合料的公称粒径越小。密级配沥青混凝土混合料、沥青玛蹄脂碎石混合料、大空隙开级配排水式沥青磨耗层、半开级配沥青碎石混合料常用于上、中面层，因此粒径选择方面以中粒式和细粒式居多(图5-4)；密级配沥青稳定碎石混合料、排水式沥青稳定碎石混合料常用下面层或基层，因此多选用粗粒式和特粗粒式。

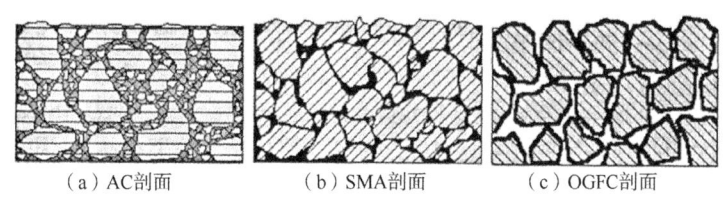

（a）AC剖面　　　　（b）SMA剖面　　　　（c）OGFC剖面

图5-4　AC、SMA与OGFC剖面比较图

1. 密级配沥青混凝土混合料

由连续密级配原理设计组成的矿料与沥青结合料拌和而成的沥青混合料称为密级配沥青混凝土混合料（asphalt concrete，简称AC），其特点在于设计空隙率小(3%~6%)，适用于各交通等级且能够用于表面层、中面层、下面层以及基层。

沥青混凝土经压实后，密实度大，水稳定性、低温抗裂性能和耐久性好，是使用较为广泛的沥青混合料。但这种沥青混合料的结构强度受沥青的性质影响较大，在高温条件下使用时，由于沥青黏度降低，可能会导致沥青混合料强度和稳定性下降。

2. 沥青玛蹄脂碎石混合料

沥青玛蹄脂碎石混合料(SMA)是由沥青结合料与少量的纤维稳定剂、细集料以及较多量的填料(矿粉)组成的沥青玛蹄脂,填充于间断级配的粗集料骨架的间隙中,组成一体形成的沥青混合料。因为 SMA 路面高温抗车辙能力、低温抗裂性能、耐疲劳性能、抗滑性能等路用性能优良,以至逐渐在高速公路、重交通道路、交叉口、机场跑道、桥梁铺装、车站与码头的货物装卸区等得到广泛应用。SMA 组成结构的特点可归纳为"三多一少",即粗集料多、矿粉多、沥青结合料多,细集料少,在 JTG F40—2004《公路沥青路面施工技术规范》中,对 SMA 组成材料、矿料级配和施工技术等都作了明确的规定。

3. 大空隙开级配排水式沥青磨耗层

大空隙开级配排水式沥青磨耗层(OGFC),是采用高黏度沥青结合料、高含量粗集料、少量细集料和填料(矿粉)组成的沥青混合料,设计空隙率一般为 18%~25%。OGFC 的最大特点是防滑降噪,由于混合料空隙较大,能在雨天迅速排除路面雨水,减小路标水膜厚度,从而保证了行驶车辆的车轮与路面间有较大的接触面积,避免了车辆打滑,同时还减少了因飞溅所产生的水雾,利于行车安全。而路面磨耗层中的大量空隙具有吸声功能,能有效降低车辆在路面行驶的摩擦噪声。由于这种特点,开级配沥青混合料路面又称排水性沥青路面或多孔性防滑层沥青混合料路面。OGFC 混合料适用于行驶快速、中轻型车辆的高速公路、城市快速路和高架桥、隧道铺面等工程。

二、热拌沥青混合料配合比设计

沥青混合料是各种材料按照不同比例组成的综合体系,任何一种组分发生改变都会引起路用性能的变化。由于沥青混合料各种路用性能相互矛盾,当高温稳定性满足要求时,可能出现低温抗裂性不好;而当采取一些措施改善了低温性能后,可能又引起其他路用性能不满足用户期望值。因此,沥青混合料设计就是要确定出合理的材料组成用量比例,使之具有良好的高温稳定性、低温抗裂性、水稳定性、耐久性和施工和易性,并平衡各种性能之间的相互矛盾、相互制约的关系。确定矿质混合料的级配和最佳沥青用量是沥青混合料组成设计的根本任务。

沥青混合料配合比设计包括混合料类型的确定、公称最大粒径的选择、矿料级配设计原则和矿料级配范围的选用、原材料的选择与搭配、各种组成材料配合比的计算、最佳沥青用量的确定以及配合比设计效果的性能检验等内容。常用的设计方法主要有马歇尔法、superpave 设计法、维姆法、GTM 法、贝雷法等。目前我国应用较多的是马歇尔设计法和 superpave 设计法。

1. 马歇尔设计方法

我国 JTG F40—2004《公路沥青路面施工技术规范》针对不同的沥青混合料提出了三种配合比设计方法:热拌沥青混合料配合比设计方法、SMA 混合料配合比设计方法和 OGFC 混合料配合比设计方法。其中,热拌沥青混合料配合比设计方法是基本的配合比设计方法，SMA混合料配合比设计方法和OGFC混合料配合比设计方法均以此为基础进行设计。

马歇尔设计法是我国当前热拌沥青混合料配合比设计的主要方法，基于美国工程兵设计机场沥青路面的方法，经过不断完善而成。马歇尔试验设计方法之所以应用如此广泛，延续时间如此之长，至今达半个多世纪，关键在于该法相对简单，便于掌握，且需要试验设备简单，成本低，不易损坏，适应性强，测试时间较短，试验结果有一定可信性，便于大范围推广使用。

马歇尔设计法是一种典型的体积设计法，主要包括目标配合比设计阶段、生产配合比设计阶段、生产配合比验证，其中目标配合比设计是混合料设计的关键。

目标配合比设计阶段包括材料试验、矿料配合比设计、确定最佳沥青用量和配合比设计检验。材料试验包括沥青试验、粗集料试验、细集料试验、填料试验，单质材料指标合格后，才能进行混合料试验；矿料配合比设计必须在对同类公路配合比设计和使用情况调查研究的基础上，充分借鉴成功的经验，选用符合要求的材料进行设计，矿料级配应符合工程规定的设计级配范围；最佳沥青用量是影响沥青混合料路用性能的关键指标，确定最佳沥青用量时，绘制沥青用量与物理—力学指标关系图，如图5-5所示；配合比设计检验是通过车辙试验、弯曲试验、浸水马歇尔试验、冻融劈裂试验等对设计的混合料的高温稳定性、低温抗裂性和抗水害性能等指标进行验证。

2. 其他常见配合比设计方法

1）Superpave设计法

1987—1993年，美国公路战略研究计划（SHRP）提出了一套全新的沥青混合料设计方法（Superpave设计方法），而用Superpave方法设计的沥青混合料也可以称为Superpave。Superpave设计法采用旋转压实仪成型试件，按体积设计的思想进行沥青混合料的设计。Superpave混合料在设计过程中充分考虑了气候环境条件和交通量的影响，试件成型方法模拟路面的实际施工过程。集料级配更趋于嵌挤、密实，高温稳定性好，适于交通量大和抗车辙要求高的公路。在施工确保合适空隙率的前提下，抗水害性能和抗疲劳性能也较好。

2）维姆法

维姆混合料设计方法是由加利福尼亚州运输局的费朗西斯·维姆提出来的，之后其他人又做了改进，并被列入ASTM D1560—2015《采用Hveem装置方式测定沥青混合料抗变形和凝聚力的标准试验方法》和ASTM D1561/D1561M—2013《使用加利福尼亚搅拌压实机法制作沥青混合物试样的标准实施规程》中。维姆设计方法也需要进行沥青混合料的密度、空隙率、稳定度以及因水的存在而引起的膨胀力等试验。

维姆法有两个主要优点：一是室内压实的搓揉方法较好地模拟了实际路面的密实过程；二是维姆稳定度是对抗剪强度中的内摩阻部分直接度量，它能测试在垂直荷载作用下试件抵抗侧向位移的能力。

3）GTM法

GTM（gyratory testing machine）法采用了和应力应变有关的推理方法进行混合料的力学

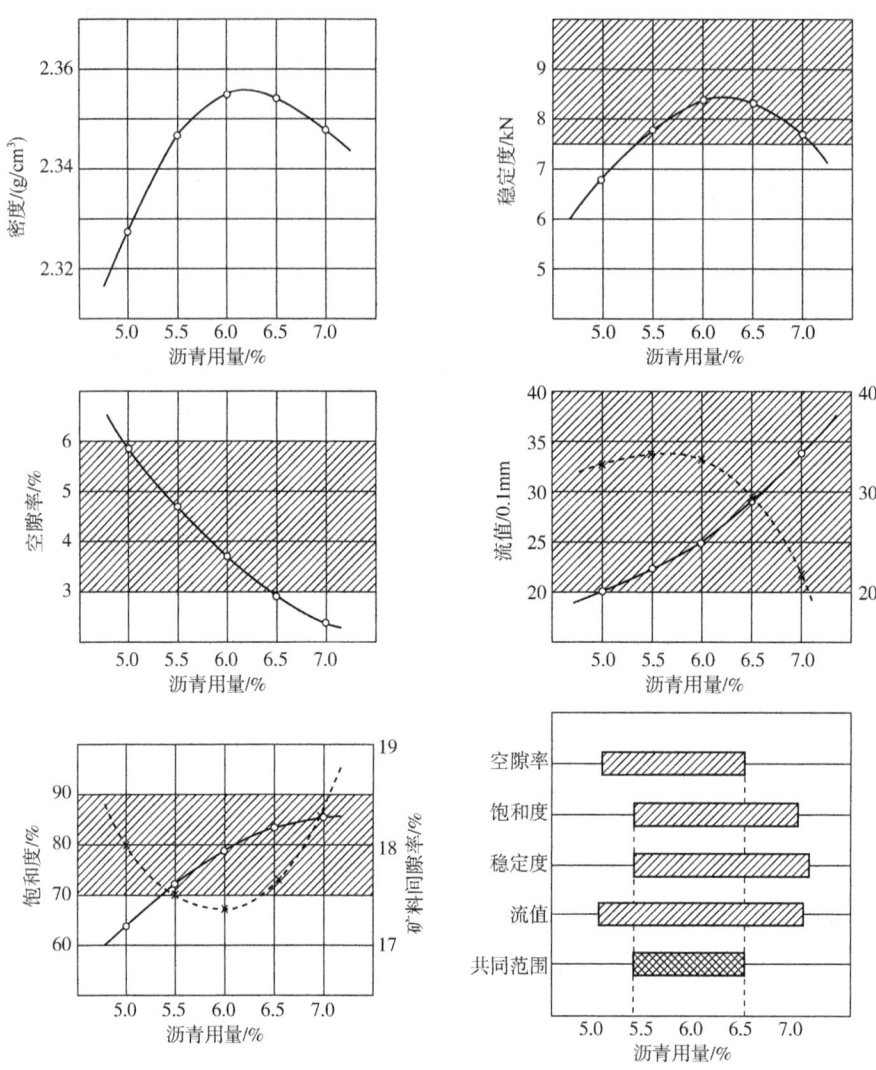

图 5-5 沥青用量与马歇尔试验结果关系图

分析和设计。该方法采用旋转压实剪切试验机(gyratory testing machine)成型试件，其设计思想与无机稳定土类设计方法类似，注重沥青含量与压实条件及行车荷载的关系。GTM 的一个重要特性是能够直接反映出颗粒状塑性材料中可能出现的塑性变形过大的现象，依据这一原理预测在设定的垂直应力下所设计的沥青混合料的最大允许沥青含量。GTM 成型试验模拟路面行车荷载作用下沥青混合料的最终压实状态即平衡状态，并测试分析试样在被压实到平衡状态过程中剪切强度和最终塑性形变大小，以判断混合料组成是否合理。

4) 贝雷法

贝雷法设计的核心思想是体积填充，在确定各种集料的含量时遵从以下原则：各级细集料体积小于或等于相应各级粗集料空隙。通过控制关键筛孔通过率，选取合适的贝雷法三参数来实现混合料骨架嵌挤的形成,以保证混合料优良的体积特性(合适的矿料间隙率和空隙率)和施工性能(良好的压实性能和施工和易性),从而使设计出来的混合料达到骨架密实,兼具良好的高温抗车辙能力和耐久性。

三、热拌沥青混合料路用性能试验方法

沥青混合料作为沥青路面的面层材料,在使用过程中承受车辆荷载以及环境因素的作用。在低温季节,沥青路面质地脆硬,抵抗变形的能力较差,易开裂;在高温季节,路面塑性变形逐步积累,产生永久变形或车辙,从而使路面平整度降低;雨、雪、雾等的作用,即湿度问题,引起沥青混合料的水损害,这是导致路面破坏的主要原因之一。

由此可见,沥青混合料应具有足够的高温稳定性、低温抗裂性、水稳定性等路用性能,以保证沥青路面优良的服务性能,经久耐用。为了评价和验证沥青混合料的路用性能,研究者们先后提出了各类针对性的试验方法。经过多年验证,以下试验方法被认为较为可靠,被国际上广泛采纳。

1. 热拌沥青混合料高温性能试验方法

高温稳定性是指沥青混合料在高温条件下,能够抵抗车辆荷载的反复作用,不发生显著永久变形,保证路面平整度的特性。沥青路面在高温或长时间承受荷载作用条件下,沥青混合料会产生显著的变形,其中不能恢复的部分称为永久变形。道路使用的实践表明,在通常的汽车荷载条件下,永久性变形主要是在夏季路表温度达到或超过道路沥青的软化点的情况下产生,且随着温度的升高和荷载的加大,变形变大。在交通量大、重车比例高和经常变速路段的沥青路面上,车辙是最严重、危害性最大的破坏形式之一。

沥青混合料的高温稳定性的评价试验方法较多,例如,圆柱体试件的单轴静载、动载、重复荷载试验,三轴静载、动载、重复荷载试验,简单剪切的静载、动载、重复荷载试验等;马歇尔稳定度、维姆稳定度和哈费氏稳定度工程试验;反复碾压模拟试验(如车辙试验)等。目前,我国 JTG D50—2017《公路沥青路面设计规范》规定,沥青混合料的高温稳定性以车辙试验的动稳定度指标来进行评价。

1)车辙试验

车辙试验是一种模拟车辆轮胎在路面上滚动形成车辙的试验方法,源自英国运输与道路研究试验所(TRRL),经过各国道路工作者的改进与完善,已成为世界上大多数国家评价沥青混合料高温性能的通用试验。目前我国的车辙试验采用标准方法成型的沥青混凝土块状试件,在60℃温度条件下,规定的试验轮以(42 ± 1)次/min(21次往返/min)的频率,沿着试件表面同一轨迹上往返行走,时间约1h或达到最大变形(25mm)时。记录试件在试验轮反复作用下所产生的车辙深度。图5-6为沥青混合料车辙深度与试验轮行走时间关系曲线。动稳定度 DS(dynamic stability)定义为试件产生1mm的车辙深度试验轮的行走次数。动稳定度越大,说明沥青混合料抗车辙能力越强,高温稳定性越好。

2)沥青路面分析仪轮辙试验

沥青路面分析仪(asphalt pavement analyzer,简称APA)是美国在战略公路研究计

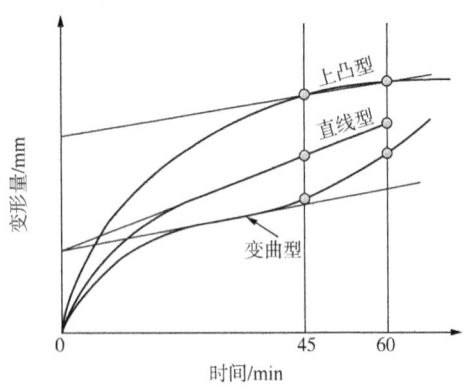

图5-6 沥青混合料车辙深度与试验轮行走时间关系曲线

划(SHRP)之后研发的沥青混合料试验设备,是一种以混合料轮辙深度为主要测评指标的试验室加速加载测试(laboratory accelerated load)装置。APA可测试干燥和浸水条件下沥青混合料的永久变形性能和疲劳性能,并可根据水作用前后试件车辙深度的差异评价混合料的水稳定性。试验最终以8000次轮载作用后,三个轮道车辙深度平均值作为最终车辙深度的测试结果。

3) 三轴试验

三轴试验可以设置多种加载模式,如三轴剪切、蠕变加载、动态加载和重复加载等。通过对试验数据的整理,可以得到沥青混合料试件的蠕变劲度模量、动态模量,还能得到反映材料弹性性能的回弹模量和反映材料黏性特征的相位角以及材料永久变形与荷载作用时间的关系等,这些数据能够较好地反映沥青路面的变形特征。相关研究表明,三轴试验得到的动态模量是评价沥青混合料抗车辙性能的有效指标。图5-7为三轴重复压缩试验装置示意图。

4) 单轴贯入强度试验

单轴贯入试验是JTG D50—2017《公路沥青路面设计规范》中规定的用于沥青混合料配合比设计或施工后检验沥青混合料高温稳定性的试验。单轴贯入试验按标准方法成型圆柱体试件,试件空隙率为路面实际空隙率,也可以采用现场取芯试件。试验温度60℃,也可根据需要采用其他温度。贯入测试记录压力和位移,当应力值降为极值点90%时,停止试验。取破坏极值点强度作为试件的贯入强度。图5-8为单轴贯入试验典型应力变形图。

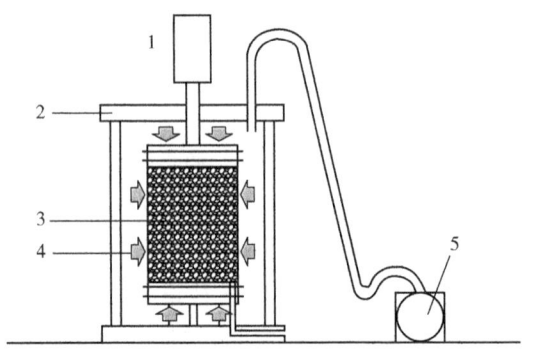

图5-7 三轴重复压缩试验装置示意图
1—动压制动器;2—压力室;
3—试件;4—围压;5—压缩机

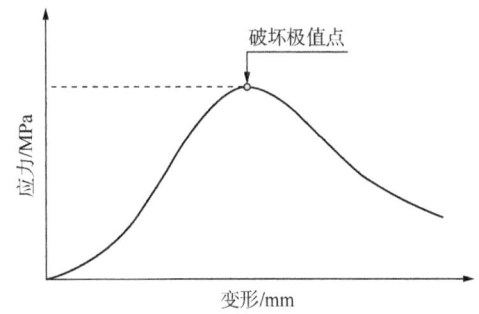

图5-8 单轴贯入试验典型应力变形图

5) 马歇尔试验

马歇尔试验用于测定沥青混合料试件的破坏荷载和抗变形能力。将沥青混合料制备成规定尺寸的圆柱体试件，试验时将试件横向布置于两个半圆形压模中，使试件受到一定的侧向限制。在规定温度和加载速度下，对试件施加压力，记录试件所受压力-变形曲线，如图5-9所示。主要力学指标为马歇尔稳定度和流值，稳定度指试件受压至破坏时承受的最大荷载；流值是达到最大破坏荷载时试件的垂直变形。多年实践和研究表明：对于某些沥青混合料，即使马歇尔稳定度和流值都满足技术要求，也无法避免沥青路面出现车辙，因此用马歇尔稳定度来衡量沥青混合料的高温稳定性存在局限性。

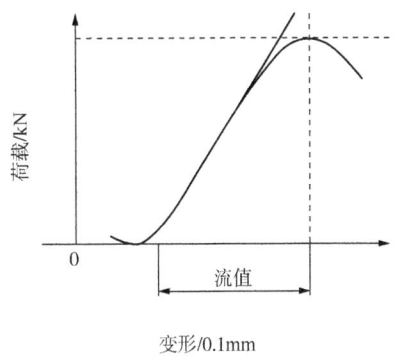

图5-9 马歇尔试验仪器及试验曲线示意图

2. 热拌沥青混合料低温性能试验方法

沥青路面的低温开裂是路面破坏的主要形式之一。此类开裂在许多寒冷国家或地区（例如北欧、北美、俄罗斯、日本以及我国北方地区）非常普遍。一般认为沥青路面的低温开裂有面层低温缩裂、温度疲劳裂缝、反射裂缝3种形式。实际上，沥青面层中许多横向裂缝是面层低温缩裂和半刚性基层反射裂缝等多方面原因共同作用而产生的。

目前用于研究和评价沥青混合料低温抗裂性的方法可以分为3类：预估沥青混合料的开裂温度；评价沥青混合料的低温变形能力或应力松弛能力；评价沥青混合料断裂能力。相关试验主要包括等应变加载的破坏试验（间接拉伸试验、弯曲破坏试验、压缩试验）、直接拉伸试验、弯曲拉伸蠕变试验、受限试件温度应力试验、三点弯曲J积分试验、C^*积分试验、收缩系数试验、应力松弛试验等。

1）间接拉伸试验（劈裂试验）

间接拉伸试验即通常所说的劈裂试验，是通过加载压条对$\phi 101.6mm \times 63.5mm$的沥青混凝土试件进行加载，从而通过传感器和线性可变差动变压器（LVDT）来获得沥青混合料的劈裂强度及垂直、水平变形。该法已列入JTG E52—2011《公路工程沥青及沥青混合料试验规程》，并一直沿用至今。其评价指标有劈裂强度、破坏变形及劲度模量等。

2）弯曲试验

低温弯曲破坏试验也是评价沥青混合料低温变形能力的常用方法之一。在试验温度达到$-10℃ \pm 0.5℃$的条件下，以50mm/min的加载速率，对沥青混合料小梁试件（$35mm \times 30mm \times 250mm$，跨径200mm）跨中施加集中荷载至断裂破坏，由破坏时的跨中挠度计算破坏弯拉应力、弯拉应变及劲度模量。极限应变越大，低温柔韧性越好，抗裂性越好。我国JTG D50—2017《公路沥青路面设计规范》规定，采用低温弯曲试验的破坏应变指标评价沥青混合料的低温抗裂性能。

3）断裂温度试验

通过间接拉伸试验或直接拉伸试验，建立沥青混合料低温抗拉强度与温度的关系。再根据理论方法，由沥青混合料的劲度模量、温度收缩系数及降温幅度计算沥青面层可能出现的温度应力与温度的关系。根据温度应力与抗拉强度的关系预估沥青面层出现低温缩裂的温度 T_P。T_P 越低,沥青混合料的开裂温度越低,低温抗裂性越好。

4) 弯曲蠕变试验

低温弯曲蠕变试验用于评价沥青混合料低温下的变形能力与松弛能力。弯曲蠕变试验一般可分为3个阶段:第1阶段为蠕变迁移阶段,第2阶段为蠕变稳定阶段,第3阶段为蠕变破坏阶段。以蠕变稳定阶段的蠕变速率评价沥青混合料的低温变形能力。蠕变速率越大,沥青混合料在低温下的变形能力越大,松弛能力越强,低温抗裂性能越好。

3. 热拌沥青混合料水稳定性能试验方法

水稳定性是沥青混合料抵抗由于水侵蚀而逐渐产生沥青膜剥离、松散、坑槽等破坏的能力。水稳定性差的沥青混合料在有水存在的情况下,会发生沥青与矿料颗粒表面的局部分离,同时在车辆荷载的作用下加剧沥青和矿料的剥落,形成松散薄弱块,飞转的车轮带走剥离或局部剥离的矿粒或沥青,从而造成路面的缺失,并逐渐形成坑槽,导致沥青混合料路面的早期损坏,造成路面使用性能急剧下降、进而缩短路面使用寿命。

多年来,各国研究人员就沥青混合料的水稳定性提出了许多评价方法和指标,这些方法和指标都从不同的角度反映了沥青混合料的水稳定性。常见的评价方法有浸水马歇尔试验、真空饱水马歇尔试验、冻融劈裂试验、浸水轮辙试验以及 ECS(environment conditioning system)试验等。这些试验方法都是在实验室内以冻融循环或水循环等方式模拟水的侵蚀作用,并利用一定客观指标的前后变化来表征沥青混合料的水稳定性。

1) 浸水马歇尔试验

浸水马歇尔试验是将马歇尔试件分为两组,一组在60℃的水浴中保养0.5h后测其马歇尔稳定度 S_1,另一组在60℃水浴中恒温保养48h后测其马歇尔稳定度 S_2。计算两者的比值,即残留稳定度 S_0。虽然残留稳定度指标 S_0 比较稳定,但是对沥青、石料特性不敏感。此外,由于马歇尔试验加载和受力模式的物理意义不明确,因此残留稳定度仅仅是一个经验性指标。

2) 真空饱水马歇尔试验

将试件分为两组,一组在60℃水浴中恒温0.5h后测定马歇尔稳定度 S_1;另一组先在常温25℃浸水20min,然后在0.09MPa气压下浸水抽真空15min,再在25℃水中浸泡1h,最后在60℃水浴中恒温24h,测定马歇尔稳定度 S_2。计算二者的比值,即残留稳定度 S_0。该方法也是一个经验性的指标。

3) 冻融劈裂试验

试件成型有两种方法:双面各击实50次;双面各击实75次(也有控制成型试件空隙率为7%±1%的)。然后将试件平均分为两组,并使其平均空隙率相同。一组试件在25℃水浴中浸泡2h后测定其劈裂强度 R_1;另一组先在25℃水中浸泡2h,然后在0.09MPa气压下浸水抽真空15min,再在-18℃冰箱中置放16h,然后放到60℃水浴中恒温24h,再放到25℃水中浸泡2h后测试其劈裂强度 R_2。计算两者的比值,即残留强度比 R_0。

4) 浸水轮辙试验

浸水轮辙试验是各种水中轮辙试验的总称，其中比较著名的有汉堡轮辙试验（hamburg wheel-tracking test）、诺丁汉轮辙试验（nottingham wheel-tracking test）以及普杜轮辙试验（purdue university lab-wheel）等。在此以汉堡轮辙试验为例做简要介绍。

汉堡轮辙仪是汉堡公司的产品，并因此而得名。两个试件同时进行平行试验，试件是尺寸为 260mm×320mm×40mm 的板块，空隙率控制在 7%±1% 范围内。试验时，试件浸没于 50℃ 恒温热水中，一定配重的钢轮在其上以 34cm/s 的速度和每分钟 50 次的频率往复运动 20000 次，或者直至形成 20mm 深的辙槽为止。

4. 热拌沥青混合料疲劳性能试验方法

沥青混合料进行疲劳试验的方法很多，归纳起来可以分为四类。第一类是实际路面在真实汽车荷载作用下的疲劳破坏试验，以美国著名的 AASHTO 试验路为代表。第二类是足尺路面结构在模拟汽车荷载作用下的疲劳试验研究，包括环道试验和加速加载试验，主要有澳大利亚和新西兰的加速加载设备（ALF）、南非国立道路研究所的重型车辆模拟车（NVS）、美国华盛顿日立大学的室外大型环道和重庆公路科学研究所的室内大型环道疲劳试验。第三类是试板试验法。第四类是实验室小型试件的疲劳试验研究。由于前三类试验研究方法耗资大、周期长，开展得并不普遍。研究人员通常采用室内小型试件疲劳试验的方法评价沥青混合料的疲劳性能。目前实验室内沥青混合料的小型试件疲劳试验方法众多，而在全球范围内开展较为普遍的试验方法主要是矩形梁四点弯曲法、梯形悬臂梁弯曲法和间接拉伸法。

1）四点弯曲疲劳试验

美国 SHRP A-003A 研究项目通过对沥青混合料小型试件疲劳试验方法的综合评价后，确定了矩形梁四点弯曲法作为沥青混合料疲劳性能评价的标准室内试验。目前我国也将 T 0739—2011《沥青混合料四点弯曲疲劳寿命试验》写入 JTG E20—2011《公路工程沥青及沥青混合料试验规程》。

该方法适用于实验室轮碾成型的沥青混合料板块试件或从现场路面钻取板块试件切割成长度为 380mm±5mm、厚度为 50mm±5mm、宽度为 63.5mm±5mm 的小梁试件。试验的标准条件为试验温度 15℃，加载频率 10Hz，采用恒应变控制的连续偏正弦加载模式，试验终止条件为弯曲劲度模量降低到初始弯曲劲度模量的 50% 对应的加载循环次数（图 5-10）。

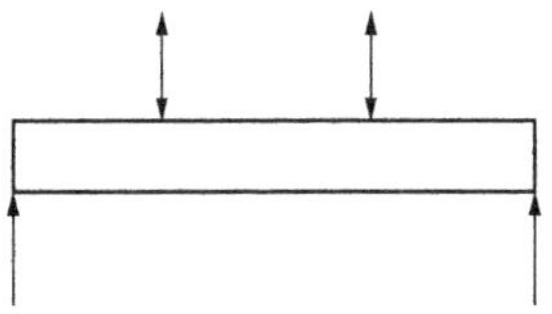

2）三点弯曲疲劳试验

阿姆斯特丹的壳牌实验室采用中点加载方式，试件尺寸为 30mm×40mm×230mm，试验在应变控制下进行。英国诺丁汉大学采用一种旋转的悬臂梁设备，试件竖向安装在旋转悬管轴

图 5-10 四点弯曲疲劳受力方式示意图

上，荷载作用于试件顶部，从而使整个试件都受到恒定的弯曲应力作用。大部分试验在 10℃ 和 1000r/min 速度下进行。

3) 梯形梁疲劳试验

壳牌比利时的研究者和法国 LCPC 开展梯形梁疲劳试验,试验时梁的较粗一端固定,另一端受到正弦变化的应力或应变作用。如梁的尺寸合理,破坏将产生在试件上部和中部区域,而不是基部。采用的试件粗端尺寸为 55mm×20mm,顶端尺寸为 20mm×20mm,高度为 250mm。图 5-11 为梯形梁受力方式与梁疲劳试验设备示意图。

4) 间接拉伸疲劳试验

间接拉伸试验是沿圆柱形试件的垂直径向面作用平行的重复压缩荷载,这种加载方式在沿垂直径向面、垂直于荷载作用方向产生均匀拉伸应力,试验易于操作,被广大研究人员采用。试件直径为 100mm,高为 63.5mm,荷载通过宽为 12.5mm 的加载压条作用在试件上。图 5-12 为间接拉伸试验受力方式与疲劳试验设备示意图。

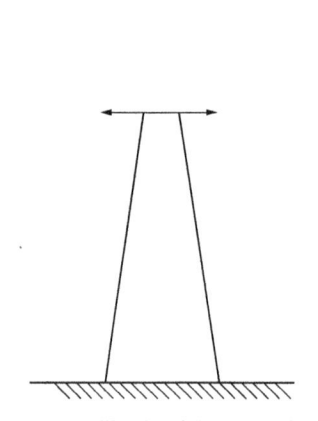

图 5-11 梯形梁受力方式示意图

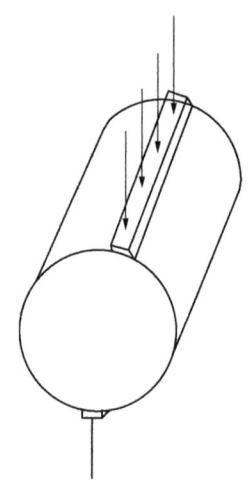

图 5-12 间接拉伸试验受力方式示意图

第三节 热拌沥青混合料施工

热拌沥青混合料适用于各种等级公路的沥青路面。沥青混合料施工质量的好坏,直接影响道路的美观、道路使用寿命及行车的安全舒适性等,为确保沥青混合料的质量,更好地体现出沥青混合料性能,在施工过程中应把沥青混合料的施工工艺作为重点。本节主要介绍热拌沥青混合料的拌制、运输、摊铺、碾压施工质量控制及工程施工实例。

一、沥青混合料的拌制

1. 拌制设备

沥青混合料拌和方法在 1850 年就出现了,随着科学技术的发展,现在越来越多高自动化控制的沥青搅拌站应运而生。这些大型的沥青拌和主要机械设备为沥青混凝土拌和机及其主要配套设备,如矿料冷料仓、皮带输送机、烘干筒、吸尘或除尘装置、沥青储存罐、桶装沥青的脱桶装置和导热油加热装置等。目前世界各国的各种拌制设备，根据所采取的工艺流程的不同，主要可分为两大类：一类为强制间歇式拌制设备，另一类为连续滚筒式拌制设备。

1) 强制间歇式拌制设备

强制间歇式拌制设备的特点是冷矿料的烘干、加热以及与热沥青的拌和是先后在不同设备中进行的。级配后的各种冷砂、石料在干燥滚筒内烘干、加热，经过二次筛分、储存，每种矿料分别累计计量后，与单独计量的矿粉和单独计量的热沥青按照预先设定的程序和配合比，分批投入搅拌器内进行强制搅拌，成品料分批卸出。这种搅拌设备多为楼体式，如图5-13所示。

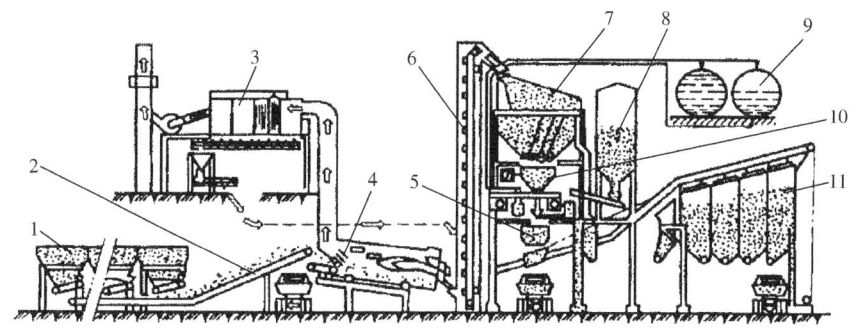

图5-13 强制间歇式拌制设备示意图

1—冷骨料储仓及给料器；2—带式输送机；3—除尘装置；4—冷骨料烘干筒；5—搅拌器；6—热骨料提升机；7—热骨料筛分及储仓；8—石粉供给及计量装置；9—沥青供给系统；10—热骨料计量装置；11—成品料仓

由于强制间歇式拌制设备历史悠久，技术已趋于完善，并且采用相对较简单的计量技术，即可获得各种配合比较精确的沥青混合料，因此得到了广泛的应用，目前世界各国大多数拌制设备属于此类。其缺点是在同等生产能力条件下，设备庞杂，对除尘设施要求高，搬迁困难，因此固定式或半固定式的生产条件多采取这种设备。如图5-14所示为沥青混合料拌和设备。

图5-14 沥青混合料拌和设备

目前，国际市场上这种拌制设备品种较为齐全，按生产规模划分为中小型（30~45t/h、60~80t/h、90~120t/h）、较大型（160~240t/h），最大的可达450t/h；按移动性能划分为固定式、半固定式和移动式。

中国强制间歇式拌制设备的发展是从20世纪60年代后期开始的，进入20世纪80年代后有了很大的发展。目前已形成30~45t/h、60~80t/h、90~120t/h、160~180/h，最大可达240t/h的系列产品。

2) 连续滚筒式拌制设备

连续滚筒式拌制设备总体结构如图5-15所示。其拌和方式是非强制式的，依靠矿料在旋转滚筒内的自行跌落而实现被沥青的裹覆。首先通过冷料仓将冷矿料按比例经过输送带和矿料提升机输送至滚筒，然后在滚筒内烘干、加热，在滚筒的末端喷入沥青，同时加以拌和使热沥青与矿料表面裹覆，这个过程是在同一滚筒内进行的，其工艺流程如图5-16所示。其最显著的特点是在整个生产过程中，矿料处于潮湿状态，粉尘的飞散量大大减少，不需要设置复杂的除尘设备即可达环保的要求。

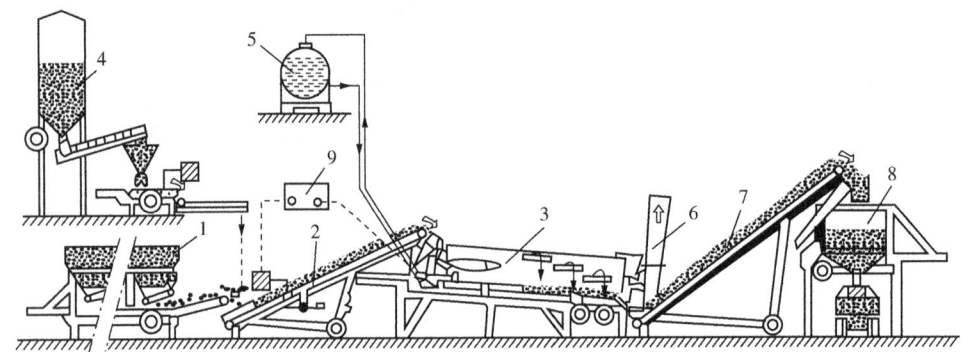

图 5-15 滚筒式拌制设备图

1—冷骨料储存和配料装置；2—冷骨料带式输送机；3—干燥搅拌筒；4—石粉供给系统；
5—沥青供给系统；6—除尘装置；7—成品料输送机；8—成品料储仓；9—控制系统

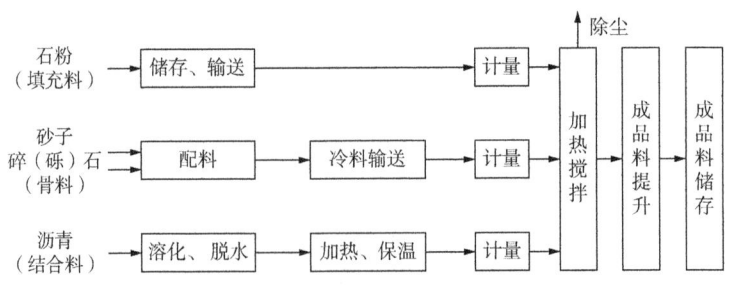

图 5-16 滚筒式拌制设备工艺流程图

滚筒式拌和工艺20世纪70年代后期进入中国，目前中国已有生产率为120t/h、80t/h、60t/h、40t/h、25t/h、16t/h等各种规格的产品。不过无论是整体技术水平和滚筒式拌制工艺理论，还是设备本身，中国的滚筒式拌制设备的发展仍存在着很大差距。

2. 拌和工艺

1) 普通热拌沥青混合料拌制

由于我国矿料品种复杂的实际国情，90%的沥青搅拌设备是强制间歇式。这种搅拌设备的工艺流程如下：

（1）不同规格的冷砂、石料经冷料仓及配料系统的喂料机进行初配后，由冷矿料输送机送至干燥滚筒烘干、加热，一般以柴油、重油或渣油作燃料，由燃烧器雾化燃烧，并采取逆流加热方式；矿料被烘干、加热至140~160℃后从滚筒排出，由热矿料提升机送入筛分装置进行二次筛分；筛分好的各种砂、石料分别储存在热料仓的隔舱内，然后按预先设定的比例先后进入热矿料称量斗内累计称量计量，最后送入搅拌器。

（2）储存在专用筒仓的矿粉由螺旋输送机送至矿粉称料斗内称量计量，送入搅拌器。

（3）储存在保温罐内的热沥青（150~170℃）由沥青输送泵经带保温的沥青管道，抽送至沥青称量桶内称量计量，喷入搅拌器。

（4）各种材料按配合比分别计量后，按预先设定的程序先后投入搅拌器内进行强制拌和，待拌和均匀后，直接卸入运输车辆中，或送至成品料储存仓内暂时储存。

（5）矿料在烘干、筛分、拌和等生产过程中产生的燃烧废气、水蒸气以及灰尘，通过除尘装置将粉尘分离出来，并加以处理后存入粉尘储仓或矿粉定量喂料装置再利用。

依据间歇式拌和原理，主要工艺的要点为：冷料的堆放与处理、矿料的烘干、热料的筛分、搅拌器的拌和、热料的储存与运输等。图5-17为强制间歇式拌制设备工艺流程图。

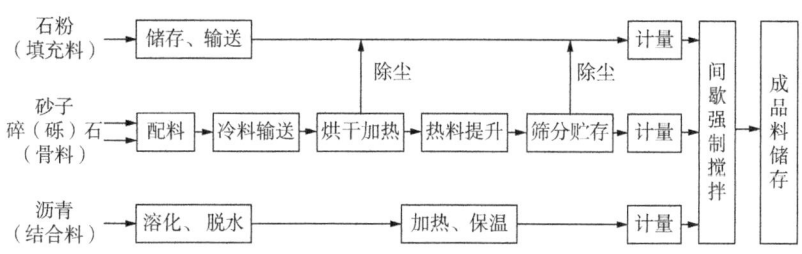

图5-17 强制间歇式拌制设备工艺流程图

强制间歇式搅拌设备能保证矿料的级配、矿料与沥青的比例达到相当精确的程度，另外也易于根据需要随时变更矿料级配和油石比，所拌制出的沥青混合料质量高，可满足各种施工要求。

2) SMA混合料拌制

对于SMA混合料，与普通热拌沥青混合料有以下不同之处：

（1）SMA混合料控制要求不同，见表5-4。

（2）SMA与普通密级配沥青混凝土最大不同之处是SMA为间断级配，粗集料粒径单一，量多，细集料很少，矿粉用量多，这给混合料的拌和带来不少困难。为此应该在料斗、料仓安排上下功夫。首先是冷料仓，粗集料数量多，一个料斗经常不够，可能会发生冷料仓数量不够等问题。热料仓也有问题，如果按照通常的方法设置振动筛和热料仓，会发生粗集料仓经常不足（亏料），而细集料经常溢仓的不正常情况，因此应合理安排冷料仓和热料仓的配置。

表 5-4　SMA 沥青混合料温度控制要求

名称	温度控制要求/℃			
	不使用改性沥青	使用改性沥青		
		SBS 类	SBR 类	EVA、PE 类
沥青加热温度	150~160	160~165	160~165	160~165
集料加热温度	185~195	190~220	200~210	185~195
混合料出料温度	160~170	175~185	175~185	170~180
混合料最高温度	195			

（3）SMA 所需的细集料数量很少，太少的细集料使冷料仓的开启成为困难，开口只能很小，稍大一些就会过量；如果细集料是露天的，下雨受潮，小的冷料仓料口漏不下来，开大了才可以漏下来，但细集料量就多了。为了使很高的细集料量保持准确的数量，必须使细集料（尤其是石屑）始终保持干燥状态，细集料就不可露天堆放，加盖棚布就显得十分必要了。

（4）SMA 的矿粉需要比一般热拌沥青混合料增加两倍，一个螺旋升送器往往来不及供料，这就要求特别注意矿粉设备及人力安排。

（5）从原则上讲，SMA 不能使用回收粉尘，回收粉尘必须废弃。

（6）SMA 必须使用纤维，加入纤维的方法必须予以考虑。近几年来，我国铺筑的一些 SMA 工程，基本上是人工将纤维投入拌和锅内，加料口可以采用拌和锅侧面的观察窗，由人工直接将纤维投入拌和锅内，颗粒纤维采用一个容器定量投入，每拌和一锅倒入一桶，松散纤维必须预先加工成塑料小包。必须在粗集料放料的同时投入纤维，利用粗集料拌和的打击力将纤维打散，为了使纤维充分分散均匀，一般需要增加干拌时间 5~10s，湿拌可不再增加时间。人工投入纤维的缺点是无法保证一定是按时按量投入的，为了预防此问题的出现，使用机械投入纤维就显得十分重要。

（7）SMA 混合料拌和以后，不能像普通沥青混合料那样存太长的时间，这是因为贮存时间太长将使混合料表面结硬成一个硬壳，而且 SMA 的沥青用量要比普通沥青混合料多，时间长了会发生沥青的析漏，造成沥青用量不均匀。因此，一般规定 SMA 混合料的储存不能过夜，即当天拌和必须当天使用。

3）OGFC 混合料拌制

（1）级配控制：OGFC 混合料的生产采用间歇式沥青拌和机，生产时沥青用量应能准确控制，宜在 ±0.2% 范围之内。添加剂的加入采用人工投放方式，在拌和锅上增设投料口，同时安装提示和监控设备，确保 TPS 不漏投。OGFC 混合料的空隙率受 2.36mm 和 0.075mm 筛子通过率的影响最大，必须严格控制，保证 2.36mm 筛子通过率在 ±3%，0.075mm 筛子通过率在 ±2% 的控制范围之内。

（2）温度控制：由于 OGFC 混合料产量低，且使用的粗骨料较多、细骨料较少，骨料易热，骨料温度控制较难，因此需对喷燃器的燃料供给严加控制，或者采取提高细骨料供给量或仪表显示值与实测值误差调整的对策。

OGFC 混合料采用高黏度改性沥青，稠度高，相比于普通混合料难以拌和，混合料温度过高，易产生沥青的流淌，温度过低则施工作业困难，因此施工中温度控制尤为重要。OGFC 混合料生产温度控制要求见表 5-5。生产中不得使用低于下限值 170℃ 或超过上限值 195℃ 的透水性沥青混合料。

表 5-5 OGFC 混合料温度控制要求

名　　称	温度控制要求/℃
矿料加热温度	190~200
AH-70 沥青加热温度	155~165
混合料出料温度	175~185
混合料最高温度	195

二、沥青混合料的运输

1. 运输设备

沥青混合料的运输是指将热拌的沥青混合料装入混合料运料车，运至摊铺现场，卸入摊铺机受料斗并返回沥青混合料的储存地的整个过程。在运输过程中，应根据铺筑现场具体位置、施工条件、摊铺能力、运输路线、运距和时间，以及混合料的种类和数量等，合理配置运输车辆的型号及数量。配置时应保证拌和设备及摊铺机连续生产，又不能使车辆因工地卸料和等待时间过长而浪费资源。

运输车辆应采用载重量大于 150kN 的大型自卸汽车运送沥青混合料到摊铺现场，以减少摊铺机在短时间内频繁换车卸料的情况。我国一般采用自动卸料运输车作为沥青混合料的运料车。目前，我国首批绿色纯电动沥青混合料自卸专用车已在北京市政路桥建材集团有限公司正式投入使用，实现沥青混合料运输作业的绿色转型（图 5-18）。

图 5-18 纯电动沥青混合料自卸专用运输车

根据沥青混合料卸载方法分类，运料车辆主要分为端部卸载车辆、底部卸载车辆与活动底部卸载（输送机）车辆。运输车辆的数量 n 由式(5-1)计算：

$$n = \frac{\alpha(t_1 + t_2 + t_3)}{t} \tag{5-1}$$

式中 α——储备系数,视交通情况而定,一般 α = 1.1~1.2;

t_1——重载运程时间,min;

t_2——空载运程时间,min;

t_3——工地卸料等待总时间,min;

T——拌一车混合料所需时间,min。

T 按式(5-2)计算:

$$T = 60m/Q \tag{5-2}$$

式中 m——运输车辆的轴载质量,t;

Q——搅拌设备的生产率,t/h。

2. 运输要求

(1) 热拌沥青混合料宜采用较大吨位的运料车运输,但不得超载运输,急刹车、急弯掉头易使透层、封层造成损伤。运料车的运力应稍有富余,施工过程中摊铺机前方应有运料车等候。对于高速公路、一级公路,等候的运料车多于 5 辆后开始摊铺。

(2) 运输车使用后必须清扫干净,在车厢板上涂一薄层防止沥青黏结的隔离剂或防黏剂,但不得有余液积聚在车厢底部。从拌和机向运料车上装料时,应多次挪动汽车位置,平衡装料,以减少混合料离析。运料车运输混合料宜用苫布覆盖保温、防雨、防污染。

(3) 运输车进入摊铺现场时,轮胎上不得沾有泥土等可能污染路面的脏物,宜设水池洗净轮胎后进入工程现场。沥青混合料在摊铺地点凭运料单接收,若混合料不符合施工温度要求,或已经结成团块、已遭雨淋的不得铺筑。

(4) 摊铺过程中运料车应在摊铺机前 100~300mm 处停住空挡等候,由摊铺机推动前进开始缓缓卸料,避免撞击摊铺机。有条件的运料车可将混合料卸入转运车经二次拌和后向摊铺机连续均匀地供料。运料车每次卸料时必须倒净,尤其是对改性沥青或 SMA 混合料,如有剩余,应及时清除,防止硬结。

(5) SMA 及 OGFC 混合料在运输、等候过程中,如发现有沥青结合料沿车厢板滴漏时,应采取措施予以避免。

三、沥青混合料的摊铺

1. 摊铺设备

沥青混合料摊铺机是将拌制好的各种沥青混合料均匀地摊铺在已修建好的路基或路面基层上,并对其进行一定程度预压实和整形的专用机械。经过几十年的发展,其结构日益完善。沥青混合料摊铺机(履带式)的基本结构如图 5-19 所示。

沥青混合料摊铺机是由主机和熨平装置两大部分以及连接它们的牵引大臂组成的。由图 5-19 可以看出,主机主要包括柴油发动机及动力传动系统、驾驶控制台、行走机构、螺旋摊铺器、刮板输送器、接收料斗、大臂液压油缸和调平浮动油缸（即调平系统液压油缸），主机用以提供摊铺机所需要的动力和支承机架，并接收、储存和输送沥青混合料的螺旋摊铺器。熨平装置主要包括振动机构、振捣机构、熨平板、厚度调节器、路拱调节器和加热系统。熨平板是对铺层材料进行整形与熨平的基础机件，并以其自重对铺层材料进行预压实。厚度调节器为自动调节装置，用以调节熨平板底面的纵向仰角，以改变铺层的厚度。路拱调节器是一种位于熨平板中部的螺旋调节装置，用以改变熨平板底面左右两半的横向倾角，以保证摊铺出符合给定要求的铺层；加热系统用于加热熨平板的底板以及相关运动部件，使之不与沥青混合料相粘，保证铺层的平整，即使在较低的气温下也能正常施工；振捣机构和振动机构则先后依次对螺旋摊铺器摊铺好的铺层材料进行振捣和振实，予以初步压实。

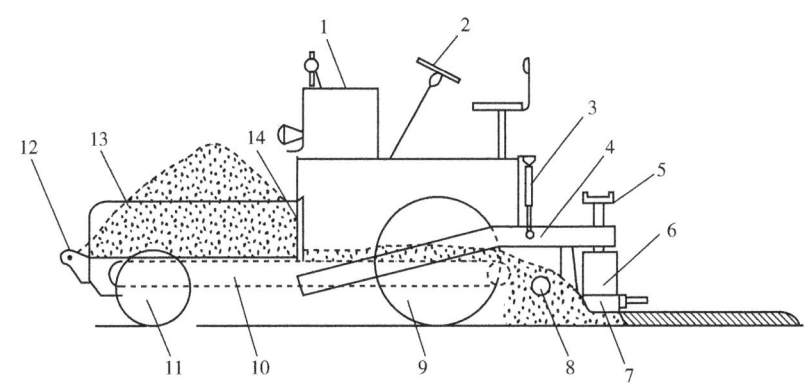

图 5-19 沥青混合料摊铺机基本结构示意图

1—控制台；2—方向盘；3—悬挂；4—大臂；5—调整螺旋；6—熨平板架；7—熨平板；
8—螺旋布料器；9—后轮；10—刮板输送器；11—前轮；12—前推辊；13—前料斗；14—料斗阀门

沥青混合料摊铺机按其结构、功能、摊铺宽度、传动方式等的不同可以有多种分类方法。

按行走机构分类，可将摊铺机分为轮胎式摊铺机、履带式摊铺机和轮胎履带组合式摊铺机。轮胎式摊铺机的优势是行驶速度快，机动性好，制造成本低；履带式摊铺机的优势是牵引力大，接地比压小，对路面不平整度的敏感性低；轮胎履带组合式摊铺机，运输时使用轮胎行驶，作业时使用履带行走，兼有二者的优点，多为小型机。

按摊铺宽度分类，可将摊铺机分为 16~25m 的系列摊铺机。每种摊铺机都有自己的标准摊铺宽度，但可根据施工的具体要求，采用机械式有级的方法或液压式无级的方法，在一定范围内加长其摊铺宽度。目前，沥青混合料摊铺机的最大摊铺宽度可达 16m。

按传动和控制方式分类，可将摊铺机分为机械式摊铺机、液压式摊铺机和液压—机械式摊铺机。传统的自行式沥青混合料摊铺机，其传动系统都是机械式的，因而性能和效率都比较低。现在沥青混合料摊铺机则大都采用液压—机械传动，甚至全液压传动，因而其性能和效率都有了很大的提高。

2. 摊铺工艺

沥青混合料运料车行至摊铺地点后应凭运料单接收，并检查拌和质量，如已结块、淋雨或温度不满足要求，应作废料处理。合格的运料车应倒退至摊铺机前10~30cm处停下，不得撞击摊铺机，卸料过程中运料车挂空挡，靠摊铺机推动前行。

铺筑沥青混合料前，应检查确认下承层的质量。高速公路和一级公路施工气温低于10℃时，不宜摊铺热拌沥青混合料。摊铺机必须调整好各运行部件的速度，使混合料缓慢、均匀、连续地摊铺；摊铺室内的混合料高度应与螺旋输送器的轴心线高度一致或略高，并保证沿轴心线高度一致。双层式沥青混凝土面层的上下层铺筑宜在当天内完成，如间隔时间较长，下层受到污染的路段铺筑上层前应对下层进行清扫，并浇洒黏层沥青。摊铺时，沥青混合料温度不应低于100℃。摊铺厚度应为设计厚度乘以松铺系数，沥青混合料的松铺系数通过试铺碾压确定，也可按沥青混凝土混合料1.15~1.35、沥青碎石混合料1.15~1.30取值。细粒式取上限，粗粒式取下限。摊铺后应检查平整度及路拱，发现问题及时修整。在机械摊铺混合料时，非特殊情况不应人工反复修整。

如果为多机摊铺，则应在尽量减少摊铺次数的前提下，各条摊铺带的宽度可以有所不同（即梯队作业方式），梯队间距不宜过大，宜为5~10m，以便形成热接茬。如为单机非全幅作业，每幅不宜铺筑太长，应在铺筑100~150m后调头完成另一幅，此时一定要注意接好茬。也有人认为，为减少横向施工接茬，每条摊铺带在一天施工中应尽量长些，最好一个施工班一条接茬，具体可结合实际确定。在铺筑面层时最好采用单机或双机全幅铺筑，如为单机操作时，中间纵向茬要切割涂油，使两次摊铺混合料紧密、平整相接。

摊铺速度主要与材料、厚度、宽度、配套机械、施工技术规范等有关，关键要保证摊铺质量符合技术规范要求。目前，摊铺较薄的沥青混合料面层时，其摊铺速度为4~12m/min，有些工况可达20m/min；摊铺各种基层稳定材料、碾压混凝土时摊铺速度为0.5~1.2m/min，如果过快，将会影响摊铺质量。

摊铺材料产生一定的离析现象，目前仍是一个普遍存在而又难以彻底避免的问题，因为它涉及摊铺机的结构、摊铺材料、供料运输方式、摊铺操作技术等多方面因素。实践证明，如果控制良好，也可有效地减少材料离析现象的产生。例如，采用的河卵石或大骨料含量较多时易产生材料离析。依据不同材料，合理地选择振动系统的振动力和频率，也可控制材料的离析，如果频率选得过高，会导致细料上浮。图5-20为某机场高速北线沥青路面摊铺。

未压实混合料的表面结构无论是纵向还是横向都应均匀、密实和平整，无撕裂、小波浪、局部粗糙、拉沟等现象，同

图5-20 某机场高速北线沥青路面摊铺

时应经常检测松铺厚度。

四、沥青混合料的碾压

压实是沥青路面施工的最后一道重要工序，其目的是提高沥青混合料的强度、稳定性和密实度，是路面施工的核心。研究表明，沥青路面的空隙率增加1%，疲劳寿命将降低35%，压实不足，导致空隙率增加，在渠化交通条件下，易形成压实型车辙，并加速沥青的老化。但过度压实将使集料破碎，降低混合料的强度，过小的空隙率易导致泛油和高温稳定性不足。因此，必须选择合理的压实机械、压实温度、速度和遍数等。

1. 压实设备

沥青混合料路面施工使用的压实设备有双光轮振动压路机、光轮静作用压路机、轮胎压路机、小型振动压路机和振动平板夯等（图5-21）。

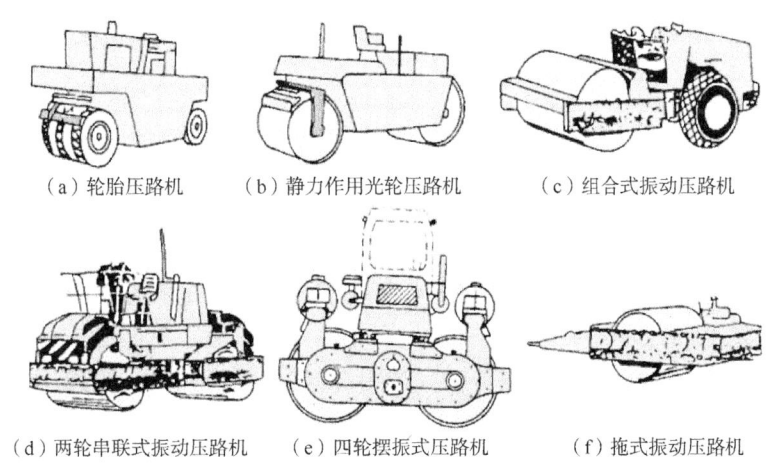

(a) 轮胎压路机　　(b) 静力作用光轮压路机　　(c) 组合式振动压路机

(d) 两轮串联式振动压路机　　(e) 四轮摆振式压路机　　(f) 拖式振动压路机

图5-21 沥青混合料压实设备示意图

可变振幅和振频的双钢轮振动压路机是压实沥青混合料最好的压路机，可以适应各种压实工况。常用的双钢轮振动压路机质量为6~13t，初压、复压和终压均可选用；高速公路、一级公路及城市主干路、改性沥青混合料路面，复压应使用10t或10t以上的大型双钢轮振动压路机；二级公路、城市次干道及以下的道路，压实面积较小的工程可使用8~9t的双钢轮振动压路机；小面积的道路修补作业，可以使用6t或更小的压路机。图5-22为北京园博园道路沥青路面碾压，图5-23为青海玉树灾后援建道路工程沥青路面碾压。

静钢轮压路机是一种传统的压路机，通常只能用于四级公路、乡村公路、城市支路、居民区内的道路等铺层薄、压实度要求不高的工程，小面积的道路修补作业也使用这种压路机，也可以作为高等级公路的初压和终压机械。

轮胎压路机总质量不得小于25t，轮胎的柔性变形对混合料产生揉搓作用，有利于消除压实表面的裂纹，增加沥青混合料的密水性。轮胎压路机常作为沥青路面的复压机械，但不适宜用于混合料的初压与沥青玛蹄脂碎石混合料的碾压。

小型压实机械有小型振动压路机和振动平板夯，质量仅为1~3t。一般不作为主要碾压设备,只能用于辅助作业,如道路两侧的沥青路面与路缘石接茬的部位,小的弯道、加宽段和港湾式停车带等。

图 5-22　北京园博园
道路沥青路面碾压

图 5-23　青海玉树灾后援建
道路工程沥青路面碾压

2. 碾压工艺

压实程序分为初压、复压和终压三道工序。初压的目的是平整和稳定混合料,为复压创造有利的条件。初压时一般使用 6~8t 双轮压路机或 6~10t 振动压路机(关闭振动装置)碾压 1~2 遍。初压应在混合料摊铺后的较高温度下进行,以不发生推移为宜。

复压应紧跟初压进行,其目的是使混合料密实、稳定,是沥青路面压实的主要阶段,一般应选用重型压路机进行反复压实。当采用轮胎压路机时,总质量不宜小于 15t,轮胎充气压力不宜小于 0.5MPa,厚层碾压时宜选用 20~25t 的压路机。当选用振动压路机时,振动频率宜为 35~50Hz。振动压路机倒车时,应先停止振动并在向另一方向运动后再开始振动,以避免混合料形成鼓包。

终压应紧跟在复压后进行,其目的是消除轮迹,最后形成平整的压实路面。这道工序不宜采用重型压路机在高温下进行,否则会影响平整度。可选用双轴双轮压路机或关闭振动的振动压路机进行,通常不少于两遍,以无轮迹为准。

碾压过程中,为了保持正常的碾压温度,每完成一遍重叠碾压,压路机就要向摊铺机靠近一些,这样也可避免在整个摊铺层宽度上,在相同的横断面上换向所造成的压痕。变换碾压道时,应在压实区内较冷的一端,且关闭振动装置。压路机应由路边向路中碾压,相邻的碾压带应有一定的重叠宽度,并将驱动轮朝向摊铺机。

第四节　沥青路面常见病害

沥青路面在行车荷载和自然因素的综合作用下会逐渐出现损坏,其使用性能逐渐下降。由于荷载、环境、材料组成、结构组合、施工和养护等条件的差异,损害形态是多种多样的。按照沥青路面破坏形态不同可将路面病害分为变形类、裂缝类、表面损坏类以及其他损坏四大类。变形类主要包括沉陷、车辙、推移和拥包等(图 5-24 和图 5-25);裂缝类主要包括横向或纵向裂缝、块状裂缝和网状裂缝（龟裂）等；表面损坏类主要包括露骨、松散、剥落、坑槽等；此外，还有泛油、磨光等其他影响路面功能的病害。本节将介绍以上几种典型病害的特征、影响因素和防治方法。

图 5-24　车辙病害

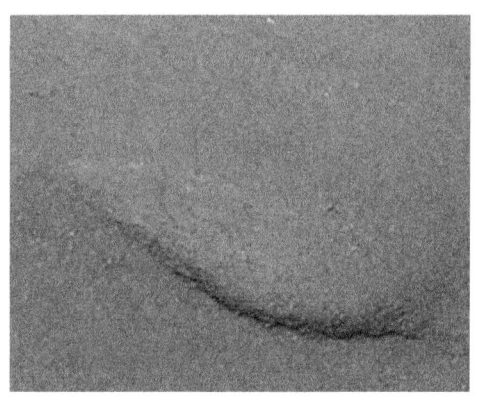

图 5-25　拥包病害

一、沥青路面高温车辙

1. 分类

车辙是沥青路面材料在环境与车辆荷载的复合作用下，产生永久变形并不断累积形成的。车辙产生于行车道轮迹带，由轮迹的凹陷及两侧隆起组成。它除了影响行车舒适性外，还会直接影响行车安全。车辙按照成因不同又分为结构性车辙、流动性车辙和磨损性车辙。

1）结构性车辙

由于荷载作用超过路面各层的强度，发生在沥青面层以下包括路基在内的各结构层的永久变形。这种车辙宽度较大，两侧没有隆起现象，横断面为凹字形。

2）流动性车辙

在高温条件下，车轮碾压反复作用，荷载应力超过沥青混合料的稳定度极限，使流动变形不断积累形成车辙。这种车辙一方面车轮作用部位下凹，另一方面车轮作用甚少的车道两侧向上隆起，在弯道处还明显向外推挤，车道线或停车线因此可能成为变形的曲线。

3）磨损性车辙

由于车辆不断地磨损路面，特别是大量重型超载车辆渠道化地行驶在主车道上，磨损路面也会形成车辙。

2. 车辙产生的原因

车辙主要是由于沥青混合料面层在自然环境、车辆荷载等复合作用下抗剪强度不足和结构损伤引起的，受内因和外因的综合影响。其中，内因包括沥青混合料和路面结构设计，外因包括环境、交通条件和施工因素。

1) 沥青混合料材料性能

提高沥青混合料的抗车辙能力是防治车辙最有效的途径。沥青混合料是一种黏弹性塑性材料,其抗剪能力取决于沥青的黏结力和矿料之间的嵌挤作用。沥青黏度低、用量多或沥青混合料级配不良,难以形成嵌挤骨架,易导致路面产生车辙。下面从沥青、集料、矿粉、级配四方面阐述。

(1) 沥青:车辙与沥青的黏度直接相关,沥青高温黏度不足是导致车辙的主要因素。

(2) 集料:在集料中掺入破碎砾石对抵抗车辙是不利的,因其缺乏棱角而易变形,酸性集料容易降低混合料的水稳定性和高温稳定性。

(3) 矿粉:矿粉含量不足会导致沥青混合料中的自由沥青过多,在高温下自由沥青会起到润滑作用,加剧沥青混合料的流动变形。

(4) 级配:空隙率对车辙的影响非常大,增大集料粒径对提高抗车辙能力有一定效果,但空隙率也不能太小,4%的空隙率为最小空隙率的临界。

2) 路面结构

沥青路面结构在交通荷载作用下会产生整体永久变形。这种变形主要是由于路基变形传递到路面层产生的,会导致路面产生结构性车辙。沥青混合料的厚度是影响车辙的重要因素。一般来说路面厚度的确定,既要保证有足够的承载能力,又要有较好的抗车辙能力。在低于临界厚度时,沥青面层越厚,车辙越严重,而当超过临界厚度时,车辙随厚度变化较小。

3) 环境因素

沥青黏度随路面温度的升高而降低,在夏季高温作用下,沥青混合料中的自由沥青及沥青与矿料形成的沥青胶浆流动性增强,易导致车辙、波浪和拥包的产生。

4) 交通荷载作用

研究表明,车辙深度随荷载增大与累计荷载作用次数的增加而增加。交通量大、车速慢,特别是制动较多的路段,包括交叉口、停车站、陡坡路段等易产生车辙、波浪和拥包病害;大量重型超载车辆在主车道路上行驶,速度慢且渠道化现象严重,由于其单轴荷载加大,甚至翻倍,从而使车辙更容易产生。另外,长期车轮磨耗作用下沥青混合料损失也导致磨耗型车辙的形成。

5) 施工因素

沥青混合料在施工过程中,材料的质量控制、沥青混合料的材料与温度均匀性、各种材料用量的控制、压实温度及压实度的控制等影响沥青混合料的压实度。其中,最重要的是控制沥青混合料的压实度。若沥青混合料压实度不足,路面投入使用后,在汽车荷载的作用下进一步压实,形成车辙;此外,若施工时面层与基层黏结处理不当,黏结较差,也易产生推挤、拥包。

3. 车辙的防治措施

车辙的产生受原材料的选择、混合料的级配组成、施工质量控制以及气候、交通条件等因素的共同作用。

1) 集料选择

集料所形成的骨架及嵌挤力是沥青混合料抗变形能力的基础，因此形状接近立方体、抗压及耐磨性能强的集料及合理的级配，是沥青混合料抗车辙能力的根本所在。此外，矿粉对沥青混合料抗车辙性能也有很大的影响。如用石灰岩轧磨的矿粉配制的沥青混合料具有较高的高温稳定性，而含有石英岩矿粉的沥青混合料的高温稳定性较低。因为矿粉具有很大的表面积，会直接影响沥青胶浆的性能，特别是活化矿粉。活化矿粉与沥青的相互作用能够形成结构较强的沥青膜，大大提高沥青的黏聚力，同时降低沥青混合料的空隙率，进而减少自由沥青的含量，起到提高沥青混合料抗剪切能力的作用。因此，在选择集料时尽量采用含活化矿粉多的集料。

2) 沥青结合料选择

如果说集料形成沥青混合料的骨架，则填充于骨料之间的沥青与细集料所形成的胶砂无疑是沥青混合料的"肌肉"。因此，选择高温稳定性良好的沥青，将有助于沥青混合料抗车辙能力的提高。沥青的种类、黏度、沥青与集料的黏附性以及沥青用量对沥青混合料的抗车辙能力有较大影响。

(1) 沥青的种类。

沥青类型也有多种，有改性沥青、非改性沥青、天然湖沥青、工厂炼制的类似改性沥青的宽域沥青等，此外还有沥青混合料改性剂，如 SEAM 及废橡胶粉等。有许多技术可以提高沥青混合料的高温稳定性，需结合技术与经济条件合理地选用。

(2) 沥青的黏度。

对于沥青的选择，可以通过由最高路面温度确定沥青混合料的最小临界温度，并根据该临界温度值确定所用沥青的黏度或软化点，从而选择合适的沥青材料。

(3) 沥青与集料的黏附性。

黏附性是衡量沥青与集料裹覆后剥落性能的指标，它取决于沥青与集料的种类。沥青与集料间的作用主要有物理吸附和化学吸附。物理吸附是一种机械吸附，它取决于集料表面结构，如表面纹理、空隙和微裂缝等。化学吸附取决于沥青与集料的种类，即取决于两种物质表面的极性物质。沥青表面极性物质按极性强弱排列依次为地沥青酸、地沥青酸酐、地沥青树脂和油分。其中地沥青酸和地沥青酸酐表面活性最强且都呈酸性，所以沥青与碱性石料的黏附性要好于酸性石料，应尽量选择酸性石料。

(4) 沥青用量。

沥青混合料的力学性能在温度、级配等不变的情况下，沥青用量的大小对马歇尔稳定度的影响很大。在车辙试验中也是如此，即存在最佳沥青用量。沥青用量由小增大到最佳沥青用量时，增加沥青含量可增加沥青混凝土的黏结力和强度，从而增加动稳定度；但超过最佳沥青用量就会产生游离沥青，减少集料之间的内摩阻力和稳定性，从而降低动稳定度。沥青用量过小会使沥青不足以裹覆集料的全部表面积或虽全部裹覆但沥青膜太薄，使集料间的黏结力降低，动稳定度下降。车辙对沥青用量十分敏感，而且存在最佳沥青用量。

3) 沥青混合料的级配组成

在沥青混合料中，良好级配所形成的骨架作用因增加了集料之间的嵌挤力而提高了沥青混合料的抗车辙能力，因此，集料级配的选用很重要。不论是 SMA、Superpave、AC、OGFC，还是其他沥青混合料，只要经过合理的级配选择，都能配制出满足高温抗车辙性能要求的沥青混合料。合适的集料级配可以得到合适的混合料空隙率。沥青混合料空隙率过小会使得沥青混合料内部没有足够空隙来"吸收"由荷载引起的流动，造成材料的整体变形而形成车辙，但空隙过大则易于诱发其他病害。因此，一般控制沥青混合料空隙率在 3%~5%。

4) 施工质量

沥青混合料在施工过程中，压实温度及压实度的控制等影响沥青混合料的抗车辙能力。一般在规定温度范围内沥青混合料的温度越高，越容易达到高密实度。施工碾压温度的测定位置是摊铺的沥青混合料的中部。混合料的表面温度和底部温度都要低于中间的温度，温差一般在 10℃ 以上。为了保证压实的整体效果，在施工过程中应尽可能地提高碾压温度，特别是初压和复压的温度。在不发生推移、表面无开裂的情况下，初压的压路机可一直紧跟摊铺机，以减少沥青混合料热量的损失，确保在较高的温度下进行碾压。复压应紧跟初压，终压也应尽可能地在较高温度下进行。但考虑到终压的目的是消除缺陷和保证面层有较好的平整度，不宜一味提高终压温度，应以沥青面层无轮迹和无明显缺陷为判断标准，确定适宜的终压温度。

二、沥青路面低温开裂

1. 分类

开裂是沥青路面主要病害之一。沥青路面开裂会导致路表水浸入裂缝，引起基层软化、面层水损害、路面承载能力骤降等问题，在交通荷载反复作用下，路面将进一步出现唧泥、坑槽和网裂等次生严重路面病害问题。因此，开裂会加速沥青路面的损坏，严重缩短路面的服役寿命，每年针对路面开裂病害的检查和养护维修都要耗费大量的财力。温度收缩裂缝在沥青路面裂缝中占比大，提高沥青路面低温性能已成为国内外沥青混合料研究的重要课题之一。

沥青路面裂缝有纵向裂缝、横向裂缝、块状裂缝和不规则裂缝等（图 5-26 和图 5-27）。纵向裂缝是与行车方向基本平行的裂缝；横向裂缝是与行车方向基本垂直的裂缝；块状裂缝是裂缝分别为横向与纵向，将沥青路面分割呈近似方块状；龟裂与不规则裂缝是排列无序的裂缝，严重时沥青路面出现像乌龟壳一样交织成网状的裂缝。龟裂与不规则裂缝是沥青路面的主要病害之一。

2. 开裂产生的原因

沥青路面开裂原因主要有设计、施工、材料及自然等因素，不同种类裂缝的开裂原因各有不同。

图 5-26 纵向裂缝

图 5-27 网裂

1) 纵向裂缝

纵向裂缝为与道路中线大致平行的长直裂缝，有时伴有少量支缝。这类裂缝通常是由于路基压实度不均匀、路面不均匀沉陷或施工接缝质量或结构承载力不足而引起的。不均匀沉降引起的纵向裂缝，通常断断续续，绵延很长。施工搭接引起的纵向裂缝，其形态特征是长且直。而结构承载力不足引起的纵向裂缝多出现在路面边缘。

2) 横向裂缝

横向裂缝可分为荷载性裂缝和非荷载性裂缝两大类。荷载性裂缝是由于路面设计不当和施工质量低劣，或由于车辆严重超载，致使沥青面层或半刚性基层内产生的拉应力超过其疲劳强度而产生的裂缝。非荷载性裂缝是横向裂缝的主要形式，又分为两类：沥青面层温度收缩性裂缝和基层反射性裂缝。沥青面层温度收缩性裂缝是由路面表面开始开裂，逐渐发展为裂缝；基层反射性裂缝则由基层开始，逐渐延伸到路面。

3) 龟裂和不规则裂缝

龟裂和不规则裂缝产生的主要原因有以下几点：

（1）沥青路面材料老化，沥青剥落产生微裂缝，在荷载作用下不断扩张连接，形成路面龟裂和不规则裂缝。

（2）路基或路面基层强度不足，路基翻浆、基层反射裂缝等均可能造成龟裂和不规则裂缝。

（3）水损害引起的网裂。水渗入并滞留在沥青混合料层内，在行车作用下，使沥青混合料中部分集料上的沥青剥落，导致沥青混合料强度降低，并在路表面产生网裂。

当水透过沥青面层(两层式或三层式)滞留在半刚性基层顶面时，在行车挤压作用下，自由水产生很大的压力，并冲刷基层表面的细料，形成灰白色泥灰浆。灰浆被行车荷载压挤到路表面形成唧浆。在灰浆数量大的情况下，可能立即产生坑洞，在数量小的情况下，可使路面由网裂逐渐变为松散，之后降水则更容易透入，并产生恶性循环，最终导致路面破坏。

3. 裂缝的防治措施

沥青混合料的抗裂性能与其抗拉强度、松弛能力以及收缩性质等密切相关，而影响这些特性的因素，既包含沥青及沥青混合料本身因素，也有外界环境的各种因素。

1) 选择合适的沥青

沥青的感温性、黏度、低温延度、老化性能和含蜡量等对沥青混合料低温抗裂性能有较大影响。通常情况下，针入度指数值越大，沥青的感温性越差，沥青混合料在低温条件下的抗裂性能越好；当沥青的感温性相同(或者油源相同)时，黏度小、针入度大的沥青有较低的劲度模量，在降温过程中会产生相对较小的拉应力，从而降低了低温开裂的可能性；低温延度越高，所能承受塑性变形的能力越强，沥青混合料的抗低温开裂的性能越好；沥青耐老化性能越好，老化后，沥青流动变形性能越好，混合料低温抗裂性越好，不易出现路面裂缝；沥青中含蜡量增加会使拉伸应变减小，脆性增加，温度敏感性变大，横向裂缝增加，因此沥青含蜡量越小越好。

综上所述，为提升沥青混合料的低温抗裂性能，应选择感温性差、针入度和延度大、耐老化、含蜡量低的沥青作为沥青混合料的原材料。

此外，在沥青中添加改性剂进行改性由来已久，其中聚合物用得最多。将少量聚合物均匀地混入沥青中，可使沥青的使用性能得到很大的提升，成为提高沥青混合料抗裂性能有效途径。可作沥青改性剂的聚合物一般分为热塑性橡胶类、橡胶类、树脂类。其中热塑性橡胶类改性剂主要是苯乙烯类嵌段共聚物，如苯乙烯—丁二烯—苯乙烯共聚物(SBS)。SBS是国内外应用最广的一种沥青改性材料，它对沥青的高低温性能、弹性恢复性能及感温性等指标都有明显改善；橡胶类改性剂包括天然橡胶(NR)、丁苯橡胶(SBR)、聚氯丁二烯(CR)、丙烯腈—丁二烯高聚物(ABR)、聚丁二烯(BR)、聚苯乙烯—异戊二烯共聚物等；树脂类改性剂分为热塑性树脂和热固性树脂两种，前者有乙烯—醋酸乙烯共聚物(EVA)、聚乙烯(PE)、聚丙烯、聚苯乙烯、聚氯乙烯、聚醋酸乙烯等；后者有环氧树脂、酚醛树脂等。在低温时，分散在沥青中的聚合物发生变形，吸收消耗了破坏应力，起到了增韧的效果，提高了改性沥青的低温抗裂性能。

2) 沥青混合料配合比设计

(1) 沥青含量。沥青含量在最佳范围的变化不会对混合料的低温开裂性能有较大影响，增大沥青用量就增大了温缩系数，但同时降低了劲度。因此，要控制沥青用量在合理范围内。

(2) 集料类型和级配。耐磨、低冻融损失和低吸水性的集料具有好的横向抗开裂性；粗级配沥青混合料的温度应力比较小，混合料形成骨架嵌挤作用，产生的温度应力小，不易开裂。因此，应选性能良好的集料及适宜的级配。

3) 纤维增强

在沥青混合料中掺入纤维是一种提高混合料抗裂性能的有效手段，国内外对其性能开展了大量研究。研究表明，掺入纤维可以改善沥青混合料的高温稳定性、疲劳耐久性、低温抗裂性及防止反射裂缝的性能。

在提高沥青混合料的低温抗裂性方面，纤维具有改性、加筋和稳定作用，能显著影响沥青混合料的韧性和破坏过程。由于纤维具有很大的表面积，当纤维加入沥青混合料后，纤维与沥青、纤维与纤维之间相互作用(如吸附、扩散、化学键合等)，使沥青在纤维表面形成结合力牢固的结构沥青薄膜,该界面结构有助于增强其黏结力,降低沥青的温度敏感性,从而改善沥青混合料的高温和低温性能。与此同时,纤维及周围的结构沥青一起裹覆在集料表面,使集料表面的沥青膜增厚,且纤维的加入可有效分散荷载,消散应变能,使结构整体性更强。在沥青混合料中,数量众多的纤维呈三相随机均匀分布,形成纵横交错的空间网络结构,在一定程度上能阻止裂缝的产生;当空隙及裂纹产生后,纤维的存在及咬合效应使裂纹的扩展受到约束和阻滞,从而提高沥青路面裂纹的自愈能力,最终提高沥青混合料低温抗裂性能。

4)施工控制

优良的施工质量,特别是各结构层的压实度达到规范要求、稳定性优良、排水性能好、面层接缝处理完善等是保证裂缝特别是纵向裂缝和龟裂网裂不出现的前提条件。合理组织施工,摊铺作业连续进行,尽量减少冷接缝;沥青面层摊铺前,对下承层应认真检查,及时清除泥灰,处理好软弱层,保证下承层稳定,并宜喷洒黏层沥青;旧路面加罩沥青路面结构层前,可先铣削原路面后再加罩,或采用铺设土工织物、玻纤网后再加罩,以延缓反射裂缝的形成。

三、沥青路面水损害

沥青路面的水损害指沥青混合料受到水和荷载的共同作用,逐渐产生沥青膜剥离、松散、坑槽等破坏的现象。水稳性差的沥青混合料在有水存在的情况下,会发生沥青与矿料颗粒表面的局部分离,沥青路面中沥青与集料的黏结力逐渐下降并丧失,在车辆荷载作用下表面层呈松散状态,面层中的细集料颗粒脱落,粗细集料散失起砂,路面粗糙磨损,表层剥落,出现微坑,路面外观质量下降,封水性能恶化,导致过量雨水下渗。如不及时治理,它会从路表面快速向下不断发展,最终导致路面沥青混合料局部脱落产生坑洼,形成坑槽(图5-28和图5-29),严重影响行车舒适性和交通安全。

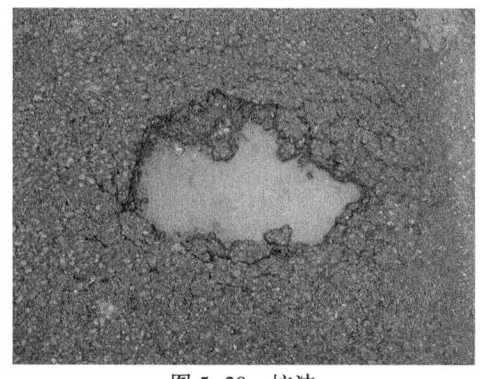

图5-28 坑洼

图5-29 坑槽

1. 水损害产生原因

1)内部因素

(1)集料性质。

集料是由矿物质组成的,每种矿物质都有其独特的化学性质和晶体结构。对于剥落,关键是集料对水的吸附能力的大小,亲水性材料对水的吸附能力比沥青大,而憎水性材料恰好相反。通常亲水性材料的硅含量较高,集料显酸性。而憎水性材料的硅含量较低,集料呈碱性。另外,集料表面的化学性质、表面积、空隙大小等均对沥青混合料水稳定性有影响。当集料表面含有铁、钙、镁、铝等高价阳离子时,集料与沥青产生化学吸附而形成稳定的吸附层,而当集料含有钠、钾等低价阳离子时,集料与沥青产生化学吸附时形成不稳定的吸附层,遇水时易被乳化。集料的表面积越大,越有助于形成牢固的沥青吸附层。集料表面的洁净程度对集料与沥青的黏附性有很大影响,泥土粉尘将成为黏附沥青的隔离剂,如果遇水,水分湿润泥土,更加容易造成剥落。此外,集料的密度及吸水率对混合料的强度形成有一定影响,过分坚硬致密的石料在破碎后如不能形成粗糙的表面,沥青又不能吸入集料内部,沥青膜很薄,沥青用量严重偏少,对沥青混合料的强度形成不利。有些吸水率稍大的集料,只要施工时彻底干燥,沥青将会被吸入集料内部一部分,反而有良好的水稳定性。

(2)沥青性质。

黏性大的沥青抵抗水的侵蚀要比黏性小的沥青效果好,这是由于黏性大的沥青存在较多的极性物质,这些极性物质使得沥青对集料有更好的浸润性,能够增强沥青与集料的相互作用,因此黏性大的沥青对集料有更好的黏附性,其抗剥落能力强于黏性小的沥青。

(3)沥青混合料的空隙率。

沥青混合料抗水能力的主要指标是其设计空隙率和路上实际的空隙率。研究表明,沥青路面的空隙率在8%以下时,沥青层中的水在荷载作用下一般不会产生动水压力,不容易造成水损害。而排水性混合料路面的空隙率在大于15%时,一般都采用改性沥青,且水能在空隙中自由流动,因而也不容易造成水损害。而当沥青路面的空隙率在8%~15%之间时,水容易进入混合料内部,且在荷载作用下,易产生较大的动水压力,易造成沥青混合料的水损害。

沥青混合料的类型与沥青用量对混合料水稳定性有明显影响,大空隙的开级配型沥青混合料比密级配型沥青混合料透水性好,水浸入要困难些。对压实成型的沥青路面检查透水性是了解空隙率大小的直接手段。沥青混合料设计空隙率过大或沥青路面施工过分强调平整度、牺牲密实度,致使路面碾压不足,或因为沥青路面摊铺时混合料离析,都会造成局部空隙率过大而透水。

2)外部因素

(1)环境因素。

进入路基路面的水如果没有出路,则滞留在路面结构中,引起路基路面的各种损坏,甚至是结构性破坏。因此,路基路面结构层内的排水设计对于防止水损害起着举足轻重的作用。

(2)车辆荷载。

行车荷载对路面中的水产生动水压力,由此加剧了水对沥青与集料的剥离作用,使水损害进一步恶化。行车道与超车道上水损害程度明显的差异,也说明了荷载对水损害的影响。

(3) 施工因素。

沥青路面在施工过程中如遇雨天，一部分水分经碾压被封闭在沥青混合料中，将严重影响沥青与集料的结合，影响施工层与下层的结合，为水损害埋下隐患。同样，寒冷潮湿的气候条件对施工也是很不利的，也将影响沥青混合料的压实和黏结，影响混合料的水稳定性。

此外，沥青混合料的离析和沥青路面局部压实度不均匀也是造成路面水损害的原因。离析表现为混合料粗细集料和沥青含量不均匀，粗集料集中的部位往往空隙率过大，沥青含量偏少，将加速出现水损害，易于形成坑槽。造成沥青路面不均匀的原因是沥青混合料粗细集料离析和施工时混合料温度不均匀导致的压实度的差异。在沥青混合料拌和过程中，拌和时间不足或温度过低造成的不均匀是集料离析的主要原因。

(4) 路面结构破坏。

由于路基强度不足或因轻微病害没有得到及时处置，易造成局部发生网裂、松散，在交通荷载、雨水等作用下形成坑槽。

(5) 路面老化。

路面老化导致沥青膜剥落，造成路面局部松散，进而出现坑槽。

2. 水损害的防治措施

1) 选择合适的组成材料

(1) 选用碱性集料。碳酸钙成分含量高的矿质集料，属碱性集料，如果使用亲水系数评价，这种集料属憎水性的，它和沥青的黏结力较大，不易被水剥落；而 SiO_2 含量高的集料是酸性石料，属亲水性集料，沥青和它的黏附力较小，黏附在集料上的沥青很容易被水置换而剥落下来；集料的化学性质实际上在沥青和集料黏附过程中起重要作用，碱性集料与沥青黏附时易产生化学吸附作用，生成物的性质不会受到水的作用而改变，所以沥青与集料间遇水不易分离，而酸性集料则不发生这种化学吸附作用，沥青和集料间遇水作用时容易分离。

采用质量分数为 20%~30% 的 $Ca(OH)_2$ 水溶液对集料进行预处理，提高集料颗粒的表面化学特性，增加表面碱金属离子成分，以增加集料与沥青发生化学黏附作用的活性，提高沥青混合料的水稳定性。另一种办法是直接把石灰粉与集料同时加入拌和机，这种方法对集料的表面化学性质、沥青的性质都会产生一定的影响，可起到改善混合料水稳定性的作用。一般情况下，$Ca(OH)_2$ 用量为混合料总量的 2% 左右。

(2) 选择粗糙、洁净的集料。表面粗糙的颗粒有增大与沥青黏附范围的作用，从而有利于沥青在集料上的黏附。而表面有微孔的颗粒易使沥青在其表面渗入形成楔状物，增强沥青在集料颗粒表面的黏附，但空隙太大或太多则会影响沥青混合料的用油量。在比较集料颗粒单位表面积上沥青的黏附力时，集料表面物理特性的影响要远远小于其表面化学特性的影响。通常为了减少剥落的发生，应使用空隙率小于 0.5% 的粗糙、洁净的集料。

(3) 选用高黏附性沥青。影响沥青混合料水稳定性的沥青性质主要有两方面，沥青的化学性质和沥青的黏度。沥青化学性质的影响主要体现在不同油源、相同标号的沥青对同一集料表现出不同的黏附性，这是因为不同油源沥青其化学组分有所不同，其同名组分内的化学成分也有差别,能与集料进行化学作用的基团活性也不相同。沥青的黏度越高,与集料的黏附力就越大,有利于沥青混合料的水稳性,但这种影响比沥青化学性质的影响要小。

此外,采用抗剥落剂可改善沥青的表面化学作用能力,从而改善沥青和集料黏附性,提高沥青混合料的水稳定性。由于不同油源的沥青化学性质不同,在选择抗剥落剂时,应注意抗剥落剂与沥青的兼容性、高温下不易分解的稳定性、对沥青其他性能的影响等,以保证抗剥落剂的效用。

2) 优化沥青混合料配合比设计

空隙率越大的沥青混合料,为空气、水分停留与储存提供的空间越大,沥青混合料受水分作用时间越长,受水作用产生沥青剥落破坏的可能性越大。为提高沥青混合料的抗水损害能力,应使水浸入的可能性减小,可采用密级配沥青混合料,通过降低沥青混合料空隙率来阻止水的侵害。按照马歇尔试验配合比设计决定沥青用量时,应使用高限,并适当增加集料的用量,这些措施将使混合料抗水损害能力得到改善。不过这些措施可能使高温稳定性降低,所以必须兼顾各项指标。

3) 选择合适的施工条件

避免在气温低、湿度大甚至有降水时铺筑沥青混合料路面,防止铺筑的沥青混合料中集料和集料间黏结不牢。同时,施工时注意避免摊铺不均匀导致的压实度较差、集料离析、局部不密实,从而避免局部受水作用强烈而导致水损坏。

4) 路面结构的防水

导致路面水损坏的水源来自雨水、地下水及毛细水,采取合适的防水、排水措施可降低路面水损坏。可以采取在沥青面层的下层用沥青含量高的沥青砂做下封层的方式隔水,也可在沥青面层的下面层或连接层使用空隙很大、集料相互嵌挤作用好的沥青碎石或贯入式结构层。下封层是为了阻止地下水或毛细水上升,大空隙的下面层则为水提供空隙,作为流出的通道能使水尽快流走,减少水损坏的发生。

四、泛油

根据成因泛油病害,分为传统型和新型两种。传统型泛油病害:沥青面层中的沥青混合料空隙率过小,高温条件下自由沥青受热膨胀或受到挤压,沥青混合料中的空隙无法容纳,最终溢出。新型泛油病害:路表水侵入面层内部并长期滞留在沥青层底部,在行车荷载的反复作用和动压水冲刷下,集料表面的沥青膜剥落成为自由沥青,并在水的作用下被迫向上部迁移,从而导致面层上部泛油而底部松散的沥青迁移现象。

1. 泛油产生的原因

泛油主要是由于沥青用量过大、稠度太低或热稳定性差等引起的,此外,水的作用以及施工控制不严也是泛油产生的原因。

1) 空隙率过小

高温季节整条路段易出现空隙率过小型泛油的现象,无论是轮迹带还是非轮迹带,只不过程度轻重不同而已。钻芯取样表明,空隙率过小型泛油的内部空隙充满了沥青,表面层厚度方向不存在明显沥青含量差异。

该型泛油的机理是沥青混合料的设计空隙率过小,油石比偏大,在高温季节,沥青受热膨胀,在填满混合料中的空隙后溢出路表面形成泛油。因此,泛油现象的内因是空隙率过小,而诱发的直接外因是高温。

2) 动水作用

动水作用型泛油有两种表现形式:一是点状的油斑,由小到大发展;二是沿轮迹带分布的带状泛油。点状油斑的发展过程:首先在某段轮迹带上出现小块油斑,直径1~2cm;随后,轮迹带上的小块油斑逐渐增多、增大,油斑的直径增大到2~5cm,继续沿轮迹分布;油斑发展的最后阶段,油斑的直径、面积和爆发密度进一步增大,直至各块油斑逐渐连通成片。带状泛油现象是沿轮迹带分布的。外观考察和钻芯抽提试验发现此类泛油的路段沥青用量正常,不存在过量沥青。

动水作用型泛油的机理:路面积水在高速行驶的汽车轮胎下形成很高的动水压,这种动水压随车速的提高呈现几何级数增长。当车速较高时,所产生的动水压足以击穿表面层沥青混凝土,进入面层底部;路表水侵入面层内部并长期滞留在沥青层底部,在行车荷载的反复作用和动压水冲刷下,集料表面的沥青膜剥落成为自由沥青,并在水的作用下被迫向上部迁移,从而导致面层上部泛油而底部松散。

3) 施工控制不严

施工控制不严可能导致以下两种泛油的产生:

(1) 压密型泛油。沥青混合料由于压实度标准偏低或压实度不足,路面开放交通后在重载车辆的再次压密作用下,沥青混合料内的集料不断嵌挤而空隙率减少,最终沥青胶浆被挤压到路表而发生泛油。在高温季节,沥青受热体积膨胀,会进一步加剧轮迹带的泛油现象。压密型泛油的表观特征是伴随有明显的车辙病害,泛油只发生在轮迹带,表面油膜分布较均匀。

(2) 其他施工不当型泛油。根据美国热拌沥青混合料铺筑手册,施工不当型泛油一般表现为点状油斑或片状油膜(图5-30和图5-31),油斑或油膜的分布较随机,不具规律性,油斑的发生与有无车辙无关。油斑处钻芯试验表明,仅该处的沥青含量偏高。

图5-30 点状油斑

图5-31 片状油膜

由于原因的复杂性和现象的多样性，施工不当型泛油无法归结为统一的泛油机理。常见的施工不当型泛油的原因：骨料离析；混合料中集料含水量超标；石油或柴油污染基层顶面；施工时改性沥青结合料易聚集在施工机械上，机械碾压过程中这些聚集的沥青从机械掉落下来，从而导致油斑现象。

2. 泛油的防治措施

1) 优化配合比设计

沥青混合料中集料级配对沥青混合料的空隙率起到决定性作用。合理的集料级配能够保证沥青混合料的空隙率为2%~4%，留有足够的空隙容纳受热膨胀的沥青，避免因空隙率过小导致的泛油现象发生；同时，控制合理的沥青用量，避免因油石比过大导致泛油现象发生。

2) 选择合适的沥青与集料

大空隙率、高速行车和水的综合作用是动水作用型泛油的主要原因，其本质是沥青路面水损害的另一种表现形式。因此，前文中关于抗水损害的措施也适用于防治动水作用型泛油病害，如选择黏附性较好的沥青、洁净粗糙的集料等。值得注意的是，设计混合料时对不同空隙率的混合料使用不同的黏附性标准，对沥青与集料的黏附性要求应随设计空隙率的变化而变化。混合料的空隙率越大，其内部遭受水侵蚀的影响越大，沥青与集料的黏附性要求应越高，必要时可采用抗剥落剂提升沥青与集料的黏附性。

3) 加强施工质量控制

前文曾经提到，为了保证压实的整体效果，在施工过程中应尽可能地提高碾压温度，特别是初压和复压的温度。此外，选择合适的压实机具与压实工艺也有助于提高沥青混合料的压实度。

为避免施工不当引起的泛油，需进行施工流程精细控制，实时监测沥青混合料出料质量与摊铺、碾压质量，避免发生混合料离析、柴油污染等现象，引起泛油病害。

此外，防范施工不当型泛油的关键是观念转变，重点抓施工质量过程控制，而不仅是传统的最终质量，在材料和施工工艺两个方面严把质量关。

参 考 文 献

[1] 黄晓明. 路基路面工程[M]. 4版. 北京：人民交通出版社，2014.
[2] 陈先华. 土木工程材料学[M]. 南京：东南大学出版社，2021.
[3] 郭小宏. 沥青混凝土路面机群施工配置技术的现状与发展[J]. 筑路机械与施工机械化，2004(10)：1-7.
[4] 李立寒. 道路工程材料[M]. 5版. 北京：人民交通出版社，2010.
[5] 谭忆秋. 沥青与沥青混合料[M]. 北京：人民交通出版社，2009.
[6] 严捍东. 土木工程材料[M]. 2版. 上海：同济大学出版社，2014.
[7] 陈拴发，陈华鑫，郑木莲. 沥青混合料设计与施工[M]. 北京：化学工业出版社，2006.
[8] 张金升. 沥青混合料及其设计与应用[M]. 哈尔滨：哈尔滨工业大学出版社，2013.
[9] 申爱琴. 道路工程材料[M]. 北京：人民交通出版社，2010.

[10] 李新乐. 土木工程试验与检测[M]. 北京：中国建筑工业出版社，2014.
[11] 吕伟民，孙大权. 沥青混合料设计手册[M]. 北京：人民交通出版社，2007.
[12] 王科. 基于常规试验沥青混合料高低温性能评价指标研究[D]. 西安：长安大学，2011.
[13] 徐世法，季节，罗晓辉，等. 沥青铺装层病害防治与典型实例[M]. 北京：人民交通出版社，2005.
[14] 平树江. 基于复合式基层的耐久性沥青路面结构研究[D]. 西安：长安大学，2009.
[15] 沈金安. 沥青及沥青混合料路用性能[M]. 北京：人民交通出版社，2001.
[16] 虞将苗，张肖宁. 沥青混合料四点弯曲疲劳试验方法及夹具改进[J]. 公路，2011(3)：132-136.
[17] 李殿健. 沥青路面施工机械与机械化施工[M]. 北京：人民交通出版社，1999.
[18] 马建，孙守增，芮海田，等. 中国筑路机械学术研究综述·2018[J]. 中国公路学报，2018，31(6)：1-164.
[19] 郝培文. 沥青路面施工与维修技术[M]. 北京：人民交通出版社，2001.
[20] 蔡海霄. 灵巧、智能、人性——沥青摊铺机的新标准手册[J]. 交通世界(建养、机械)，2006(9)：24-32.
[21] 沈金安. 关于沥青混合料的均匀性和离析问题[J]. 公路交通科技，2001(6)：20-24.
[22] 沈金安. 沥青及沥青混合料路用性能[M]. 北京：人民交通出版社，2001.
[23] 严作人，陈雨人，姚祖康. 道路工程[M]. 2版. 北京：人民交通出版社，2011.
[24] 姚祖康. 道路路基和路面工程[M]. 上海：同济大学出版社，1994.
[25] 高建立. 高速公路沥青路面养护关键技术与工程实例[M]. 北京：人民交通出版社，2006.
[26] 张金喜. 道路工程专论[M]. 北京：科学出版社，2010.
[27] 贾长海. 公路养护机械与养护机械化[M]. 北京：人民交通出版社，2004.
[28] 钱振东，黄卫. 钢桥面沥青铺装养护维修及评价[M]. 北京：人民交通出版社，2014.
[29] 陈飞，张林艳，封基良，等. 沥青混合料低温抗裂性能试验方法研究进展[J]. 材料导报，2021，35(S2)：127-137.
[30] 王进思，程海潜. 路基路面病害处治[M]. 北京：人民交通出版社，2010.
[31] 廖乃凤. 沥青混合料低温抗裂性研究进展[J]. 河南建材，2013(2)：50-52.
[32] 张起森. 高等路面结构设计理论与方法[M]. 北京：人民交通出版社，2005.
[33] 梁乃兴. 现代路面与材料[M]. 北京：人民交通出版社，2003.
[34] 苏涛，张旭. 浅谈沥青混凝土路面水损坏的主要病害及其主要处理措施[J]. 城市道桥与防洪，2011(9)：174-176，327-328.
[35] 马骉，王秉纲. 冻土地区路面基层结构与材料[M]. 北京：人民交通出版社，2007.
[36] 杜龙义. 高速公路沥青路面水损害成因及防治[J]. 交通运输研究，2014，42(15)：246-248.
[37] 潘安国，李学伟，钟波. 沥青路面水损坏及防治措施分析[J]. 科技情报开发与经济，2008(10)：201-202.
[38] 陈富坚，黄斌宇，冯在高. 沥青路面泛油现象的分型及预防[J]. 路基工程，2008(6)：7-9.
[39] 魏景明. 沥青路面泛油的分型机理及防治[J]. 交通世界(运输.车辆)，2013(5)：188-189.
[40] 朱元磊. 沥青路面泛油现象的分析及防治[J]. 科技创新与应用，2012(5)：127.

第六章　道路沥青标准与评价

产品标准是一个产品从生产到用户使用全过程质量控制的依据，产品标准或产品的技术指标制定是根据原料性质、生产技术、产品使用性能等多方面统筹平衡的结果。按照《中华人民共和国标准化法》规定，标准分为国家标准、行业标准、地方标准、团体标准和企业标准5级，道路沥青作为公路建设的重要材料，经过近70年的发展已形成国家标准、石油化工行业标准、交通行业标准和企业标准四大沥青标准体系，在促进道路沥青质量进步和保障国家公路建设中发挥着重要的作用。不同道路沥青标准体系也对应不同的技术评价体系，国内外一般根据用途划分不同的沥青产品牌号，结合使用的环境与条件不同制定规格要求，还要依据原料性质、炼制工艺水平和平均达到的先进水平来制定技术指标等，根据不同的技术指标形成了不同的道路沥青评价体系，在世界范围内形成了针入度分级体系、黏度分级体系和性能(PG)分级体系3种具有代表性的道路沥青的评价体系。我国普遍采用针入度分级评价体系，作为道路沥青生产、销售、应用和质量管理的重要依据。

第一节　国内外标准现状及发展趋势

一、国内外标准现状

1. 国内标准现状

国内现有道路沥青标准包括国家标准 GB/T 15180—2010《重交通道路石油沥青》，石油化工行业标准 NB/SH/T 0522—2010《道路石油沥青》、交通行业标准 JTG F40—2004《公路沥青路面施工技术规范》中的道路石油沥青技术要求、中国石化企业标准 Q/SH PRD 007—2006《1号重交通道路石油沥青》和 Q/SH PRD 004—2000《2号重交通道路石油沥青》5个标准。

这5个标准均采用针入度分级的方法，主要牌号有30号、50号、70号、90号、100号、110号和130号，在北方应用于铺设的普通路面以70号沥青为主，在南方则以50号沥青为主，应用铺设高速公路的道路沥青主要用作路面的中下面层的材料，或者作为生产聚合物改性沥青的原料，针对高速公路建设使用的道路沥青应满足 JTG F40—2004《公路沥青路面施工技术规范》中的道路沥青A级技术要求。随着我国道路建设质量的提升，对沥青材料也提出了较高的要求，使用的沥青材料正逐渐向"变硬"和"变黏"的方向发展，道路沥青出现了硬质道路沥青，同时也出台了相应的 GB/T 38075—2019《硬质道路石油沥青》，该标准中涵盖了 JTG F40—2004《公路沥青路面施工技术规范》中的30号沥青和50号沥青,由于硬质沥青更加关注高温性能,与 JTG F40—2004《公路沥青路面施工技术规范》相比,将反应低温性能的延度由 10℃ 和 15℃ 改为 25℃。我国现行道路沥青的标准体系见表 6-1。

表 6-1 中国道路沥青产品标准体系

规范类型	国家标准	行业标准	行业规范	企业标准
针入度分级	GB/T 15180—2010《重交通道路石油沥青》、GB/T 38075—2019《硬质道路石油沥青》	NB/SH/T 0522—2010《道路石油沥青》	JTG F40—2004《公路沥青路面施工技术规范》	Q/SY 03785—2020《硬质道路石油沥青》、Q/SH PRD 007—2006《1号重交通道路石油沥青》、Q/SH PRD 004—2000《2号重交通道路石油沥青》

2. 国外标准现状

国外道路沥青产品标准较多,主要以美国的 ASTM 标准、欧盟标准、日本标准为代表。

美国的道路沥青标准分别是针入度分级标准、黏度分级标准和性能分级标准,其中美国国家公路与运输协会(AASHTO)有三个规范,美国材料与试验协会(ASTM)有四个规范。AASHTO 沥青胶结料规范有两类三个规范,即一个黏度分级规范[AASHTO M226—1980(2017)]和两个性能分级规范(AASHTO M320—2017、AASHTO M332—2018),分别对应 ASTM 规范体系中的 D3381/D3381 M—2018、D6373—2016 和 D8239—2018。ASTM 规范体系中仍然保留着沥青胶结料针入度分级规范(D946/D946M—2015),而 AASHTO 的针入度分级规范(M20—1970)已经于 2009 年废止。

欧洲现行道路沥青规范分得较细,既有生产热拌沥青混合料的道路沥青、硬质道路沥青和多级道路沥青,也有冷拌、喷洒等用途的乳化沥青、稀释沥青等。除了 EN 12591:2009 中既有按照针入度分级的常规道路沥青产品,也有按照黏度分级的软质沥青产品,EN 13924-1:2015《硬质道路沥青》和 EN 13924-2:2014《多级道路沥青》也都是按照针入度分级的。

日本道路沥青标准有按照针入度进行分级的路用石油沥青标准 JIS K 2207—1996《路用石油沥青》,该标准已经使用了近 30 年,至今仍然被采用。

美国、欧盟和日本现行道路沥青产品规范体系见表 6-2。

表 6-2 美国、欧盟和日本现行道路沥青产品规范体系

规范类型	美国		欧盟	日本
	AASHTO	ASTM	CEN	JIS K
针入度分级		D946/D946 M—2015《道路沥青胶结料》	EN 12591:2009《道路石油沥青》、EN 13924-1:2015《硬质道路沥青》、EN 13924-2:2014《多级道路沥青》	JIS K 2207—1996《路用石油沥青》

续表

规范类型	美国		欧盟	日本
	AASHTO	ASTM	CEN	JIS K
黏度分级	M 226—1980（2017）《道路石油沥青》	D3381/D3381 M—2018《道路石油沥青》	EN 12591：2009《软质道路沥青》	
性能分级	M 320—2017《沥青胶结料》、M 332—2018《沥青胶结料》	D6373—2016《道路沥青胶结料》、D8239—2018《沥青胶结料》		

二、国内标准发展情况

1. 公路的发展

回顾我国沥青路面的发展史，可以说路面材料的变革和进步促进了路面结构的技术进步，我国公路的发展大致经历四个阶段，如图 6-1 所示。

砂石路面 ⟶ 渣油路面 ⟶ 普通(低等级)路面 ⟶ 高速公路沥青路面

图 6-1 我国公路发展的四个阶段

第一阶段：砂石路面。在 20 世纪 50—60 年代，我国的公路主要是砂石路面，砂石料和黏土是最基本的路面材料。黏土作为路面结合料决定了路面必然是晴天扬土、雨天泥泞，不能全天候通车。

第二阶段：渣油路面。进入 20 世纪 60 年代，大庆原油的开发，渣油作为结合料代替了黏土。同时，石灰土材料得到了广泛的研究和应用。在这个阶段，石灰土基层加渣油表面处治成了最主要的路面结构形式，由于使用的渣油针入度大、软化点低，渣油路面冬天低温开裂、夏天高温流淌，路用性能差。

第三阶段：普通(低等级)路面。在 20 世纪 70—80 年代，胜利油田孤岛原油生产的道路沥青作为结合料与渣油相比提高了软化点，一般为 45℃ 左右，降低了针入度，路用性能有了大幅度提高，同时沥青碎石结构、贯入式路面或上拌下贯式路面得到了发展，基层的石灰土已经考虑掺入碎石，碎石灰土成为公路干线的主要路面材料和结构，但普通路面的低温抗裂性能依然较差，不能满足路用性能要求。

第四阶段：高速公路沥青路面。20 世纪 80 年代中期，以京津唐高速公路建设为契机，我国开始进入高等级公路建设的新时期，我国稠油资源的开发为生产符合要求的重交通道路沥青创造了有利条件。沥青混凝土路面成为高等级公路工程崭新的结构形式。国家"七五""八五"科技攻关，深入研究沥青路面材料、结构、施工工艺和质量控制，一系列先进的施工机械开始引入国内,施工技术规范和各种试验规程得到了全面修订,沥青路面的整体水平得到了很大的提高,并开始走向世界前列。

2010年后,我国公路建设又进入了一个新的时期,严酷的交通环境对沥青路面提出了更高的要求,也对沥青和集料提出了更高的要求,开始采用改性沥青,沥青混合料采用沥青玛蹄脂碎石混合料(SMA)。中国公路的发展历史,代表了我国道路沥青材料的发展史。

2. 生产道路沥青的原油发展

我国公路从最初的砂石路面一步步发展到高速公路的沥青路面,离不开结合料的发展,从最初的黏土到渣油,从渣油到普通重交通道路沥青,再从普通重交沥青到高等级重交沥青,这一步步走来代表着结合料的发展进步,而道路沥青生产原料的发展促进了道路沥青结合料的进步与发展,生产道路沥青的原油大致经历了三个阶段。

第一阶段:国产石蜡基原油。20世纪80年代以前,我国所开采的原油基本都是石蜡基原油,如大庆油田原油,因而所炼制的沥青也都是含蜡量很高的多蜡沥青。这种沥青黏结性差,高温季节易泛油,冬季低温又易开裂,路用性能不良。在这种情况下,高速公路建设所用沥青几乎都依赖进口。国外沥青厂商也是在这种情况下纷纷进驻中国市场。

第二阶段:国产环烷基原油。中国高速公路大规模建设极大地促进了国产沥青的发展,十多年来我国一方面积极进行石油勘探,在许多地方发现了适合生产优质重交通道路沥青的大油田,如辽河油田、克拉玛依油田、渤海湾绥中36-1油田,这些油田所产的稠油蜡含量低,原油基本上属于环烷基或者环烷—中间基稠油,都非常适合炼制优质道路沥青。这些油田蕴藏量丰富,为我国生产优质道路沥青提供了丰富的物质基础,沥青产量逐年上升,沥青的质量也大幅度提升,沥青材料的进步大大促进了我国路面质量的提升。

第三阶段:国产与进口原油相结合。20世纪90年代末,随着我国经济的高速发展,带动了我国公路建设的大发展,尤其是高速公路建设进入了快车道,从起步到高速公路通车$1×10^4$km,用了12年时间,从$1×10^4$km到突破$2×10^4$km,我国只用了3年时间,从$2×10^4$km到$4×10^4$km,我国只用了4年时间。伴随我国原油对外依存度的增加,进口原油量逐年增加,进口原油中,沙特阿拉伯、科威特、阿曼以及南美国家和地区所产的原油均为环烷基或中间基原油,适合炼制重交通道路沥青,因此国产沥青生产企业,如中国石油克拉玛依石化、辽河石化等,中国石化镇海炼化、齐鲁石化、茂名石化等所生产的沥青,就其本质来说与进口沥青相同,而且也具有一定的规模,这种国产与进口原油相结合的模式极大地满足了国内公路建设对优质道路沥青的需求,加速了我国公路路面质量的优化升级。

1984年以来我国道路沥青加工原油变化、升级如图6-2所示。

3. 道路沥青标准的发展

制定和贯彻材料技术标准,对提高产品质量、合理利用国家资源有很重要的作用,也是促进技术发展和提高管理水平的重要手段。

道路沥青标准是一种产品标准,是这种特殊的产品在生产、质量检验、选购验收、使用维护和洽谈贸易等系列活动中相关方所遵循的技术依据,它是在一定时期和一定范围内具有约束力的产品技术准则。随着技术进步、经济发展、需求提升,为了均衡和满足各方

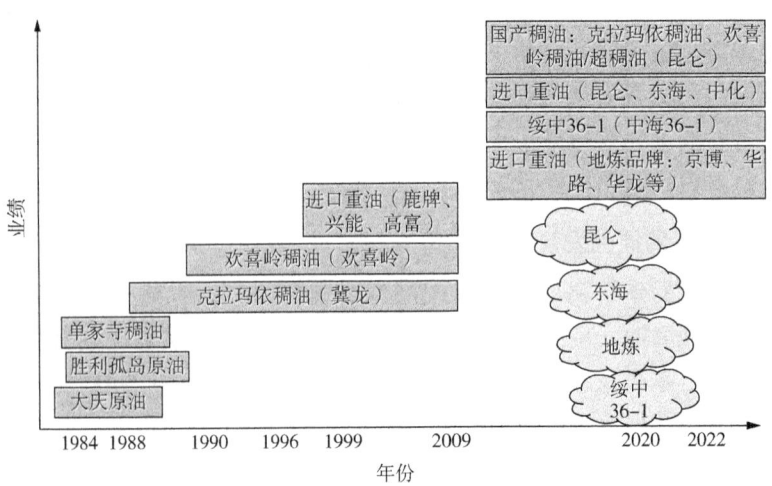

图 6-2 1984 年以来中国沥青发展加工原油变化、升级示意图

要求，一个标准经过一定时间完成其历史使命，往往需要不断修订。道路石油沥青标准的发展过程也是如此。

国内最早的道路石油沥青标准是 1954 年原石油工业部制定的 SYB 1811—1954《石油沥青》，1959 年修订为 SYB 1811—1959《石油沥青》，1962 年修订为 SYB 1661—1962《道路石油沥青》，这是我国道路石油沥青标准的雏形，之后经过 6 次修订或确认，对标准名称、产品牌号和指标限值等进行了调整。随着国内建设，特别是高等级公路建设事业的持续蓬勃发展，以及国产道路石油沥青产量与质量的大幅度提升，1994 年我国制定并发布实施了高等级道路石油沥青标准 GB/T 15180—1994《高等级道路石油沥青》，2000 年对其进一步修订后更名为 GB/T 15180—2000《重交通道路石油沥青》，并增加了蜡含量指标。与其他国家不同的是，由于历史原因和现实国情的特殊性，我国至今仍保留重交通道路石油沥青与中、轻道路石油沥青两个系列产品标准，我国道路石油沥青标准沿革情况见表 6-3。

表 6-3 我国道路石油沥青标准的制修订及变更情况

类别	标准编号及名称	标准等级	制修订情况
普通道路沥青	SYB 1811—1954《石油沥青》	石油工业部标准	1954 年制定本标准，首次发布
	SYB 1811—1954《石油沥青》	石油工业部标准	1956 年确认
	SYB 1811—1959《石油沥青》	石油工业部标准	1959 年修订
	SYB 1611—1962《道路石油沥青》	石油工业部标准	1962 年修订、更名，代替 SYB 1811—1959《石油沥青》
	SYB 1611—1977《道路石油沥青》	石油工业部标准	1977 年修订
	SYB 1611—1985《道路石油沥青》	石油工业部标准	1985 年修订
	SH 0522—1992《道路石油沥青》	石化行业标准	代替 SYB 1661—1985《道路石油沥青》
	SH 0522—1992(1998)《道路石油沥青》	石化行业标准	1998 年确认
	SH 0522—2000《道路石油沥青》	石化行业标准	对牌号和指标限值进行调整
	SH 0522—2010《道路石油沥青》	石化行业标准	对针入度比的老化方式进行调整，增加密度质量指标

续表

类别	标准编号及名称	标准等级	制修订情况
重交通道路沥青	GBJ 92—1986《沥青路面施工及验收规范》	国家标准	在 JTJ 032—1983《公路沥青路面施工技术规范》基础上修订
	GB/T 15180—1994《高等级道路石油沥青》	国家标准	1994 年制定并发布，参考日本铺路用石油沥青标准
	GB 50092—1996《沥青路面施工及验收规范》	国家标准	是对 GBJ 92—1986《沥青路面施工及验收规范》修订
	GB/T 15180—2000《重交通道路石油沥青》	国家标准	2000 年更名，增设蜡含量指标
	GB/T 15180—2010《重交通道路石油沥青》	国家标准	修订：（1）取消了薄膜烘箱前后 25℃ 延度；（2）将薄膜烘箱试验后 15℃ 延度的报告值改为具体值；（3）增加了 AH-30 牌号及其技术要求
公路沥青路面施工技术规范	JTJ 032—1983《公路沥青路面施工技术规范》	交通行业标准	制定
	JTJ 032—1994《公路沥青路面施工技术规范》	交通行业标准	将 JTJ 032—1983《公路沥青路面施工技术规范》和 GBJ 92—1986《沥青路面施工及验收规范》两个规范合并修订
	JTG F40—2004《公路沥青路面施工技术规范》	交通行业标准	在 JTJ 032—1994《公路沥青路面施工技术规范》基础上修订：（1）提出新的道路沥青标准，将原来的"重交通道路石油沥青"和"中、轻交通道路石油沥青"两个技术要求合并为"道路石油沥青技术要求"，并引入气候分区的概念，根据高温、低温指标对道路石油沥青进行二级分区；（2）增加了 PI 值、60℃ 动力黏度、10℃ 延度三个指标

由于经济发展、技术进步、公路建设及管理归属划分的历史原因，道路石油沥青标准的制定实施曾出现了交叉、共用、分立的局面。之后经过国家、石油或石化行业、交通行业的多次修订或确认，对标准名称、产品牌号、指标及其限值等进行了调整。如今已发展成国家标准、石化行业标准和交通行业标准并存的局面，道路沥青生产者、使用者应根据不同的需求选择实施相应的标准，以保证生产建设的质量。

三、标准发展趋势

随着我国原油品种的增加和原油性质的改变、道路建设对沥青性能的要求不断提高及道路沥青生产技术水平的进步，跟踪国际先进标准，对道路沥青标准不断修订十分必要，现行道路石油沥青标准及其相关试验方法基本上已与国外发达国家接轨，具有一定的先进性，但标准本身及其所涵盖的技术指标尚有简化和调整的必要，还有待国内道路工作者更多的技术积累。一味提高沥青的指标要求并不可取，标准的制定和修改不能脱离实际，技术可行、经济合理、保证质量并重均衡是硬道理。道路石油沥青的生产厂或供应商应按使用者的要求生产供应满足不同等级道路的沥青，实现生产供应与使用的无缝对接，防止供需不匹配和资源浪费。

第二节 道路沥青产品标准

一、国内道路沥青产品标准

我国道路石油沥青标准按其适用范围分为国家标准、交通行业标准、石化行业标准和企业标准。

1. 国家标准

国内现有道路沥青国家标准为 GB/T 15180—2010《重交通道路沥青》,见表6-4。

表6-4 GB/T 15180—2010《重交通道路石油沥青》技术要求

项 目		质量指标						试验方法
		AH-130	AH-110	AH-90	AH-70	AH-50	AH-30	
针入度(25℃,100g,5s)/(1/10mm)		120~140	100~120	80~100	60~80	40~60	20~40	GB/T 4509
延度(15℃)/cm		≥100	≥100	≥100	≥100	≥80	报告	GB/T 4508
软化点/℃		38~51	40~53	42~55	44~57	45~58	50~65	GB/T 4507
溶解度/%		≥99.0						GB/T 11148
闪点(开口杯法)/℃		≥230				≥260		GB/T 267
密度(25℃)/(kg/m³)		报告						GB/T 8928
蜡含量/%		≤3.0	≤3.0	≤3.0	≤3.0	≤3.0	≤3.0	SH/T 0425
薄膜烘箱试验(163℃,5h)	质量变化/%	≤1.3	≤1.2	≤1.0	≤0.8	≤0.6	≤0.5	GB/T 5304
	25℃针入度比/%	≥45	≥48	≥50	≥55	≥58	≥60	GB/T 4509
	延度(15℃)/cm	≥100	≥50	≥40	≥30	报告	报告	GB/T 4508

注:(1)本标准主要参考日本道路石油沥青标准 JIS K 2207—1996《路用石油沥青》,但与其的一致性为非等效。本标准采用针入度分级将沥青分为 AH-30、AH-50、AH-70、AH-90、AH-110 和 AH-130 6个牌号,技术指标包括针入度、软化点、延度、溶解度、闪点、密度、蜡含量,以及薄膜烘箱后的质量变化、针入度比、延度等10个指标。

(2)本标准规定了以石油为原料,经适当工艺生产的适用于修筑重交通道路的石油沥青的技术要求及试验方法,以及包装、标志、贮存、运输等要求。

(3)本标准适用于天然原油的减压渣油经氧化或其他工艺过程而制得的石油沥青。本标准适用于修筑高速公路、一级公路和城市快速路、主干路等重交通道路石油沥青,也适用于其他各等级公路(城市道路、机场道面等),以及作为乳化沥青、稀释沥青和改性沥青原料的石油沥青。但随着公路建设的飞速发展,满足国标要求的道路石油沥青已不能满足高速公路建设的需要,越来越多的高速公路实体工程选择满足 JTG F40—2004《公路沥青路面施工技术规范》要求的A级沥青。除道路建设外,防水材料用沥青是用量最大的沥青,满足本标准所属产品更多的是用于建筑屋面和地下防水的胶结料或制造涂料等原料。

2. 行业标准

石化行业标准 NB/SH/T 0522—2010《道路石油沥青》相关要求见表6-5。

表6-5 NB/SH/T 0522—2010《道路石油沥青》技术要求

项　目		质量指标					试验方法
		200号	180号	140号	100号	60号	
针入度(25℃，100g，5s)/(1/10mm)		200~300	150~200	110~150	80~110	50~80	GB/T 4509
延度①(25℃)/cm		≥20	≥100	≥100	≥90	≥70	GB/T 4508
软化点/℃		30~48	35~48	38~51	42~55	45~58	GB/T 4507
溶解度/%		≥99.0					GB/T 11148
闪点(开口杯法)/℃		≥180	≥200	≥230			GB/T 267
蜡含量/%		≤4.5					SH/T 0425
密度(25℃)/(g/cm³)		报告					GB/T 8928
薄膜烘箱试验(163℃，5h)	针入度比/%	报告					GB/T 4509
	延度(25℃)/cm	报告					GB/T 4508
	质量变化/%	≤1.3	≤1.3	≤1.3	≤1.2	≤1.0	GB/T 5304

① 如25℃延度达不到，15℃延度达到时，也认为是合格的，指标要求与25℃延度一致。

注：本标准是根据我国中、低等级道路及城市道路非主干道沥青路面的需要和沥青生产技术的发展，对 NB/SH/T 0522—2000《道路石油沥青》进行修订后的标准，由中国石油化工股份有限公司齐鲁分公司胜利炼油厂牵头起草，也是根据针入度进行分级，根据针入度大小将沥青分为60号、100号、140号、180号和200号5个牌号，技术要求中包括针入度、软化点、延度、溶解度、闪点、密度、蜡含量，以及薄膜烘箱后的质量变化、针入度比、延度等10个指标，与 GB/T 15180—2010《重交通道路石油沥青》技术要求区别在于牌号不同，沥青蜡含量指标更加宽泛，要求不高于4.5%，在延度测试条件上，本标准要求的是25℃延度。

3. 行业规范

到2003年，我国高速公路的通车里程已经接近 $3×10^4$ km，其中绝大多数是沥青路面。在交通行业快速发展的新形势下，国内外公路建设发生了许多新的变化。国际上随着美国 SHRP 研究成果 Superpave™ 及欧洲 CEN 沥青及沥青混合料研究成果的发表，世界各国对沥青路面的研究都更深入，取得了许多十分重要的新成果，不少国家对相关规范进行了适当修改。

在我国，通过国家科技攻关等一系列科学研究及长期的施工实践，对沥青路面有了新的认识。原中华人民共和国行业部标准 JTJ 032—1994《公路沥青路面施工技术规范》(以下简称原《规范》)于1994年6月7日发布，1994年12月1日实施的原《规范》已跟不上公路建设的需要，为了适应新的要求，2004年，交通部结合"八五"攻关的成果，在广泛征求沥青生产企业、交通研究部门和沥青使用部门意见的基础上，出台了 JTG F40—2004《公路沥青路面施工技术规范》(以下简称《规范》)，于2005年1月1日开始实施(表6-6)。《规范》是由交通运输部公路科学研究所主编，标准的管理权和解释权归交通运输部，日常的具体解释和管理工作由交通运输部公路科学研究所负责。

表6-6 JTG F40—2004《公路沥青路面施工技术规范》

指标	等级①	沥青标号 160号②	130号②	110号	90号	70号③	50号③	30号②	试验方法④
针入度(25℃, 5s, 100g)/(1/10mm)	—	140~200	120~140	100~120	80~100	60~80	40~60	20~40	T 0604
适用的气候分区⑤	—			2-1　2-2　3-2	1-1　1-2　1-3　2-2　2-3　3-2	1-3　1-4　2-2　2-3　2-4	1-4	1-4	T 0604
针入度指数 PI⑥	A				−1.5~+1.0				T 0604
	B				−1.8~+1.0				
软化点/℃	A	≥38	≥40	≥43	≥45	≥45	≥49	≥55	T 0606
	B	≥36	≥39	≥42	≥43	≥43	≥46	≥53	
	C	≥35	≥37	≥41	≥42	≥42	≥45	≥50	
60℃动力黏度⑦/(Pa·s)	A	—	≥60	≥120	≥160	≥160 ≥180	≥200	≥260	T 0620
10℃延度⑦/cm	A	≥50	≥50	≥40	≥45	≥30 ≥20	≥15	≥10	T 0605
	B	≥30	≥30	≥30	≥30	≥20 ≥15	≥10	≥8	
15℃延度/cm	A、B	≥80	≥80	≥60	≥100	≥40	≥80	≥50	
	C				≥50		≥30	≥20	
蜡含量(蒸馏法)/%	A				≤2.2				T 0615
	B				≤3.0				
	C				≤4.5				
闪点/℃		≥230			≥245	≥260			T 0611
溶解度/%					≥99.5				T 0607
密度(15℃)/(g/cm³)					实测记录				T 0603

第六章 道路沥青标准与评价

续表

指标		等级①	沥青标号							试验方法④
			160号②	130号②	110号	90号	70号③	50号③	30号②	
质量变化/%			≤0.8							T 0610 或 T 0609
残留针入度比/%		A	≥48	≥54	≥55	≥57	≥61	≥63	≥65	T 0604
		B	≥45	≥50	≥52	≥54	≥58	≥60	≥62	
		C	≥40	≥45	≥48	≥50	≥54	≥58	≥60	
沥青的薄膜加热试验(TFOT)[旋转薄膜加热试验(RTFOT)]⑦	残留延度(10℃)/cm	A	≥12	≥12	≥10	≥8	≥6	≥4	—	T 0605
		B	≥10	≥10	≥8	≥6	≥4	≥2	—	
	残留延度(15℃)/cm	C	≥40	≥35	≥30	≥20	≥15	≥10	—	T 0605

① 沥青等级使用范围见表6-7。
② 30号沥青仅适用于沥青稳定基层;130号沥青和160号沥青除寒冷地区可直接在中低等级公路直接应用外,通常用作乳化沥青、稀释沥青、改性沥青的基质沥青。
③ 70号沥青可根据供应商要求提供针入度范围为70~80(1/10mm)或70~80(1/10mm)的沥青;50号沥青可要求提供针入度范围40~50(1/10mm)或50~60(1/10mm)的沥青。
④ 试验方法按照现行JTG E20—2011《公路工程沥青及沥青混合料试验规程》规定的方法执行。用于仲裁试验取PI时的5个温度的针入度关系相关系数不得小于0.997。
⑤ 气候分区见表6-8。
⑥ 经建设单位同意,表中PI值、60℃动力黏度值、10℃延度可作为选择性指标,也可作为施工质量检验指标。
⑦ 老化试验以TFOT为准,也可用RTFOT代替。

— 163 —

表 6-7 沥青等级适用范围

沥青等级	适 用 范 围
A 级沥青	各个等级的公路，适用于任何场合和层次
B 级沥青	(1)高速公路、一级公路沥青下面层及以下的层次，二级及二级以下公路的各个层次； (2)用作改性沥青、乳化沥青、改性乳化沥青、稀释沥青的基质沥青
C 级沥青	三级及三级以下公路的各个层次

表 6-8 气候分区主要指标

高温气候区	1	2	3	
气候区名称	夏炎热区	夏热区	夏凉区	
最热月平均最高气温/℃	>30	20~30	<20	
低温气候区	1	2	3	4
气候区名称	冬严寒区	冬寒区	冬冷区	冬温区
极端最低气温/℃	<-37.0	-37.0~-21.5	-21.5~-9.0	>-9.0
雨量气候区	1	2	3	4
气候区名称	潮湿区	湿润区	半干区	干旱区
年降雨量/mm	>1000	1000~500	500~250	<250

注：沥青路面温度分区由高温和低温组合而成，第一个数字代表高温分区，第二个数字代表低温分区，数字越小表示气候因素越严重。

道路石油沥青技术要求是指《规范》中第四章材料部分的第二节道路石油沥青的技术要求，该标准也是根据针入度进行分级的，将道路石油沥青分为 30 号、50 号、70 号、90 号、110 号、130 号和 160 号 7 个牌号，从等级上又将每个牌号划分为 A、B、C 三个等级，同时在技术指标上增加了感温性指标(针入度指数)、高温性能指标(60℃动力黏度)、低温性能指标(10℃延度)，这个标准相对于国家标准和行业标准具有更广泛的适用性，同时在部分技术指标的要求上都比国家标准和行业标准更加严格，该标准是交通行业公认的技术标准，石化行业供应的沥青产品必须遵循该技术要求的 A 级道路沥青标准，这是道路沥青标准的进步，同时也是为适应公路建设发展需要和我国不同地域特征需要而设立的道路沥青标准。

4. 企业标准

Q/SH PRD 007—2006《1 号重交通道路石油沥青》、Q/SH PRD 004—2000《2 号重交通道路石油沥青》是中国石化颁布的企业标准(表 6-9 和表 6-10)，具有国际和国内先进水平，其中后者与 GB/T 15180—2010《重交通道路石油沥青》的技术指标相近，其主要区别是后者的软化点上限比 GB/T 15180—2010《重交通道路石油沥青》低 3℃，密度指标规定了具体指标范围为 1.00~1.05g/cm^3，老化后 15℃延度改为报告值，同时增加了 25℃延度指标。前者与 JTG F40—2004《公路沥青路面施工技术指标》中道路石油沥青技术要求接近，其主要区别是前者没有规定感温性指标，没有划分气候分区和沥青等级，部分指标要求略低于 JTG F40—2004《公路沥青路面施工技术指标》。

表6-9 Q/SH PRD 007—2006《1号重交通道路石油沥青》的技术要求和试验方法

项目		质量指标				试验方法
		1号 AH-110	1号 AH-90	1号 AH-70	1号 AH-50	
针入度(25℃，100g，5s)/(1/10mm)		100~120	80~100	60~80	40~60	GB/T 4509
软化点/℃		42~50	44~52	46~54	47~55	GB/T 4507
延度(15℃)/cm		≥150	≥150	≥150	≥80	GB/T 4508
延度(10℃)/cm		≥40	≥30	≥20	≥15	GB/T 4508
含蜡量(蒸馏法)/%		≤2.2				SH/T 0425
闪点(开口杯法)/℃		≥230				GB/T 267
溶解度(三氯乙烯)/%		≥99.0				GB/T 11148
60℃动力黏度/(Pa·s)		≥120	≥140	≥160	≥200	SH/T 0557
密度(25℃)/(g/cm³)		报告				GB/T 8928
薄膜烘箱试验(163℃，5h)	质量变化/%	≤0.8	≤0.5	≤0.5	≤0.5	GB/T 5304
	针入度比/%	≥55	≥57	≥63	≥65	GB/T 4509
	延度(10℃)/cm	≥10	≥8	≥6	≥4	GB/T 4508

注：可以用旋转薄膜烘箱试验代替薄膜烘箱试验，但仲裁试验应以薄膜烘箱(GB/T 5304)为准。

表6-10 Q/SH PRD 004—2000《2号重交通道路石油沥青》的技术要求和试验方法

项目		质量指标				试验方法
		AH-110	AH-90	AH-70	AH-50	
针入度(25℃，100g，5s)/(1/10mm)		100~120	80~100	60~80	40~60	GB/T 4509
软化点/℃		40~50	42~52	44~54	45~55	GB/T 4507
延度(15℃)/cm		>100				GB/T 4508
含蜡量(蒸馏法)/%		<3.0				SH/T 0425
闪点(开口杯法)/℃		>230				GB/T 267
溶解度(三氯乙烯)/%		>99.0				GB/T 11148
密度(25℃)/(g/cm³)		1.00~1.05				GB/T 8928
薄膜烘箱试验(163℃，5h)	质量变化/%	<1.2	<1.0	<0.8	<0.6	GB/T 5304
	针入度比/%	>50	>50	>55	>58	GB/T 4509
	延度(15℃)/cm	报告				GB/T 4508
	延度(25℃)/cm	>100	>100	>75	>50	GB/T 4508

5. 国内沥青标准对比

国内现行5个道路石油沥青标准的名称、适用范围、沥青标号划分和主要性能差异的对比结果见表6-11。

表6-11 国内道路石油沥青各种标准对比

指标项目	国家标准	石油化工行业标准	交通行业标准	中国石化企业标准	中国石化企业标准
标准名称	GB/T 15180—2010《重交通道路石油沥青》	NB/SH/T 0522—2010《道路石油沥青》	JTG F40—2004《公路沥青路面施工技术规范》	Q/SH PRD 007—2006《1号重交通道路石油沥青》	Q/SH PRD 004—2000《2号重交通道路石油沥青》
适用范围	重交通道路	中低级道路	各等级道路	重交通道路	重交通道路
沥青标号	30号、50号、70号、90号、110号、130号	60号、100号、140号、180号、200号	30号、50号、70号、90号、110号、130号、160号	AH-50、AH-70、AH-90、AH-110	AH-50、AH-70、AH-90、AH-110
软化点	某一标号沥青对应的软化点是上下限制。如AH90号：42~55℃	某一标号沥青对应的软化点是上下限制。如AH100号：42~55℃	不同气候区，不同等级最低限值不同。2-2区A级，不小于44℃；B级，不小于42℃	某一标号沥青对应的软化点是上下限制。如AH-90号下限限制：44~52℃	某一标号沥青对应的软化点是上下限制。如AH-90号下限限制：42~52℃
老化前后延度测试温度	15℃	25℃	A级、B级10℃；C级15℃	老化前10℃、15℃；老化后10℃	老化前15℃；老化后15℃、25℃
含蜡量最大限值	3.0%	4.5%	A级：2.2%；B级：3.0%；C级：4.5%	2.2%	3.0%
TFOT老化后质量变化	90号1.0%；70号0.8%	1.0%~1.3%	各等级全部为±0.8%	0.5%~0.8%	0.6%~1.2%
TFOT老化后针入度比	50%	无要求	A级90号：57%；B级90号：54%；C级90号：50%	AH-50：>65%；AH-70：>63%；AH-90：>57%；AH-110：>55%	AH-50：>58%；AH-70：>55%；AH-90：>50%；AH-110：>50%
针入度指数(PI)	无	无	A级、B级有规定	无	无
动力黏度	无	无	A级有规定	有	无

从国内沥青标准的指标分析,石化行业标准 NB/SH/T 0522—2010《道路石油沥青》是国内标准中最宽松的标准,主要体现在沥青的低温性能、耐老化性能和蜡含量三个指标,这和国内沥青标准的历史沿革是一脉相承的,也和我国沥青生产技术的进步相辅相成的。现行国内沥青标准中最严格的是 JTG F40—2004《公路沥青路面施工技术规范》中的道路石油沥青技术要求,此规范为我国交通行业的现行规范提出新的道路沥青标准,引入气候分区的概念,根据高温、低温指标对道路沥青进行二级分区。而且不同等级的公路使用的道路沥青技术要求是不同的。对照国内外标准,综合考虑沥青的高低温性能和感温性,增加了 PI 值、60℃动力黏度、10℃延度三个指标,适用于 A 级、B 级道路石油的指标要求。此规范中的沥青指标要求是我国所有关于道路石油沥青标准指标最多最严格的标准,相比国家标准、行业标准和企业标准,交通部行业标准主要有以下特点。

(1) 将原来的"重交通道路石油沥青技术要求"和"中、轻交通道路石油沥青技术要求"合并为"道路石油沥青技术要求",根据当前的沥青使用和生产水平,按技术性能分为 A 级、B 级、C 级 3 个等级;B 级沥青与原规范"重交通道路沥青"相近,C 级沥青比原规范"中、轻交通道路石油沥青"技术要求稍有提高。

(2) 沥青质量要求充分照顾到气候条件,规定了各气候区适宜的沥青针入度等级。

(3) A 级、B 级沥青增加了沥青的感温性指标(针入度指数 PI 值)。

(4) 在适当提高软化点指标的基础上,A 级沥青增加了 60℃动力黏度作为高温性能的评价指标。

(5) 沥青的低温性能指标,A 级、B 级沥青改为 10℃延度,C 级沥青改为 15℃延度。

(6) 含蜡量仍然是标准中的重要指标,A 级沥青为 2.2%,B 级沥青为 3.0%,C 级沥青为 4.5%。

(7) 老化试验统一为薄膜加热试验(TFOT),也允许用旋转薄膜加热试验(RTFOT)代替。

6. 国内硬质沥青标准

近几年,随着我国极端天气的出现,南方一些地区频现 40℃以上高温天气,同时随着我国重载车辆的增加,长大纵坡沥青路面的增多,车辙成为路面的主要病害,为了提高路面的高温性能,缓解车辙的出现,道路石油沥青开始向变黏变硬的趋势发展,硬质沥青得到了广泛应用,相应的产品标准也随之颁布实施。

国内有两个硬质沥青标准,一个是中国石油大学(华东)牵头起草的国家标准 GB/T 38075—2019《硬质道路石油沥青》,另一个是由中国石油克拉玛依石化有限责任公司牵头起草的企业标准 Q/SY 03785—2020《硬质道路石油沥青》,其技术要求和试验方法见表 6-12 和表 6-13。

表 6-12 GB/T 38075—2019《硬质道路石油沥青》技术要求及试验方法

项 目	质量指标				试验方法
	HA-15	HA-25	HA-35	HA-45	
针入度(25℃,100g,5s)/(1/10mm)	10~20	20~30	30~40	40~50	GB/T 4509
延度(25℃,5cm/min)/cm	≥10	≥30	≥50	≥80	GB/T 4508

续表

项目	质量指标				试验方法
	HA-15	HA-25	HA-35	HA-45	
软化点/℃	≥60	≥57	≥55	≥50	GB/T 4507
动力黏度(60℃)/(Pa·s)	≥2000	≥1100	≥600	≥350	SH/T 0557
溶解度(三氯乙烯)/%	≥99.0				GB/T 11148
闪点①(开口杯法)/℃	≥260				GB/T 267 或 GB/T 3536
密度(25℃)/(kg/m³)	报告				GB/T 8928
老化试验②：薄膜烘箱试验(163℃，5h)或旋转薄膜烘箱试验(163℃，85min)					GB/T 5304 或 SH/T 0736
质量变化/%	±0.3	±0.3	±0.4	±0.4	GB/T 5034
针入度比/%	≥70	≥67	≥65	≥63	GB/T 4509
延度(25℃，5cm/min)/cm	报告				GB/T 4508

① 闪点测定可选择 GB/T 267 或 GB/T 3536，但仲裁时采用 GB/T 267。

② 老化试验可选择 GB/T 5304 或 SH/T 0736，但仲裁时采用 GB/T 5304。

表 6-13　Q/SY 03785—2020《硬质道路石油沥青》技术要求

项目		质量指标			试验方法
		10/20	20/30	30/45	
针入度(25℃，100g，5s)/(1/10mm)		10~20	20~30	30~45	GB/T 4509
延度(25℃，5cm/min)/cm		≥30	≥50	≥80	GB/T 4508
软化点/℃		≥60	≥55	≥52	GB/T 4507
动力黏度(60℃)/(Pa·s)		≥2000	≥1000	≥600	NB/SH/T 0739
动力黏度(135℃)/(mPa·s)		≥700	≥500	≥400	
溶解度(三氯乙烯)/%		≥99.0			GB/T 11148
闪点(开口杯法)/℃		≥260			GB/T 267
蜡含量(质量分数)/%		≤2.2			
密度(15℃)/(kg/m³)		报告①			GB/T 8928
薄膜烘箱试验(163℃，5h)	质量变化(质量分数)/%	-0.3~0.3			GB/T 5034
	针入度比/%	≥75	≥70	≥65	GB/T 4509
	软化点升高/℃	≤6			GB/T 4507

① 生产单位应对每批出厂产品提供密度检测结果。

Q/SY 03785—2020《硬质道路石油沥青》国家标准和中国石油企业标准的主要区别：一是划分的牌号不同，国家标准是根据针入度将硬质道路石油沥青划分为 HA-15、HA-25、HA-35 和 HA-45 4个牌号，中国石油企业标准是根据针入度将硬质道路石油沥青划分为 10/20、20/30、30/45 3个等级；二是试验方法不同，国家标准中 60℃ 动力黏度的测定方法是 SH/T 0557，中国石油企业标准中 60℃ 动力黏度的测定方法是 SH/T 0739；三是技术指标不同，中国石油企业标准除国家标准中的技术指标外,增加了135℃动力黏度、蜡含量和薄膜烘箱试验后的软化点升高值,且相同指标中国石油企业标准要求更苛刻(如25℃延度和薄膜烘箱试验后的针入度比),这说明中国石油生产的硬质道路石油沥青质量控制更严格。

二、国外道路沥青产品标准

1. 美国沥青标准

美国现行AASHTO沥青胶结料规范有黏度分级规范和性能分级规范两类,针入度分级规范(M20-70)已经废止。而ASTM规范体系中除了黏度分级规范和性能分级规范,针入度分级规范(D946/D946M—2015)至今仍然保留(其技术要求见表6-14和表6-15),并且在美国一些州(亚利桑那州、俄亥俄州、俄勒冈州等)实施的沥青胶结料规范中仍可见针入度分级规范涉及的技术指标,作为性能分级附加(PG Plus)的技术要求。

1)黏度分级规范

表6-14 ASTM D946/946M—2020《道路沥青胶结料针入度分级规范》的技术要求(一)

项 目		针入度等级				
		40~50	60~70	85~100	120~150	200~300
针入度(25℃,100g,5s)/(1/10mm)		40~50	60~70	85~100	120~150	200~300
闪点(克利夫兰开口杯)/℃		230	230	230	220	175
延度①(25℃,5cm/min)/cm		100	100	100	100	100
溶解度②/%		99.0	99.0	99.0	99.0	99.0
薄膜烘箱试验	残留针入度比/%	>55	>52	>47	>42	>37
	残留延度①(25℃,5cm/min)/cm	—	50	75	100	100

① 如果25℃延度小于100cm,而15℃延度不小于100cm,也是可以接受的。
② 试验方法采用D2042或D7553。

表6-15 ASTM D946/946M—2020《道路沥青胶结料针入度分级规范》的技术要求(二)

项 目		针入度等级				
		40~50	60~70	85~100	120~150	200~300
针入度(25℃,100g,5s)/(1/10mm)		40~50	60~70	85~100	120~150	200~300
软化点/℃		≥49	≥46	≥42	≥38	≥32
闪点(克利夫兰开口杯)/℃		230	230	230	220	175
延度①(25℃,5cm/min)/cm		100	100	100	100	100
溶解度②/%		99.0	99.0	99.0	99.0	99.0
薄膜烘箱试验③	残留针入度比/%	>55	>52	>47	>42	>37
	残留延度①(25℃,5cm/min)/cm	—	50	75	100	100

① 如果25℃延度小于100cm,而15℃延度不小于100cm,也是可以接受的。
② 试验方法采用D2042或D7553。
③ 测试方法采用D1754/D1754M,或者当买卖双方达成一致时也可以采用D2872,这两种方法操作条件不同(D2872要求更苛刻),因此这两种方法得到残留针入度和延度结果不同。

AASHTO 的黏度分级规范(M226—1980)自 1980 年未再修编,于 2017 年再确认。M226—1980(2017)依据未经老化的原样或经过老化的道路石油沥青 60℃ 动力黏度对其进行分级,包括三种类型:第一类和第二类是基于原样沥青的黏度进行分级(其产品等级及技术要求见表 6-16 和表 6-17),第三类是基于旋转薄膜烘箱(RTFOT)老化后的沥青黏度进行分级(其产品等级及技术要求详见表 6-18),区域性很强,主要用于美国西部最早使用旋转薄膜烘箱的 12 个州。前两类道路沥青的主要差别是沥青胶结料的温度敏感性不同,表现在 25℃ 针入度、135℃ 黏度两项指标上。黏度分级规范相对于针入度分级规范,表征了更宽范围(25~135℃)内道路沥青的特性。

表 6-16　AASHTO M226—1980(2017)《道路石油沥青黏度分级规范》技术要求(一)

试验		黏度等级				
		AC-2.5	AC-5	AC-10	AC-20	AC-40
动力黏度(60℃)/(Pa·s)		25±5	50±10	100±20	200±40	400±80
运动黏度(135℃)/(mm²/s)		≥80	≥100	≥150	≥210	≥300
针入度(25℃,100g,5s)/(1/10mm)		≥200	≥120	≥70	≥40	≥20
闪点(COC)/℃		≥163	≥177	≥219	≥232	≥232
溶解度(三氯乙烯)/%		≥99.0	≥99.0	≥99.0	≥99.0	≥99.0
薄膜烘箱试验残留物	黏度(60℃)/(Pa·s)	≤100	≤200	≤400	≤800	≤1600
	延度(25℃,5cm/min)/cm	≥100①	≥100	≥50	≥20	≥10
溶剂点滴试验(指定要求时)②	标准石脑油溶剂	各级均阴性				
	石脑油—二甲苯溶剂	各级均阴性				
	庚烷—二甲苯溶剂	各级均阴性				

① 如果延度(25℃)小于 100cm,而延度(15.6℃)不小于 100cm,也是可以接受的。
② 溶剂点滴试验为可选项。进行该试验时,工程师应指定采用溶剂为标准石脑油溶剂、石脑油—二甲苯溶剂或庚烷—二甲苯溶剂,才能符合本试验的要求。若采用二甲苯类溶剂,要明确使用的二甲苯百分比。

表 6-17　AASHTO M226—1980(2017)《道路石油沥青黏度分级规范》技术要求(二)

试验		黏度等级					
		AC-2.5	AC-5	AC-10	AC-20	AC-30	AC-40
动力黏度(60℃)/(Pa·s)		25±5	50±10	100±20	200±40	300±60	400±80
运动黏度(135℃)/(mm²/s)		≥125	≥175	≥250	≥300	≥350	≥400
针入度(25℃,100g,5s)/(1/10mm)		≥220	≥140	≥80	≥60	≥50	≥40
闪点(COC)/℃		≥136	≥177	≥219	≥232	≥232	≥232
溶解度(三氯乙烯)/%		≥99.0	≥99.0	≥99.0	≥99.0	≥99.0	≥99.0
薄膜烘箱试验残留物	加热损失①/%	—	≤1.0	≤0.5	≤0.5	≤0.5	≤0.5
	黏度(60℃)/(Pa·s)	≤100	≤200	≤400	≤800	≤1200	≤1600
	延度(25℃,5cm/min)/cm	≥100②	≥100	≥75	≥50	≥40	≥25

续表

试 验		黏度等级					
		AC-2.5	AC-5	AC-10	AC-20	AC-30	AC-40
溶剂点滴试验(指定要求时)[3]	标准石脑油溶剂	各级均阴性					
	石脑油—二甲苯溶剂	各级均阴性					
	庚烷—二甲苯溶剂	各级均阴性					

[1] 加热损失的要求是可选项。
[2] 如果延度(25℃)小于100cm，而延度(15.6℃)不小于100cm，也是可以接受的。
[3] 溶剂点滴试验为可选项。进行该试验时，工程师应指定采用溶剂为标准石脑油溶剂、石脑油—二甲苯溶剂或庚烷—二甲苯溶剂，才能符合本试验的要求。若采用二甲苯类溶剂，要明确使用的二甲苯百分比。

表 6-18　AASHTO M226—1980(2017)《道路石油沥青黏度分级规范》技术要求(三)

AASHTO T240[1]试验		黏度等级				
		AC-10	AC-20	AC-40	AC-80	AC-160
动力黏度(60℃)/(Pa·s)		100±25	200±50	400±100	800±200	1600±400
运动黏度(135℃)/(mm²/s)		≥140	≥200	≥275	≥400	≥550
针入度(25℃，100g，5s)/(1/10mm)		≥65	≥40	≥25	≥20	≥20
针入度比(25℃)/%		—	≥40	≥45	≥50	≥52
延度[2](25℃，5cm/min)/cm		≥100	≥100	≥75	≥75	≥75
原样沥青试验	闪点(COC)/℃	≥205	≥219	≥227	≥232	≥238
	溶解度(三氯乙烯)/%	≥99.0	≥99.0	≥99.0	≥99.0	≥99.0

[1] 可以采用AASHTO T179(TFOT)但以AASHTO T240(RTFOT)为准。
[2] 如果延度(25℃)小于100cm，而延度(15.6℃)不小于100cm，也是可以接受的。

2) 性能分级规范

1987年，在美国公路战略研究计划(SHRP)开始实施时，AASHTO沥青胶结料规范包括针入度分级规范(AASHTO M20—1970)和黏度分级规范(AASHTO M226—1980)。SHRP完成以后，AASHTO出台了性能分级暂行规范MP1，这是全世界第一个沥青胶结料性能分级规范，具有划时代的意义。

AASHTO沥青胶结料性能分级规范(PG规范)经历了从暂行规范MP1、MP1a到M320正式规范、MP19暂行规范、M332规范20多年的发展历程，形成了M320-17、M332-18两个版本的现行PG规范(其产品等级及技术要求详情见表6-19至表6-21)。同时，为了弥补PG规范的不足，许多州实施的规范中还有其他一些指标要求(如弹性恢复、相对密度、延度、软化点、溶解度等)，这些要求统称为PG Plus。

最早的MP1暂行性能规范发布于1993年，之后又推出了暂行规范MP1a。MP1规范和MP1a规范唯一的不同是沥青胶结料低温等级的确定方法(MP1根据沥青胶结料蠕变劲度大小，采用蠕变劲度试验或直接拉伸试验确定低温等级；MP1a分别进行蠕变劲度试验和直接拉伸试验，依据两种试验数据作图得到沥青胶结料的临界开裂温度 T_{cr}，以确定其低温等级)。2001—2005年，两个规范并用，有些州采用MP1，有些州采用MP1a。2002年，暂行规范MP1转化为AASHTO正式规范M320，2005年MP1a也转化成M320，至此MP1和MP1a退出了历史舞台，二者归一成为新的M320。

表 6-19 AASHTO M 320—2017《沥青胶结料性能分级规范》的产品分级及技术要求（一）

性能等级	PG 46			PG 52							PG 58					PG 64					
	34	40	46	10	16	22	28	34	40	46	16	22	28	34	40	10	16	22	28	34	40
平均7天最高路面设计温度[①]/°C	<46			<52							<58					<64					
最低路面设计温度[①]/°C	>-34	>-40	>-46	>-10	>-16	>-22	>-28	>-34	>-40	>-46	>-16	>-22	>-28	>-34	>-40	>-10	>-16	>-22	>-28	>-34	>-40
闪点(T48)/°C	≥230																				
胶结料原样 试验温度(黏度)[②], T316, ≤3Pa·s[③]/°C	135																				
胶结料原样 试验温度(动态剪切)[②], T315, $G^*/\sin\delta^{④}$ ≥ 1.0kPa, 10rad/s /°C	46			52							58					64					
RTFOT 残留沥青(T240) 质量变化[⑤]/%	≤1.00																				
RTFOT 残留沥青(T240) 试验温度(动态剪切), T315, $G^*/\sin\delta^{④}$ ≥ 2.2kPa, 10rad/s /°C	46			52							58					64					
压力老化试验残留沥青(R28) PAV老化温度[⑥]/°C	90(100, 110)			90(100, 110)							100(110)					100(110)					
压力老化试验残留沥青(R28) 试验温度(动态剪切), T315, $G^* \cdot \sin\delta^{④}$ ≤ 5000kPa, 10rad/s /°C	10	7	4	25	22	19	16	13	10	7	25	22	19	16	13	31	28	25	22	19	16
压力老化试验残留沥青(R28) 试验温度(蠕变劲度), T313, S ≤ 300MPa, m值 ≥ 0.300, 60s /°C	-24	-30	-36	0	-6	-12	-18	-24	-30	-36	-6	-12	-18	-24	-30	0	-6	-12	-18	-24	-30
压力老化试验残留沥青(R28) 试验温度(直接拉伸)[⑦], T314, 破坏应变 ≥ 1.0%, 1.0mm/min /°C	-24	-30	-36	0	-6	-12	-18	-24	-30	-36	-6	-12	-18	-24	-30	0	-6	-12	-18	-24	-30

续表

性能等级		PG 70						PG 76					PG 82				
		10	16	22	28	34	40	10	16	22	28	34	10	16	22	28	34
平均7天最高路面设计温度①/°C		<70						<76					<82				
最低路面设计温度①/°C		>-10	>-16	>-22	>-28	>-34	>-40	>-10	>-16	>-22	>-28	>-34	>-10	>-16	>-22	>-28	>-34
胶结料原样	闪点(T48)/°C	≥230															
	试验温度(黏度②, T316, ≤3Pa·s)/°C	135															
	试验温度(动态剪切③, T315, G*/sinδ④ ≥1.0kPa, 10rad/s)/°C	70						76					82				
RTFOT残留沥青(T240)	质量变化/%	≤1.0															
	试验温度(动态剪切, T315, G*/sinδ④ ≥2.2kPa, 10rad/s)/°C	70						76					82				
压力老化试验PAV残留沥青(R28)	PAV老化温度⑤/°C	100(110)						110(100)					110(100)				
	试验温度(动态剪切, T315, G*/sinδ④ ≤5000kPa, 10rad/s)/°C	34	31	28	25	22	19	37	34	31	28	25	40	37	34	31	28
	试验温度(蠕变劲度⑥, T313, S≤300MPa, m值 ≥0.300, 60s)/°C	0	-6	-12	-18	-24	-30	0	-6	-12	-18	-24	0	-6	-12	-18	-24

续表

性能等级	PG 70					PG 76					PG 82				
	10	16	22	28	34	10	16	22	28	34	10	16	22	28	34
压力老化 PAV 试验温度（直接拉伸[①], T314, 破坏应变≥1.0%, 1.0mm/min）/℃ 残留沥青（R28）	0	-6	-12	-18	-24	0	-6	-12	-18	-24	0	-6	-12	-18	-24

① 路面温度可以利用 LTPP Bind 软件估算，也可以由业主规定，或者根据 M323 Superpave 混合料规范和 R35 Superpave 混合料设计方法提供的方法确定。
② 这一要求可以由业主决定取消，前提是供应商应用于安全证在满足标准规定所有温度条件下沥青胶结料能够较好地泵送和拌和。
③ 对于非改性沥青胶结料的生产质量控制，胶结料原样的黏度剪切测量可以采用动态剪切测量 $G^*/\sin\delta$ 进行补充，前提是试验温度条件下沥青是牛顿流体。
④ $G^*/\sin\delta$ = 高温劲度，$G^* \cdot \sin\delta$ = 中温劲度。
⑤ 无论是正的质量变化（质量增加）还是负的质量变化（质量损失），质量变化都应小于 1%。
⑥ PAV 老化温度基于预期的气候条件，是 90℃、100℃、110℃ 三个温度之一。90℃ 适用于要求 PG52-xx 及以下等级的气候地区，100℃ 适用于要求 PG58-xx~PG70-xx 的气候地区，而 110℃ 适用于要求 PG76-xx 及以上等级的气候。PAV 老化温度可以确定为 100℃。而 110℃ 适用于要求 PG76-xx 及以上等级的气候。
⑦ 如果蠕变劲度低于 300MPa，不要求进行直接拉伸试验。如果蠕变劲度为 300~600MPa，可以用直接拉伸破坏应变代替蠕变劲度的要求。前述两种情况下，m 值都必须满足基本要求。

表 6-20 AASHTO M 320—2017《沥青胶结料性能分级规范》的产品分级及技术要求（二）

性能等级	PG 46			PG 52						PG 58					PG 64					
	34	40	46	10	16	22	28	34	40	16	22	28	34	40	10	16	22	28	34	40
平均 7 天最高路面设计温度[①]/℃	<46			<52						<58					<64					
最低路面设计温度[①]/℃	>-34	>-40	>-46	>-10	>-16	>-22	>-28	>-34	>-40	>-16	>-22	>-28	>-34	>-40	>-10	>-16	>-22	>-28	>-34	>-40
胶结料原样	闪点（T48）/℃									≥230										
	试验温度（黏度[②], T316, ≤3Pa·s）/℃									135										
	试验温度（动态剪切[③], T315, $G^*/\sin\delta \geq 1.0$kPa, 10rad/s）/℃	46			52						58					64					

续表

性能等级	PG 46			PG 52							PG 58					PG 64					
	34	40	46	10	16	22	28	34	40	46	16	22	28	34	40	10	16	22	28	34	40
RTFOT残留沥青(T240) 质量变化⑤/%	≤1.00																				
试验温度(动态剪切, T315, $G^*/\sin\delta$④ ≥2.2kPa, 10rad/s)/°C	46			52							58					64					
PAV老化温度②/°C	90(100、110)			90(100、110)							100(110)					100(110)					
压力老化试验PAV残留沥青 试验温度(动态剪切, T315, $G^*/\sin\delta$④ ≤5000kPa, 10rad/s)/°C	10	7	4	25	22	19	16	13	10	7	22	19	16	13		31	28	25	22	19	16
低温临界开裂温度(按照R49②确定T_{cr}试验温度)/°C	-24	-30	-36	0	-6	-12	-18	-24	-30	-36	-6	-12	-18	-24	-30	0	-6	-12	-18	-24	-30

性能等级	PG 70						PG 76					PG 82				
	10	16	22	28	34	40	10	16	22	28	34	10	16	22	28	34
平均7天最高路面设计温度①/°C	<70						<76					<82				
最低路面设计温度①/°C	>-10	>-16	>-22	>-28	>-34	>-40	>-10	>-16	>-22	>-28	>-34	>-10	>-16	>-22	>-28	>-34
胶结料原样 闪点(T48)/°C	≥230															
试验温度(黏度②, T316, ≤3Pa·s)/°C	135															
试验温度(动态剪切, T315, $G^*/\sin\delta$④ ≥1.0kPa, 10rad/s)/°C	70						76					82				

续表

性能等级			PG 70						PG 76					PG 82				
		10	16	22	28	34	40	10	16	22	28	34	10	16	22	28	34
RTFOT 残留沥青 (T240)	质量变化⑤/%	≤1.0															
	试验温度（动态剪切，T315, $G^*/\sin\delta^{④}$≥2.2kPa, 10rad/s）/℃	70						76					82				
	PAV 老化温度⑥/℃	100(110)						100(110)					100(110)				
压力老化试验 PAV 残留沥青 (R28)	试验温度（动态剪切，T315, $G^*/\sin\delta^{④}$≤5000kPa, 10rad/s）/℃	34	31	28	25	22	19	37	34	31	28	25	40	37	34	31	28
	低温临界开裂温度（按照 R49 确定 T_c 试验温度）/℃	0	-6	-12	-18	-24	-30	0	-6	-12	-18	-24	0	-6	-12	-18	-24

① 路面温度可以利用 LTPP Bind 软件估算，也可以由业主规定，或者根据 M323 Superpave 混合料规范和 R35 Superpave 混合料设计方法提供的方法确定。
② 这一要求可以由业主决定取消，前提是供应商保证在满足所有安全应用标准的温度条件下沥青胶结料能够较好地泵送和拌和。
③ 对于非改性沥青的生产质量控制，胶结料原样的黏度测量可以采用动态剪切测量 $G^*/\sin\delta$ 进行补充，前提是试验温度条件下沥青是牛顿流体。
④ $G^*/\sin\delta$ = 高温劲度，$G^*\sin\delta$ = 中温劲度。
⑤ 无论是正的质量变化（质量增加）还是负的质量变化（质量损失），质量变化都应小于 1%。
⑥ PAV 老化温度基于预期的气候条件，是 90℃、100℃、110℃ 三个温度之一。90℃ 适用于要求 PG52-xx 及以下等级的气候地区，100℃ 适用于要求 PG58-xx～PG70-xx 的气候地区，而 110℃ 适用于要求 PG76-xx 及以上等级的气候地区。然而，当胶结料因等级跳跃或需要 PG 等级确定。通常 PAV 老化温度可以确定为 100℃。而 110℃ 适用于要求 PG76-xx 及以上的气候，PAV 老化温度可以确定为 100℃。而 T314 直接拉伸只需在试验温度下进行测试。如果 T314 的破坏应力和按照 R49 计算的温度应力超过温度值，则认为沥青的胶结料符合规范温度的要求。
⑦ 对于性能等级验证，至少要在试验温度降低 6℃ 时进行 T313 弯曲梁试验，如果破坏应力超过温度应力，则认为沥青的胶结料符合规范温度的要求。比较 T314 的破坏应力和按照 R49 计算的温度应力，如果 300MPa 不在两个试验温度之间，增加一个附加温度可能是必要的。

表 6-21 AASHTO M 332—2018《采用多应力蠕变恢复（MSCR）试验的沥青胶结料性能分级规范》①的产品分级及技术要求

性能等级	PG 46			PG 52							PG 58					PG 64					
	34	40	46	10	16	22	28	34	40	46	16	22	28	34	40	10	16	22	28	34	40
平均7天最高路面设计温度②/°C	<46			<52							<58					<64					
最低路面设计温度②/°C	>-34	>-40	>-46	>-10	>-16	>-22	>-28	>-34	>-40	>-46	>-16	>-22	>-28	>-34	>-40	>-10	>-16	>-22	>-28	>-34	>-40
胶结料原样 闪点(T48)/°C	≥230																				
胶结料原样 试验温度（黏度③，T316，≤3Pa·s）/°C	135																				
胶结料原样 试验温度（动态剪切④，T315，$G^*/\sin\delta^④ \geq 1.0\text{kPa}$，10rad/s）/°C	46			52							58					64					
胶结料原样 质量变化⑤/%	≤1.00																				
RTFOT残留沥青（T240） 试验温度（MSCR, T350：标准交通"S"，$J_{nr3.2} \leq 4.5\text{kPa}^{-1}$，$J_{nr\text{-diff}} \leq 75\%$）/°C	46			52							58					64					
RTFOT残留沥青（T240） 试验温度（MSCR, T350：重载交通"H"，$J_{nr3.2} \leq 2.0\text{kPa}^{-1}$，$J_{nr\text{-diff}} \leq 75\%$）/°C	46			52							58					64					
RTFOT残留沥青（T240） 试验温度（MSCR, T350：特重交通"V"，$J_{nr3.2} \leq 1.0\text{kPa}^{-1}$，$J_{nr\text{-diff}} \leq 75\%$）/°C	46			52							58					64					
RTFOT残留沥青（T240） 试验温度（MSCR, T350：极重交通"E"，$J_{nr3.2} \leq 0.5\text{kPa}^{-1}$，$J_{nr\text{-diff}} \leq 75\%$）/°C	46			52							58					64					

续表

性能等级	PG 46			PG 52							PG 58					PG 64				
	34	40	46	10	16	22	28	34	40	46	16	22	28	34	40	10	16	22	28	34	40
PAV老化温度^③/°C	90			90							100					100					
试验温度（动态剪切，T315：S交通，$G^*\sinδ$≤5000kPa，10rad/s）/°C	10	7	4	25	22	19	16	13	10	7	22	19	16	13		31	28	25	22	19	16
试验温度（动态剪切，T315：H、V、E交通，$G^*\sinδ$≤6000kPa，10rad/s）/°C	10	7	4	25	22	19	16	13	10	7	22	19	16	13		31	28	25	22	19	16
PAV残留沥青（R28）试验温度（蠕变劲度^⑤，T313：S≤300MPa，m 值≥0.300，60s）/°C	−24	−30	−36	0	−6	−12	−18	−24	−30	−36	−6	−12	−18	−24	−30	0	−6	−12	−18	−24	−30
试验温度（直接拉伸，T314：破坏应变≥1.0%，1.0mm/min）/°C	−24	−30	−36	0	−6	−12	−18	−24	−30	−36	−6	−12	−18	−24	−30	0	−6	−12	−18	−24	−30

性能等级	PG 70						PG 76					PG 82				
	10	16	22	28	34	40	10	16	22	28	34	10	16	22	28	34
平均7天最大路面设计温度^②/°C	<70						<76					<82				
最低路面设计温度^②/°C	>−10	>−16	>−22	>−28	>−34	>−40	>−10	>−16	>−22	>−28	>−34	>−10	>−16	>−22	>−28	>−34
胶结料原样 闪点(T48)/°C																
试验温度（黏度^③，T316，≤3Pa·s）/°C	70						76					82				
试验温度（动态剪切^④，T315：$G^*/\sinδ$^④≥1.0kPa，10rad/s）/°C	70						76					82				

续表

性能等级	PG 70						PG 76					PG 82				
	10	16	22	28	34	40	10	16	22	28	34	10	16	22	28	34
RTFOT残留沥青(T240) 质量变化[③]/%																
RTFOT残留沥青(T240) 试验温度(MSCR, T350: 标准交通"S", $J_{nr3.2}$≤4.5kPa^{-1}, $J_{nr-diff}$≤75%)/℃	70						76					82				
RTFOT残留沥青(T240) 试验温度(MSCR, T350: 重载交通"H", $J_{nr3.2}$≤2.0kPa^{-1}, $J_{nr-diff}$≤75%)/℃	70						76					82				
RTFOT残留沥青(T240) 试验温度(MSCR, T350: 特重交通"V", $J_{nr3.2}$≤1.0kPa^{-1}, $J_{nr-diff}$≤75%)/℃	70						76					82				
RTFOT残留沥青(T240) 试验温度(MSCR, T350: 极重交通"E", $J_{nr3.2}$≤0.5kPa^{-1}, $J_{nr-diff}$≤75%)/℃	70						76					82				
PAV残留沥青(R28) PAV老化温度[④]/℃	100(110)						100(110)					100(110)				
PAV残留沥青(R28) 试验温度(动态剪切, T315: S交通, $G^*\sinδ$≤5000kPa, 10rad/s)/℃	34	31	28	25	22	19	37	34	31	28	25	40	37	34	31	28
PAV残留沥青(R28) 试验温度(动态剪切, T315: H, V, E交通, $G^*\sinδ$≤6000kPa, 10rad/s)/℃	34	31	28	25	22	19	37	34	31	28	25	40	37	34	31	28

续表

性能等级		PG 70						PG 76					PG 82				
		10	16	22	28	34	40	10	16	22	28	34	10	16	22	28	34
PAV 残留沥青 (R28)	试验温度（蠕变劲度）[①], T313: $S \leqslant 300$MPa, m 值 $\geqslant 0.300$, 60s)/℃	0	-6	-12	-18	-24	-30	0	-6	-12	-18	-24	0	-6	-12	-18	-24
	试验温度（直接拉伸, T314: 破坏应变 $\geqslant 1.0\%$, 1.0mm/min)/℃	0	-6	-12	-18	-24	-30	0	-6	-12	-18	-24	0	-6	-12	-18	-24

① 基于最高路面环境温度确定的 PG 等级进行 RTFOT 残留物的 MSCR 试验。要求较低 J_{nr} 值时的等级跳跃情况下，在环境温度下进行测试。

② 路面温度可以利用 LTPP Bind 软件估算，也可以由业主规定，或者根据 M323 Superpave 混合料规范和 R35 Superpave 混合料设计方法确定。但不包括本修订的"等级跳跃"。

③ 这一要求可以由业主决定取消，前提是供应商应保证在满足所有安全应用标准的温度条件下沥青胶结料能够较好地泵送和搅和。

④ 对于非改性沥青胶结料的生产质量控制，胶结料原样的黏度测量可以采用动态剪切测量 $G^*/\sin\delta$ 进行补充，前提是试验温度条件下沥青是牛顿流体。$G^*/\sin\delta =$ 高温劲度，$G^*\sin\delta =$ 中温劲度。

⑤ 无论正的质量变化（质量增加）还是负的质量变化（质量损失），质量变化都应小于 1%。

⑥ PAV 老化温度基于模拟的气候条件确定，是 90℃、100℃、110℃ 三个温度之一。通常 100℃ 适用于要求 PG58-×× 及以上等级的气候地区。然而在沙漠气候地区，PG70-×× 及以上等级的 PAV 老化温度可以定为 110℃。

⑦ 如果蠕变劲度低于 300MPa，不要求进行直接拉伸试验；如果蠕变劲度为 300~600MPa，可以用直接拉伸破坏应变的要求代替蠕变劲度的要求。前述两种情况下，m 值都必须满足基本要求。

2. 欧盟标准

欧盟沥青产品主要按照针入度分级和黏度分级，同时根据需要部分地区引入了性能分级。欧洲使用的沥青产品两大标准主要是道路沥青标准 EN 12591（以针入度分级为主）和道路石油沥青标准 EN 12591：2004（表 6-22 和表 6-23），采用连续针入度分级 [20～330(1/10mm)]，分为 9 个牌号，以区间值命名。在低针入度标号间针入度有重叠，如 30/45、35/50、40/60、50/70 四个标号的针入度是重叠的。

1）针入度分级

表 6-22 《欧盟道路沥青标准》EN 12591：2004 [针入度为 20～330(1/10mm)]

项目		等级								
		20/30	30/45	35/50	40/60	50/70	70/100	100/150	160/220	250/330
针入度(25℃)/(1/10mm)		20～30	30～45	35～50	40～60	50～70	70～100	100～150	160～220	250～330
软化点/℃		55～63	52～60	50～58	48～56	46～54	43～51	39～47	35～43	30～38
抗硬化性能[①] (163℃)	质量变化/%	≤0.5	≤0.5	≤0.5	≤0.5	≤0.5	≤0.8	≤0.8	≤1.0	≤1.0
	残留针入度比/%	55	53	53	50	50	46	43	37	35
	硬化后软化点/℃	≥57	≥54	≥52	≥49	≥48	≥45	≥41	≥37	≥32
	闪点/℃	≥240	≥240	≥240	≥230	≥230	≥230	≥230	≥220	≥220
	溶解度/%	≥99.0	≥99.0	≥99.0	≥99.0	≥99.0	≥99.0	≥99.0	≥99.0	≥99.0

① 仲裁试验时只能用 RTFOT。

表 6-23 《欧盟道路沥青标准》EN 12591：2004 [针入度为 250～900(1/10mm)]

项 目		等级			
		250/330	330/430	500/650	650/900
针入度(15℃)/(1/10mm)		70～130	90～170	140～260	180～360
动力黏度(60℃)/(Pa·s)		≥18	≥12	≥7.0	≥4.5
运动黏度(135℃)/(mm²/s)		≥100	≥85	≥65	≥50
抗硬化性能[①]	质量变化/%	≤1.0	≤1.0	≤1.5	≤1.5
	黏度比(60℃)	≤4.0	≤4.0	≤4.0	≤4.0
	闪点/℃	≥180	≥180	≥180	≥180
	溶解度/%	≥99.0	≥99.0	≥99.0	≥99.0

① 仲裁试验时只能用 RTFOT。

从表 6-22 和表 6-23 可以看出，欧盟道路沥青标准涵盖沥青的针入度范围比较宽，25℃ 针入度 20～900(1/10mm)，跨度近 900 个单位，以 25℃ 针入度 330(1/10mm) 为界限，当针入度小于 330(1/10mm) 时，分析 25℃ 针入度，当针入度大于 330(1/10mm) 时，分析 15℃ 针入度。从技术指标看，当针入度小于 330(1/10mm) 时，包括针入度、软化点、闪点、溶解度、硬化后质量变化、残留针入度比和硬化后软化点等 7 项指标，当针入度大于 330(1/10mm) 时，基本性能指标包括 15℃ 针入度、60℃ 动力黏度、135℃ 运动黏度、闪点和溶解度、硬化后质量变化和黏度比等 7 项指标，从技术指标看，沥青中没有反应低温性能的指标,也没有蜡含量指标,这与我国道路沥青标准的评价体系显著不同。

2) 黏度分级

由表6-24可知,欧盟黏度分级道路沥青标准实际是对针入度分级的补充,这些沥青在常温下应该是非凝固态,已无法进行常规的针入度分析,只能采用黏度分级的方法进行划分。从常规意义上分析,这些沥青已经不是人们熟知的沥青,应该属于渣油,但从功能上分析,这些沥青在道路上可能被用作透层油或黏层油,或者作为乳化沥青的原料等,因此也属于道路沥青范畴。

表6-24 EN 12591:2004《60℃黏度分级的欧盟道路沥青标准》

项目		等级			
		V1500	V3000	V6000	V12000
运动黏度(60℃)/(mm²/s)		1000~2000	2000~4000	4000~8000	8000~16000
闪点/℃		≥160	≥160	≥180	≥180
溶解度/%		≥99.0	≥99.0	≥99.0	≥99.0
抗硬化性能,TFOT(120℃)	质量变化/%	≤2.0	≤1.7	≤1.4	≤1.0
	黏度比(60℃)	≤3.0	≤3.0	≤2.5	≤2.0

3) 硬质沥青

按照欧盟沥青标准(EN 12597:2014)的定义,硬质道路沥青是主要用于生产高模量沥青混合料的道路沥青,其针入度不大于25(1/10mm)。硬质道路沥青最早在法国得到开发,用于法国高模量沥青混合料(EME2)的生产,在道路、机场的建设与维修方面具有多年成功应用的经验(EN 13924:2006),具体见表6-28。

表6-25 EN 13924:2006《硬质沥青产品标准》

性质	项目	试验方法	等级			
			15/25		10/20	
			技术要求	等级	技术要求	等级
中温性质	针入度(25℃,5s,100g)/(1/10mm)	EN 1426	15~25	2	10~20	3
高温性质	软化点/℃	EN1427	60~70(最高目标①68)	2	63~73(最高目标①71)	4
	运动黏度(60℃)/(mm²/s)	EN 12596	无要求	0	无要求	0
耐久性(163℃老化试验 EN 12607-1)	质量变化/%(质量分数)	EN 12607-1	≤0.5	2	≤0.5	2
	针入度比/%	EN 1426	TBR②	1	TBR②	1
	老化后软化点/℃	EN 1427	无要求	0	无要求	0
	软化点增加值/℃	EN 1427	≤8	2	≤8	2
	软化点增加值或未老化前针入度指数/℃	EN 1427或Ip计算见附录A	报告③	1	报告③	1

续表

性质	项目	试验方法	等级 15/25 技术要求	等级 15/25 等级	等级 10/20 技术要求	等级 10/20 等级
其他性质	运动黏度(135℃)/(mm²/s)	EN 12595	≥900	3	≥1100	3
	弗拉斯脆点(不大于)/℃	EN 12593	报告[③]	1	报告	1
	闪点/℃	EN ISO2592	≥245	3	≥245	3
	溶解度/%(质量分数)	EN12592	≥99.0	2	≥99.0	2

① 软化点最高目标值是 FPC 中最后 6 个滚动的平均值。
② 1 级建议有残留针入度,2 级要求最小 55%,在 TRL 636 中,最低残留针入度建议 65%。
③ 为了收集信息,针入度指数和弗拉斯脆点(1 级)建议保留。

该规范框架包含 25℃针入度分别为 15~25(1/10mm)和 10~20(1/10mm)两个等级的硬质沥青规范,任何一个等级产品的特性要求分为两大类:通用性的强制要求和区域的选择性要求。强制性要求的特性指标有 25℃针入度、软化点、闪点、溶解度、RTFOT 后的质量变化、针入度比和软化点升高;选择性要求的指标有 60℃动力黏度、135℃运动黏度、弗拉斯脆点、针入度指数等。每项特性指标有 0~4 个不等的可选水平。每个国家/地区可以根据当地的气候和交通状况选择不同的产品等级[针入度 15~25(1/10mm)、10~20(1/10mm)]及特性指标水平(0~4),形成各自的国家/地区使用指南。

EN 13924:2006 已经修订为 EN 13924-1:2015,相比较而言,2006 版有 15~25(1/10mm)、10~20(1/10mm)两个针入度产品等级,2015 版新增了针入度 5~15(1/10mm)产品等级,产品针入度更小。

3. 日本标准

日本道路沥青主要采用针入度分级,而半氧化道路沥青采用黏度分级。表 6-26 为 JIS K2207—1996《路用石油沥青规格》,表 6-27 为日本道路协会的相关沥青材料标准。

表 6-26 JIS K2207—1996《路用石油沥青规格》

项目	40~60	60~80	80~100	100~120
针入度(25℃)/(1/10mm)	40~60	60~80	80~100	100~120
延度(15℃)/cm	>10	>100	>100	>100
软化点/℃	47~55	44~52	42~50	40~50
溶解度(三氯乙烯)/%	>99.0	>99.0	>99.0	>99.0
闪点/℃	>260	>260	>260	>260
薄膜加热(163℃,5h)质量变化/%	<0.6	<0.6	<0.6	<0.6
薄膜加热(163℃,5h)针入度比/%	>58	>55	>50	>50
蒸发后针入度比/%	<110	<110	<110	<110
密度(15℃)/(g/cm³)	>1.000	>1.000	>1.000	>1.000

注:在各牌号沥青测试结果中应附上 120℃、150℃、180℃的运动黏度。

表 6-27　半氧化沥青质量规格（日本道路协会 1994 版）

项　目	AC-100
动力黏度(60℃)/(Pa·s)	800~1200
运动黏度(180℃)/(mm²/s)	<200
薄膜加热质量变化/%	<0.6
针入度(25℃)/(1/10mm)	>40
溶解度(三氯乙烯)/%	>99.0
闪点/℃	>260
密度(15℃)/(g/cm³)	>1.000
黏度比(60℃，薄膜后/薄膜前)	<5.0

注：日本道路协会 1994 版的《沥青路面规范》要求，在测试结果中应附有除 180℃ 外的 140℃、160℃ 运动黏度。

4. 国内外沥青标准技术指标对比

国内三个标准及国外沥青标准涵盖的技术指标见表 6-28。

表 6-28　国内外几个代表性道路石油沥青标准涵盖的技术指标

标准		GB 15180—2010	SH/T 0522—2010	JTG F40—2004	ASTM D946—1993	JIS K 2207—1996
针入度		√	√	√	√	√
软化点		√	√	√		√
延度		√	√	√	√	√
密度		√	√	√		√
闪点		√	√	√	√	√
溶解度		√	√	√	√	√
灰分						
蜡含量		√	√	√		
蒸发损失试验	质量变化					√
	针入度比					√
薄膜烘箱试验	质量变化	√	√	√		√
	针入度比	√	√	√	√	√
	延度	√	√	√		√
	软化点升高					

由表 6-28 可知，我国道路石油沥青标准中主要包括针入度、软化点、延度、密度、闪点、溶解度、蜡含量，以及薄膜烘箱试验后的质量变化、针入度比、延度等 10 个技术指标，与国外沥青标准中美国 ASTM D946—1993、日本道路沥青标准 JIS K 2207—1996 相比，我国道路沥青标准都提出了蜡含量的指标，并提出了蜡含量不大于 3% 或 2.2% 较为苛刻的指标要求。此外，交通行业标准 JTG F40—2004《公路沥青路面施工技术规范》提出了气候分区、10℃ 延度、针入度指数等要求，而国外标准中则没有设置这些指标及要求。

三、关键技术指标的意义

道路沥青的评价指标是表征其特性和性能的度量,它不仅要适应路用材料的要求,更要充分考虑气候、荷载、施工等因素,以保障使用性能和耐久性要求。根据道路沥青的3种评价体系,逐渐形成了以针入度、软化点、延度为三大指标的针入度分级技术指标、以黏度为分级指标的黏度分级技术指标和以性能为分级指标的性能分级技术指标。

1. 针入度分级的技术指标

针入度分级技术指标见表6-29。

表6-29 针入度分级技术指标

序号	检测项目	定义、测试方法与实际意义
1	针入度	(1)定义:针入度是在规定温度、一定荷重和一定作用时间的条件下,以标准针贯入沥青中的深度,以1/10mm或0.1mm表示,一般测试温度是25℃,附加荷重为(100±0.1)g,贯入时间为5s。 (2)测试方法:GB/T 4509。 (3)实际意义:在针入度分级评价指标中,沥青针入度试验是测定沥青稠度的标准方法,是划分沥青牌号的重要依据,是沥青三大指标中非常重要的指标之一,它表示沥青软硬程度和稠度、抵抗剪切破坏的能力,反映一定条件下沥青相对黏度的指标。针入度越小,表示稠度越大;反之,则越小
2	软化点	(1)定义:软化点试验通常采用环球法。处于条件升温的水浴或油浴中的沥青,在标准球重量作用下,下落规定距离时水浴或油浴温度,即为沥青的软化点。 (2)测试方法:GB/T 4507。 (3)实际意义:软化点也是沥青在一定条件下的等黏温度,即沥青在相同球重力作用下开始流动的温度,常用于评价沥青的高温性能。软化点越高,预示其高温性能较好
3	延度	(1)定义:延度为做成8字形标准的沥青试件在规定的试验温度、拉伸速度等条件下拉伸至断裂时的长度,单位为厘米(cm)。 (2)测定方法:常用的延度测定方法是ASTM D113《沥青延度测定法》。我国等效采用该方法制定了国家标准GB/T 4508—1999《沥青延度测定法》。 (3)实际意义:延度是沥青三大指标之一,它作为评价沥青低温性能的指标,反映沥青在规定温度下的松弛性能。近年来为了考察沥青低温下的松弛性能,试验温度由25℃逐步向更低的温度调整,如15℃、10℃或5℃
4	针入度指数(PI)	(1)定义:针入度指数是根据不同温度下测试的针入度和相应的温度值,得到的一种计算值。 (2)计算公式如下: $$PI = 20\times(1-25A)/(1+50A) \quad (1)$$ $$A = (\lg P_1 - \lg P_2)/(T_1 - T_2) \quad (2)$$ 式中 P_1、P_2——温度T_1、T_2条件下的针入度值,1/10mm; A——针入度的对数值对温度的敏感系数。 由式(1)可知,PI随A单调变化,因此PI可以用来描述沥青随温度变化的敏感程度。PI作为沥青的感温性指标,其计算方法主要采用软化点测试结果、软化点下的针入度(800)、25℃的温度数值和25℃条件下的针入度测试结果进行计算。多以沥青的多点温度下的针入度(通常测量15℃、25℃、30℃三个温度下的针入度测试结果),通过计算机进行计算。 (3)实际意义:用于表征沥青对温度敏感性,PI越大沥青的感温性越好,反之则越差

续表

序号	检测项目	定义、测试方法与实际意义
5	黏度	(1)定义：黏度指流体对流动所表现的阻力。 (2)测定方法：测试道路沥青的黏度有旋转黏度和毛细管动力黏度两种方法，两者黏度单位分别为 mPa·s 或 Pa·s。前者主要采用布鲁克菲尔德黏度计或等效黏度计，后者主要采用减压毛细管黏度计，相同温度下两种方法的测试结果有所不同，因此在试验前应确认采用的方法。 (3)实际意义：道路石油沥青的黏度是其重要的流变指标，可用 60℃ 黏度评价在高温条件下的抗流动性；用 135℃ 黏度评价其泵送性能，135℃ 黏度低则表示沥青的泵送性能较好；用 175℃ 黏度评价其沥青混合料生产过程中的和易性，175℃ 黏度低则预示沥青和易性好
6	密度	(1)定义：密度是对特定体积内质量的度量，密度等于物体的质量除以体积，可以用符号 ρ 表示，国际单位制和中国法定计量单位中，密度的单位为千克每立方米，符号为 kg/m^3。 (2)测定方法：沥青的密度是利用比重瓶法测得。由于密度指标通常作为计量环节的一个参数，因此标准规范中对沥青的密度指标往往只要求为实测值或者报告值，通常测量密度温度为 15℃ 或者 25℃。 (3)实际意义：密度是由加工原油先天决定的指标，炼油工艺基本无法改变沥青的密度。测定密度的目的一是沥青储存期间体积与质量换算用，另一个是计算沥青混合料最大理论密度供配合比设计所用。密度不是沥青性能指标，因此在标准规范中对沥青的密度往往只要求实测报告，一般沥青的相对密度大于 1，个别沥青的相对密度小于 1，如克拉玛依沥青
7	闪点	(1)定义：在规定的条件下被测试样通过加热后所逸出的油气蒸气和空气组成的混合物与火焰接触时，发生瞬间闪火的最低温度称为闪点，以 ℃ 表示。 (2)测试方法：克利夫兰开口杯法，参照 GB/T 267 或 GB/T 3536。 (3)闪点是沥青的施工安全性指标，沥青标号不同，闪点不同，通常沥青针入度越小，闪点要求越高，针入度越大，闪点要求相对越低
8	溶解度	(1)溶解度：是指沥青试样在三氯乙烯中可溶解的数量，以质量分数表示。 (2)测试方法：所用溶剂为三氯乙烯或二甲苯等，参照 GB/T 11148。 (3)实际意义：用来表征沥青的有效成分，我国道路沥青技术要求溶解度不小于 99.5%
9	蜡含量	(1)定义：是指在规定的条件下，沥青试样经裂解蒸馏所得馏出油脱出的蜡量，以质量分数表示，单位为%。 (2)测试方法：裂解蒸馏法，而且石化行业和交通行业均有各自的试验方法，不同方法所测蜡含量可能有所不同，石化行业采用 SH/T 0425。 (3)实际意义：蜡含量是石油沥青的一个重要指标。一般蜡含量高的沥青稳定性差，可能导致"热流冷脆"等问题
10	薄膜烘箱试验(TFOT)	(1)定义：薄膜烘箱试验是指在规定的条件下，加热沥青试样，并检验其加热前后特定的物性变化(蒸发损失、针入度、延度等)以判断沥青抗热老化能力。 (2)测试方法：将两个或多个分别装有约 50g 沥青的试样皿(内径为 140mm、深度为 9.5mm)放在温度为 163℃ 的烘箱内水平转动的托盘上，保持 5h，使沥青在规定的条件下进行老化。 (3)实际意义：是用于模拟沥青混合料生产拌和时的质量损失率，以表征轻质油挥发的数量，同时测定针入度、软化点、延度等指标，比较试样在试验前后的性质变化，以表征沥青的耐老化性能

续表

序号	检测项目	定义、测试方法与实际意义
11	旋转薄膜烘箱试验（RTFOT）	(1)定义：是指在规定的条件下，鼓风加热旋转的沥青薄膜，并检验其加热前后特定的物性变化(蒸发损失、针入度、延度、黏度等)以判断沥青抗热和空气老化性能。 (2)测试方法：将若干个装有沥青试样的缩口径玻璃瓶平躺、口向外地插入温度为163℃的烘箱垂直转动的转盘插孔内。随着转盘的垂直转动，玻璃瓶内的沥青在空气补充管不断提供新鲜空气的条件下，保持不断流动约85min，使沥青进行热老化试验。 (3)实际意义：为沥青的旋转薄膜烘箱老化试验残留物的指标检测做准备，表征质量损失率和沥青的耐老化性能，是和薄膜烘箱试验目的一致而方法不同的老化方式
12	针入度比	(1)定义：是指薄膜烘箱或旋转薄膜烘箱试验后和新鲜沥青的针入度之比，以%表示。 (2)测试方法：测量沥青薄膜烘箱或旋转薄膜烘箱试验后的针入度与新鲜沥青的针入度之比再乘以100%。 (3)实际意义：评价沥青的热老化性质，针入度比越大，耐老化性能越好，反之则越差
13	质量损失	(1)定义：是指沥青经过薄膜烘箱或旋转薄膜烘箱试验后发生的质量变化。 (2)测试方法：测量沥青薄膜烘箱或旋转薄膜烘箱试验后的质量与新鲜沥青的质量差再除以新鲜沥青的质量，以质量分数表示。 (3)实际意义：评价沥青的耐老化性能

2. 黏度分级技术指标

黏度分级技术指标见表 6-30。

表 6-30　黏度分级技术指标

序号	检测项目	定义、测试方法与实际意义
1	黏度	(1)定义：黏度是指流体对流动所表现的阻力。 (2)测定方法：测试道路沥青的黏度有旋转黏度和毛细管动力黏度两种方法，两者黏度单位分别为 mPa·s 或 Pa·s。前者主要采用布鲁克菲尔德黏度计或等效黏度计，后者主要采用减压毛细管黏度计，相同温度下两种方法的测试结果有所不同，因此在试验前应确认采用的方法。 (3)实际意义：道路石油沥青的黏度是其重要的流变指标，可用60℃黏度评价在高温条件下的抗流动性；用135℃黏度评价其泵送性能，135℃黏度低则表示沥青的泵送性能较好；用175℃黏度评价其沥青混合料生产过程中的和易性，175℃黏度低则预示沥青和易性好
2	针入度	(1)定义：针入度是标准针在一定荷重作用下，在5s时间内穿入一定温度沥青的深度，单位为1/10mm。在通常条件下，荷重为100g，温度为25℃。 (2)测试方法：GB/T 4509。 (3)实际意义：在针入度分级评价指标中，沥青针入度试验是测定沥青稠度的标准方法，是划分沥青牌号的重要依据，是沥青三大指标中非常重要的指标之一，它表示沥青软硬程度和稠度、抵抗剪切破坏的能力，反映一定条件下沥青相对黏度的指标。针入度越大，硬度越大，黏结性越小
3	闪点	(1)定义：在规定的条件下，被测试样通过加热后所逸出的油气蒸气和空气组成的混合物与火焰接触时，发生瞬间闪火的最低温度称为闪点，以℃表示。 (2)测试方法：克利夫兰开口杯法，参照 GB/T 267 或 GB/T 3536。 (3)闪点是沥青的施工安全性指标，沥青标号不同，闪点不同，通常沥青针入度越小，闪点要求越高，针入度越大，闪点要求相对越低

续表

序号	检测项目	定义、测试方法与实际意义
4	溶解度	(1)溶解度：是指沥青试样在三氯乙烯中可溶解的数量，以质量分数表示。 (2)测试方法：所用溶剂为三氯乙烯或二甲苯等，参照 GB/T 11148。 (3)实际意义：用来表征沥青的均质程度
5	薄膜烘箱试验（TFOT）	(1)定义：薄膜烘箱试验是指在规定的条件下，加热沥青试样，并检验其加热前后特定的物性变化(蒸发损失、针入度、延度等)以判断沥青抗热老化能力。 (2)测试方法：将两个或多个分别装有约 50g 沥青的试样皿（内径为 140mm、深度为 9.5mm）放在温度为 163℃ 的烘箱内水平转动的托盘上，保持 5h，使沥青在规定的条件下进行老化。 (3)实际意义：为沥青的薄膜烘箱老化试验残留物指标检测做准备
6	旋转薄膜烘箱试验（RTFOT）	(1)定义：是指在规定的条件下，鼓风加热旋转的沥青薄膜，并检验其加热前后特定的物性变化(蒸发损失、针入度、延度、黏度等)以判断沥青抗热和空气老化性能。 (2)测试方法：将若干个装有 35g 沥青试样的缩口径玻璃瓶平躺、口向外插入温度为 163℃ 的烘箱垂直转动的转盘插孔内，以 15r/min 的速度旋转。随着转盘的垂直转动，玻璃瓶内的沥青在空气补充管不断提供 4000mL/min 新鲜空气的条件下，保持不断流动约 85min，使沥青进行热老化试验。 (3)实际意义：为沥青的旋转薄膜烘箱老化试验残留物的指标检测做准备
7	针入度比	(1)定义：是指薄膜烘箱或旋转薄膜烘箱试验后和新鲜沥青的针入度之比，以%表示。 (2)测试方法：测量沥青薄膜烘箱试验或旋转薄膜烘箱试验后的针入度与新鲜沥青的针入度之比再乘以 100%。 (3)实际意义：评价沥青的热老化性质，针入度比越大，耐老化性能越好，反之则越差
8	黏度比	(1)定义：是指沥青经过薄膜烘箱试验或旋转薄膜烘箱试验后的黏度与原样沥青的黏度之比。 (2)测试方法：测量沥青薄膜烘箱试验或旋转薄膜烘箱试验后的黏度与原样沥青的黏度之比再乘以 100%，以质量分数表示。 (3)实际意义：评价沥青的耐老化性能，黏度比越大，耐老化性能越差

3. 性能分级技术指标

性能分级技术指标见表 6-31。

表 6-31 性能分级技术指标

序号	检测项目	定义、测试方法与实际意义
1	闪点	(1)定义：在规定的条件下被测试样通过加热后所逸出的油气蒸气和空气组成的混合物与火焰接触时，发生瞬间闪火的最低温度称为闪点，以℃表示。 (2)测试方法：克利夫兰开口杯法，参照 GB/T 267 或 GB/T 3536。 (3)闪点是沥青的施工安全性指标，沥青标号不同，闪点不同，通常沥青针入度越小，闪点要求越高，针入度越大，闪点要求相对越低
2	黏度	(1)定义：黏度指流体对流动所表现的阻力。 (2)测定方法：采用布鲁克菲尔德旋转黏度计测量。 (3)实际意义：通常要求沥青在管道输送、沥青混合料制备、铺路施工阶段的较高操作温度下具有不高于 $3.0Pa \cdot s$ 的黏度，以方便相关的操作

续表

序号	检测项目	定义、测试方法与实际意义
3	质量损失	(1)定义：是指沥青经过薄膜烘箱或旋转薄膜烘箱试验后发生的质量变化。 (2)测试方法：测量沥青薄膜烘箱或旋转薄膜烘箱试验后的质量与新鲜沥青的质量差再除以新鲜沥青的质量，以质量分数表示。 (3)实际意义：评价沥青的耐老化性能
4	沥青车辙因子 $(G^*/\sin\delta)\geq 1.00\text{kPa}$ 或 $\geq 2.20\text{kPa}$ 的最高试验温度	(1)定义：能够反映沥青高温等级的一个技术指标。 (2)测试方法：性能规范中，规定了原样沥青和旋转薄膜烘箱加热后沥青 $G^*/\sin\delta$ 值分别 $\geq 1.0\text{kPa}$ 和 $\geq 2.2\text{kPa}$ 时对应的沥青最高试验温度的等级，以此作为分级的高温边界值。当最高试验温度等级不同时，以温度等级较低的作为定级依据，通常6℃为一个等级。测量仪器使用动态剪切流变仪。 (3)实际意义：$G^*/\sin\delta$ 能较好地反映道路沥青的抗车辙能力
5	压力老化试验温度	在规定条件下，沥青材料在压力老化试验仓内对其材料进行的热老化试验，有时也简称为PAV试验。在性能分级规范中，针对不同的分级、不同的气候条件，规定了不同的压力老化试验温度。将经过RTFOT试验的试样置于PAV中，在2.07MPa压力及90℃（100℃或110℃）温度下老化20h后再进行DSR、BBR
6	疲劳因子 $(G^*\sin\delta)\leq 5000\text{kPa}$ 的最低温度	在性能分级规范中，对经过压力老化的沥青进行动态剪切试验，以测试其 $G^*\sin\delta\leq 5000\text{kPa}$ 的最低温度，确定其抗疲劳能力的水平。在试验温度相同时，认为 $G^*\sin\delta$ 越小，沥青抗疲劳开裂能力越好。沥青 $G^*\sin\delta$ 的数值随温度的降低而增大。对PG64-10沥青，试验温度为[(64-10)/2+4]℃，即31℃
7	蠕变劲度(S)最大为300MPa，蠕变劲度变化率m最小为0.300的最低试验温度	在性能分级规范中，对经过压力老化的沥青进行沥青弯曲梁蠕变试验，以测试其 $S\leq 300\text{MPa}$，$m\geq 0.300$ 时的最低试验温度，以其为性能分级的低温边界值。通常低温边界值越低，表明沥青的低温松弛性能越好。试验温度为低温等级加10℃，如PG64-28，试验温度为(-28+10)℃，即-18℃
8	破坏形变≥1%的最低试验温度	该试验是沥青梁蠕变试验的补充，即当蠕变试验的S在300~600MPa之间，$m\geq 0.300$ 时，需采用蠕变试验温度进行直接拉伸试验，如果破坏形变≥1%，可以将蠕变试验温度作为性能分级的低温边界值。通常试验温度越高，破坏形变越大

4. 中国、美国和欧洲普通沥青评价指标对比

将中国、美国和欧洲关于普通道路沥青分级标准中所涉及的指标要求（包括通用性的和选择性的）根据其反映的路用性能，如高温、低温、老化等进行分类，见表6-32。

表6-32　中国、美国和欧洲关于普通沥青的评价指标对比

指标	中国	美国	欧洲
物理指标	针入度	—	针入度
	闪点	闪点	闪点
	溶解度	—	溶解度
	动力黏度	—	动力黏度
	—	运动黏度	运动黏度
	蜡含量	—	—
	密度	—	—

续表

指标	中国	美国	欧洲
高温指标	软化点	DSR	软化点
低温指标	—	BBR	—
	延度	DT	弗拉斯脆点
	—	临界开裂温度	
温度敏感性	针入度指数	—	针入度指数
老化	RTFOT	RTFOT	RTFOT
	TFOT	PAV	

（1）物理指标。

在物理指标中，与欧洲和美国普通沥青规范相比，中国普通道路沥青技术指标缺少对运动黏度的指标要求，但是增加了蜡含量和密度的指标要求。

135℃运动黏度可以用来评价沥青混合料的施工和易性。因此，建议中国普通沥青标准中引进这一指标，具体要求可参考欧洲 EN 12591 中关于135℃运动黏度的要求，但由于中国普通沥青规范与欧洲普通沥青规范 EN 12591 对不同针入度的沥青的划分标准不一样，因此，还需进一步在试验验证的基础上进行调整。

欧洲最新的 2009 年出版的 EN 12591 规范与 1999 年出版的 EN 12591 规范相比，取消了蜡含量作为选择性指标的要求。美国 AASHTO M320—2010 中与性能相关的沥青胶结料规范中均没有关于蜡含量指标的要求。中国比较注重蜡含量指标的测定，这和中国沥青资源的性质有关。但是根据研究，用蜡含量指标评价沥青对路用性能的影响存在片面性，蜡含量小于 2% 的沥青其路用性能并没有太大差别，因此，关于蜡含量指标存在的意义还有待于进一步验证。

石油沥青的密度主要用于体积和质量的换算，在生产和销售、沥青储罐容量计算和混合料配合比设计中是不可缺少的参数。因此，综合考虑密度在普通道路沥青规范中存在的意义，可对其进一步优化。

（2）高温指标。

国外相关的研究显示，普通沥青软化点指标与路用性能存在一定的相关性，一定程度上反映沥青高温性能，但是软化点有其本身的局限性。相比之下，美国普通道路沥青的 DSR 试验方法则与路用性能存在较好的相关性，值得中国研究人员进行进一步研究，逐步将其用于中国普通道路沥青的高温性能评价。

（3）低温指标。

弗拉斯脆点虽然在一定程度上最直接地反映了沥青的低温脆性，但试验方法和蜡含量制约了其使用范围。江苏省交通科学研究院股份有限公司也曾经对 10 种沥青进行了弗拉斯脆点试验，试验结果表明：脆点对于普通沥青的相关性比较差，用弗拉斯脆点来表征普通沥青胶结料的低温性能不合适。改性沥青研究中心 Bahia 等的研究成果表明：延度与沥青材料的低温性能不存在直接联系。在中国，随着各种新型沥青的使用以及现代交通对沥青提出的要求越来越高，现有的延度指标由于其局限性已不能完全满足实际要求，必须对其进一步修正与完善。

Superpave 的低温分级指标与路面开裂有较好的相关性，对于中国具有重大的借鉴意义。

（4）温度敏感性指标。

针入度指数 PI 的计算是根据不同温度下的针入度回归计算得到的，而针入度的测量方法是严格的条件试验，在针入度测量方法精密度要求的范围内，会对 PI 值产生较大的影响，当出现产品质量纠纷时，仲裁结果的公正性、准确性将受到质疑。因此，应取消普通沥青针入度指数 PI 指标或只将 PI 作为参考指标。

（5）老化指标。

SHRP 评价沥青混合料的性能主要是确定模拟实践状态的老化条件，使沥青混合料经受模拟生产过程的短期老化和长期老化，然后采用不同老化程度的沥青结合料进行试验。在欧洲标准中，对于老化后的沥青增加了黏度变化和软化点变化的测定，而没有延度变化的测定，这与其原样沥青的评价指标相对应。因此，在分析和研究的基础上，国内学者建议借鉴 Superpave 沥青胶结料规范，增加 PAV 老化试验，用以模拟沥青在使用过程中的老化情况，对于老化后指标的测定，通过研究中国各种普通沥青的软化点及黏度的变化确定是否增加这些指标。

第三节　道路沥青产品评价体系

道路沥青是沥青混凝土路面的重要组成材料之一，道路沥青的性能直接影响路面的使用性能，为了准确地对道路沥青材料进行描述，以方便对其组织生产、流通交易和工程应用，需要通过某种试验方法对沥青的某些指标进行检测，以准确描述沥青的具体性状，并根据某个特定项目的检测数值将其划分成若干牌号等级。由于石油沥青的生产和产品性质对油源和生产方法的依赖性很大，各国均根据本国的资源、生产方法和使用条件建立各自的产品规格标准，至今国际标准化组织并没有制定出统一的石油沥青产品分类和规格标准体系。石油沥青评价体系的发展经历了漫长的过程，在世界范围内具有代表性的道路沥青的评价体系有三种：针入度分级体系、黏度分级体系和性能(PG)分级体系。

一、针入度分级体系

道路沥青的针入度分级体系，是根据沥青针入度的大小确定沥青所适应的气候条件和载荷条件。针入度分级体系的主体是沥青分析的三大指标(针入度、软化点和延度)并辅以沥青的安全性指标(闪点、纯度指标溶解度、抗老化性能指标薄膜烘箱试验和对生产沥青所选用原油的约束指标蜡含量等)。

1888 年，H. D. Bowen 发明了 Bowen 针入度仪，1903 年，ASTM 制定了针入度的标准

试验方法,经多次改进成为大多数国家所采用的针入度测定法。1918年,美国公路局制定了以沥青针入度分级的沥青技术标准。1931年,美国国家公路与运输协会(AASHTO)也开始采用针入度分级体系。随后世界大多数国家采用了针入度分级体系。沥青针入度试验是测定沥青稠度的标准方法,25℃的针入度给出了接近年平均使用温度下的沥青的稠度,因此针入度分级通常是以25℃针入度大小来划分沥青的牌号。

按针入度划分牌号时,牌号之间的针入度值可以是连续的,也可以是不连续的,并以针入度中值或区间值命名。我国的道路沥青基本是按针入度分级进行分类,如现行GB 15180—2010《重交通道路石油沥青》按连续针入度20~140(1/10mm)分为AH-30、AH-50、AH-70、AH-90、AH-110、AH-130六个牌号,每个牌号针入度区间值均为20,并以中值命名牌号,牌号前加AH表示重交通,如针入度为40~60(1/10mm)的沥青命名为AH-50。在针入度分级体系中,沥青的高温性能是通过沥青的软化点表征的,在同样的针入度下,软化点越高,沥青的高温性能就越好,美国、欧盟、澳大利亚、日本等仍保留针入度分级体系。

1. 针入度分级体系优点

沥青的针入度反映了沥青的黏稠程度,按25℃的针入度分级(P级)有以下优点:

(1)25℃的温度基本反映了沥青路面常用的温度,因此用25℃的针入度间接反映了沥青的黏度,可以反映沥青在使用温度下的性能。

(2)沥青针入度测试方法简单,仪器造价低,操作方便,方法比较完善。

(3)通过测定不同温度下的针入度,确定沥青的感温性。

2. 针入度分级体系缺点

(1)针入度试验是经验性试验,不能像黏度那样直观体现沥青本身的稠度。

(2)试验过程中剪切速率很高,对于非牛顿流体,沥青的黏度与剪切速率有关,沥青的针入度不同,在测定过程中剪切速率也不同。

(3)在25℃具有同样性能的沥青,在高温或低温下可能存在很大的差别,没有反映沥青在使用温度区间内的性能。通过这些规格指标,不能得到与石料拌和时的温度和路面压实温度。

二、沥青黏度分级体系

由于按针入度分级存在许多缺点,20世纪60年代又出现了以60℃黏度分级的体系。以黏度分级代替针入度分级的原因有两个:一是以理性的、科学的黏度试验代替经验性的针入度试验;二是60℃更接近炎热夏季路面的最高温度,不同的黏度分级适应不同的气候条件和施工需要。

黏度分级体系根据沥青或薄膜烘箱试验后的沥青在60℃时的黏度值确定沥青的使用环境和使用条件。在黏度分级体系中,60℃的黏度表征沥青的高温性能,还给出了其他试验要求,如25℃的针入度、135℃的黏度、薄膜烘箱试验(TFOT)后剩余物60℃时的黏度、

25℃时的延度以及闪点。25℃的针入度可控制沥青在接近平均使用温度时的稠度，135℃的黏度可控制沥青在接近拌和与压实温度时的稠度，这些规定的要求就可以控制沥青的温度敏感性。

世界各国对于道路沥青都有各自的标准，技术要求也不尽相同。黏度分级体系由于使用了具有一定物理意义的黏度作为分级指标，另外与针入度分级体系相比可以表征更高温度下沥青的性能，黏度试验仪器较简单，重复性好，因此在北美国家和日本的高黏沥青中采用了黏度分级体系。但黏度分级体系主要按照沥青的高温性能分级，对沥青在常温和低温下的性能的表征具有局限性。

1. 按黏度分级优点

（1）黏度是物质固有的性质，不是经验数值。
（2）60℃接近沥青路面的最高使用温度，能够更好反映沥青的高温性能。
（3）用不同温度下的黏度可以表征沥青的感温性能。
（4）试验方法精度较高，规格指标重叠少。

2. 按黏度分级缺点

（1）按60℃黏度分级，忽视了低温和常温下沥青的性能。
（2）试验仪器较复杂，试验时间长，试验条件控制严格，不宜在现场使用。
（3）在同一个黏度级别中，薄膜烘箱试验后的黏度可能相差很大，这一分级体系没有考虑拌和与施工过程中沥青的热老化。

三、沥青 PG 分级体系

现行的针入度分级体系和黏度分级体系存在很多局限性，如针入度和黏度试验不能直接与沥青路面性能相关联；在一个温度下（如25℃的针入度或60℃的黏度），没有考虑工程现场或地理区域不同的气候条件；没有考虑低温下对控制温缩开裂的沥青劲度限制；只考虑了沥青的短期老化，并没有考虑沥青在使用过程中的长期老化等。

PG分级体系是美国联邦公路局历经5年的研究进行的美国战略公路研究计划（SHRP）中有关沥青分级体系的研究成果，提出道路沥青性能分级的《Superpave沥青结合料规范》，将沥青材料的性能与设计环境条件结合起来，通过控制高温车辙、低温开裂和疲劳开裂来评价路面性能。

SHRP分析项目的特点在于开发了一套全新的试验设备并提出了相应的试验方法（表6-33），从根本上改变了现行试验方法和规范的纯经验性质，避免了由此带来的局限性，用路面最高设计温度下的动态剪切模量表征沥青的高温性能，用路面最低设计温度下的劲度和劲度随变形的变化速率表征沥青的低温性能，用疲劳温度下的动态剪切模量表征沥青的抗疲劳性能，用旋转薄膜烘箱试验和压力老化箱试验分别表征沥青的短期老化和长期老化性能。

表 6-33 PG 分级体系主要指标与仪器

技术指标	符号	试验仪器	试验目的
车辙因子	$G^*/\sin\delta$	动态剪切流变仪(DSR)	测试结合料高温性能
黏度	η	毛细管黏度计或旋转黏度计	测试结合料的泵送性能
拉伸应变	ε	直接拉伸试验机	测试结合料的低温性能
蠕变劲度	S_t	弯曲梁流变仪(BBR)	测试结合料的低温性能
质量损失		压力老化箱和旋转薄膜烘箱	模拟结合料的老化特性

Superpave 提出了一个按照路用性能分级的沥青结合料规范,将沥青分为 7 个等级和 21 个亚级,7 个等级是 PG46、PG52、PG58、PG64、PG70、PG76、PG82 规定了最高路面设计温度的分级;21 个亚级从 -46~-10℃,每 6℃ 为一等级,它规定了最低路面设计温度的分级。PG(Performance Grade)表示路用性能,分级直接采用设计使用温度表示适用范围,PG 等级规范分为 37 种等级,胶结材料的性能等级(PG)表示为 PG XX-YY,第一组数字 XX 指高温等级,这表明其胶结材料在 XX℃ 及以下时其性能满足使用要求,胶结材料可以在这种高温的气候环境中工作。第二组数字 YY 指低温等级,这表明其胶结材料在 -YY℃ 时其性能也必须满足使用要求。如 PG64-22 表示该级沥青适用最高路面设计温度不超过 64℃,最低路面设计温度不低于 -22℃ 的地区,这两个关键温度分别成为高温稳定性和低温开裂性指标试验测试温度确定的依据。SHRP 的沥青规范规定试验方法相同,但沥青等级不同,应采用相应地区的试验温度,但各项指标的要求是常数。

设计最高温度为 7 天最高平均路面温度,设计最低温度为年极端最低温度。根据道路等级、交通量确定保证率为 95% 或 98%(平均值)。它采用 3 种样品:(1)原样沥青;(2)RTFOT 后的残留沥青;(3)RTFOT 后又经 PAV 老化的残留沥青。评价各种路用性能指标,包括高温时抵抗永久变形的能力、低温时抵抗路面温缩开裂的能力、抗疲劳破坏的能力、抗老化性能、施工安全性等。在确定沥青的 PG 等级时,要充分考虑气候条件及交通条件(交通量及车速、车辆停驻时间),有时需要提高一个或两个 PG 高温等级选择沥青。在此基础上,交通运输部门都根据各地的具体情况,规定了常用的 PG 等级或再增加一些常规指标。

近年来,国内外研究表明,沥青 PG 性能分级规范不能有效评价改性沥青的高温性能。因此,2001 年美国国家公路合作研究计划 NCHRP9-10 第 459 号报告中采用了新的试验方法,即多应力蠕变恢复试验(MSCR)。该试验采用加载 1s、卸载 9s 的重复加载方式对沥青试验 100 个循环,通过 Burgers 黏弹模型对试验结果进行拟合,用蠕变劲度的黏性成分(GV)作为评价指标。该试验建议的蠕变应力范围为 30~300Pa,此时沥青处于线性黏弹状态。然而,有研究表明,处于重载沥青路面中的改性沥青所承受的应力或应变足以达到非线性区域。为了验证沥青胶结料应力的依赖性,联邦公路总局(FHWA)在重复蠕变与恢复试验(RCRT)的基础上应用了 25~25600Pa 共 11 个应力水平,每个应力 10 周期。之后,在此多应力水平 RCRT 基础上,选取 100Pa 和 3200Pa 两个应力,提出了多应力蠕变恢复试验(MSCR)的方法。2008 年,作为 Superpave 性能规范的最新进展,MSCR 陆续被编入

ASTM 和 AASHTO 规范中,并进行了多次修订完善。两种规范已经在美国推广使用,最新版本为 ASTM D7405—2010a 及 AASHTO TP70—2012。多应力蠕变恢复试验的评价指标为恢复率 R 和蠕变柔量 J_{nr}。通过 MSCR 试验可以得到试验时间—应变变化图,如图 6-3 所示。

恢复率 R 为每个周期内峰值应变 γ_p 与残留应变 γ_{nr} 的差值和 γ_p 与起始应变 γ_o 的差值的比值,即 $(\gamma_p-\gamma_{nr})/(\gamma_p-\gamma_o)$。通过计算分别求得每个应力水平下每个蠕变恢复周期的恢复率 R,

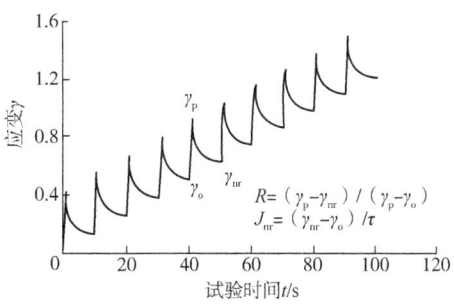

图 6-3 MSCR 试验时间— 应变典型数据图

取 10 个周期的平均值可分别得到每个应力水平下的恢复率 $R_{0.1}$ 和 $R_{3.2}$;定义蠕变柔量 J_{nr} 为每 10s 末残留应变 γ_{nr} 与蠕变应力 τ 的比值,则采用相同的计算方法可分别得到每个应力水平下的蠕变柔量 $J_{nr0.1}$ 和 $J_{nr3.2}$。试验温度选用振荡试验确定的沥青高温等级温度。3.2kPa 与 0.1kPa 时应变恢复率相对差异 R_{diff} 及不可恢复蠕变柔量相对差异 $J_{nr-diff}$ 的计算公式分别如下:

$$R_{diff}=\frac{(R_{0.1}-R_{3.2})\times 100\%}{R_{0.1}} \quad (6-1)$$

式中 R_{diff}——应变恢复率相对差异;
$R_{0.1}$——应力为 0.1kPa 时应变恢复率;
$R_{3.2}$——应力为 3.2kPa 时应变恢复率。

$$J_{nr-diff}=\frac{(J_{3.2}-J_{0.1})\times 100\%}{J_{0.1}} \quad (6-2)$$

式中 $J_{nr-diff}$——不可恢复蠕变柔量相对差异;
$J_{3.2}$——应力为 3.2kPa 时蠕变柔量;
$J_{0.1}$——应力为 0.1kPa 时蠕变柔量。

从科学意义上讲,从最早的针入度分级体系,到黏度分级体系、PG 分级体系,都起因于原体系的不足或局限性和分析技术的进步。不同体系的指标之间以及沥青性能指标与沥青混合料性能之间都存在一定的关联性。但是,一些指标并没有很好地反映沥青的性能,尤其是沥青经改性后的性能,以至于在选取沥青时,没有统一及确定的标准来衡量。而且,因沥青老化而产生的耐久性问题也一直困惑道路界。因此,在选用沥青的评价体系时,应根据工程的具体需要,关注的是高温性能还是低温性能,或选用适合工程具体情况的评价体系,或在选定的评价体系中增加关键的技术内容,但不可把所有的评价体系的技术内容集合为一个标准体系,因为沥青的技术指标之间是相互制约的。沥青路面采用的沥青标号,应该按照公路等级、气候条件、交通条件、路面类型及在结构层中的层位及受力特点、施工方法等,结合当地的使用经验,经技术论证后再确定。

第四节 道路沥青产品质量管理

一、道路沥青产品出厂分析

道路沥青产品出厂分析是检验生产产品是否满足规范要求和用户要求的依据,样品装车前需提供完整、准确的出厂分析单,应依据产品对应标准中的技术指标和技术要求逐项进行分析,道路沥青产品执行的标准一般为交通行业标准 JTG F40—2004《公路沥青路面施工技术规范》,每项技术指标均应满足该标准方能出厂。客户有特殊需求的,除满足标准要求外,还需要满足客户提出的其他指标要求,分析采用的方法应与标准中规定的方法保持一致。

二、道路沥青产品用户检测

道路沥青产品运至现场后必须按规定频率取样进行质量检验,经评定合格后方可使用,不得以供应商提供的检测报告或商检报告代替现场检测。由于现场试验条件的限制,用户对每批沥青的检验主要进行三大指标(针入度、延度、软化点)取样试验,必要时进行沥青的薄膜烘箱试验,符合设计和规范要求的沥青方允许进场,一般沥青每 3000t 应外委至第三方进行全部指标的检测。

沥青材料在进入时应附有原厂的质量合格证和出厂化验单。沥青取样检验合格后应签发验收单,记录沥青来源、标号、数量、到货日期、存放地点、检验品质以及使用沥青的路段等。每批沥青在检验后应留有不少于 4kg(封存好)的料样备查。不同来源和不同标号的沥青应分开存放,不得混杂。

沥青到岸至沥青库、沥青库至拌和厂或改性沥青由加工厂至拌和厂各运输过程的装车前及卸车前均应进行常规取样。常规取样时每 200t 取 1 组,每组 1 份,由承包人对针入度、软化点、延度等常规指标进行检测,监理抽检。对指标变化较大的应分析原因并留存试样备查。

针入度指数 PI 与 60℃动力黏度值作为选择性指标,不作为施工质量检验指标,但技术合作单位进行沥青抽检时需要全部检验,且作为沥青材料质量控制指标。薄膜加热老化试验以 TFOT 为准,允许采用 RTFOT 代替。

三、易出现质量纠纷的指标

通常要求沥青罐车在进入拌和料场时做到每车必检,检验合格后方能卸车。质量责任明确,卸车前质量问题归沥青经销商负责,卸车后质量问题归拌和料场负责,且必须留存备份取样试件,四方(沥青经销商、监理单位、施工单位、拌和料场)认证用封条封存,以备发生纠纷等情况使用,通常易出现质量纠纷的指标主要是三大指标。

1. 针入度

针入度是道路沥青划分牌号的重要指标,也是较容易出现质量纠纷的指标。沥青的质量是由原油决定的，有些原油在生产沥青时会出现软化点指标偏低的情况，这时生产厂家往往为了兼顾软化点指标而被迫降低沥青的针入度，甚至针入度要接近某一牌号的下限方能保证软化点指标合格。这种情况下出厂的沥青在热老化的作用下很容易出现沥青针入度指标不合格的现象，如出厂的是 90 号沥青，运到现场可能就会变成 70 号沥青，这种情况下沥青只能降级销售。

2. 软化点

软化点是表征道路沥青高温性能的指标，由于软化点分析过程影响因素较多，无论哪个环节不严格按操作要求进行，都会造成测定结果偏差，从而带来质量纠纷。处理软化点的纠纷必须严格按照统一标准操作，同时也要注意运输车辆的问题，如果采用拉运过轻质油品的车辆运输沥青，可能会造成软化点指标偏低，针入度指标偏高；如果采用拉运过硬质油品的车辆运输沥青，可能会造成软化点指标偏高，针入度指标偏低。

3. 15℃延度

15℃延度是道路沥青较容易出现质量纠纷的指标，如某品牌道路沥青出厂 15℃延度合格的情况下，拉到施工现场再进行抽检时就会出现不合格的现象，出现这种情况应从两方面进行分析：一是沥青是否还是原沥青，有没有在运输过程中出现假冒伪劣、以次充好的情况，处理类似纠纷的方法是采用红外光谱快速甄别技术，该技术在本书第三章有详细的阐述，在此不再赘述。二是从运输车辆找原因，运输过 SBS 改性沥青的罐车如果再装运道路沥青，由于罐车残余的 SBS 改性沥青与道路沥青混合后，SBS 微粒在道路沥青中分散会起到"切割"作用，从而造成 15℃延度不合格，产生质量纠纷。

四、加强道路沥青产品质量管理工作的建议

1. 提高产品质量意识

交通产品被广泛应用于公路建设，其质量对公路建设质量影响深远。在各级交通主管部门和生产企业的努力下，通过激烈的市场竞争，交通产品质量的总体水平得到提高。但是，交通产品的质量状况与飞速发展的交通建设要求还存在差距，产品质量不稳定，抽查合格率低，优难胜、劣不汰的现象时有发生，因此各级交通主管部门及交通建设单位、交通产品生产企业必须进一步增强质量意识。

2. 健全质量管理体系

要以提高交通产品质量为中心，建立"政府监督、业主稽查、承包人负责、监理普查、企业保证"的质量监督保证体系。政府部门作为交通产品质量主管部门，履行协调、指导、监督职责；业主作为交通建设工程的责任人，对包括交通产品质量在内的工程质量负责；承包人在工程建设的全过程严格按照有关规定，做好交通产品的保管、装配和施工等工作；监理单位对交通产品的监督管理贯穿工程实施的全过程，既要把好产品的准入关，还要监督合格的交通产品的正确使用；企业作为交通产品质量的责任主体，是保证交通产品质量的第一责任人。通过层层把关，实现对交通产品的质量控制。

3. 完善质量管理制度

交通产品的采购基本采用两种方式，一是由施工单位自行采购，二是由管理单位统一招标。施工单位自行采购，难免出现交通产品质量参差不齐、以次充好、好坏混淆的问题。在交通产品招投标过程中，低价中标引发的质量问题和矛盾相当严重。为了保证交通产品质量，防止在采购过程中的不良行为，应建立健全科学合理的招投标机制，对低价中标进行合理限制，遵照公开、公正、公平原则，使交通产品的采购步入规范化、制度化、科学化、合理化的轨道。

继续加强和完善生产许可证管理制度，其主要措施包括以下四点：一是加大宣传力度，定期在有关政府网站公布获证企业名单，同时建立"黑名单"制度；二是加大许可证监督工作的力度，对获证后的企业加强监督检查，确保有效期内的产品质量水平；三是加大查处力度，加强对"贴牌产品"的处理力度，坚决杜绝无证企业的无证产品及假冒产品进入交通建设市场；四是加大对检测机构的监督力度，确保检测机构的技术能力和检测质量。

行业质量监督抽查管理实施以来取得了良好的效果，得到了建设单位、生产企业的肯定，作为交通产品质量管理的有效手段和措施，应继续采取以下措施加强行业监督抽查力度：一是要突出监督抽查工作的重点；二是要加强对检测机构的管理；三是要加大监督抽查工作的力度；四是要积极利用各种媒体加大其对监督抽查结果的宣传力度。

4. 建立交通产品认证制度

产品认证制度是一种先进的、国际通行的第三方产品质量评价制度，也是国家和政府积极推行的产品质量管理手段，认证行为对于促进企业提高管理与服务水平、保证产品质量、增强竞争力、实现可持续发展具有非常重要的意义。

交通产品实施认证，是依据产品标准和相应的技术要求，经认证机构确认并通过颁发认证证书和认证标志以证明产品符合相应技术标准和技术要求。交通产品的认证通过型式试验、质量体系评定、工厂生产条件检查、获证后监督四个过程，完成对产品全过程的审查监督，对产品生产的全过程进行有效控制。

5. 明确交通产品市场准入

制度市场准入是政府主管部门对道路用交通产品进行宏观管理的重要手段，也是规范交通产品市场的有效途径。

交通运输部尚未明确道路用交通产品市场的准入制度，在一定程度上无法对道路用交通劣质产品进入交通建设市场进行控制。因此尽快建立和完善符合市场经济要求的公平竞争机制，实行统一的市场准入制度，保证公平竞争，规范交通产品市场经济秩序十分必要。

结合交通产品管理的实际情况，确立国家实施的生产许可证制度和交通产品认证制度作为交通产品的准入条件，只有取得了生产许可证和经过认证的交通产品才能进入交通建设市场。此外，还应逐步对涉及交通基本建设和运输安全的重点交通产品逐步实施行业内产品强制性认证。实行产品强制性认证的重点交通产品，必须取得强制性产品认证证书并施加强制性认证标志后，方可进入交通基本建设和运输市场。把住交通产品市场准入关，就能将不合格的产品拒于"门"外，净化市场，从源头上确保进入交通行业的产品质量。

6. 加强交通产品各环节质量控制

交通产品始于生产企业，成于装配施工，其间经历生产、检测、保管、装配和使用等多个环节，只有加强各个环节的质量控制，才能为交通建设工程的质量提供可靠的保障。

道路用交通产品的质量状况，对交通建设工程质量影响深远，劣质的产品不仅直接影响建设工程质量，拖延工程进度，还为今后的使用埋下安全隐患，直接威胁人民群众的人身安全，造成巨大的经济损失和极坏的社会影响。因此，把好道路用交通产品的质量关是保证交通建设工程质量的关键环节之一。为此，必须加强道路用交通产品质量管理，健全监管体系，做好道路用交通产品的生产、检验、采购、使用等各个环节的质量监督工作，推动交通产品质量总体水平跃上新的台阶。

<h2 style="text-align:center">参 考 文 献</h2>

[1] 吕伟民，孙大权. 国产道路沥青的现状与发展[C]//中国公路学会2005年学术年会论文集. 2005.
[2] 张田英，姚德宏. 胜利炼油厂沥青研究开发与应用30年回顾[J]. 齐鲁石油化工，2006，34(2)：106-110.
[3] 孙昭湟. 对道路石油沥青技术标准的探讨[J]. 公路交通科技，1988(2)：1-6.
[4] 吴玉辉. 我国道路石油沥青标准的发展历程[J]. 北方交通，2016(7)：105-108.
[5] 张玉贞. 中国沥青发展30年[C]//中国石油大学(华东)举行庆祝重质油研究所成立30周年大会，2009.
[6] 范跃华. 石油沥青标准化与石油沥青标准体系表[J]. 石油沥青，1988(4)：3-6.
[7] 姚德宏，裴建军，常玉艳. 我国道路石油沥青标准变更及产品生产应用的回顾[J]. 齐鲁石油化工，2006，34(2)：133-138.
[8] 凌逸群，吕伟民，黄婉利，等. 沥青生产与应用技术手册[M]. 北京：中国石化出版社，2010.
[9] 中法美沥青技术研究课题组. 中国法国美国热拌沥青及沥青混合料标准体系比较研究[M]. 北京：人民交通出版社，2021.
[10] 李小燕，李豪，关永胜，等. 中国、美国和欧洲沥青评价指标及试验方法比较研究[J]. 中外公路，2015，35(1)：248-253.
[11] 田荫怀. 浅议道路石油沥青标准及其试验方法[J]. 公路工程与运输，2004(Z1)：33-37.
[12] 胡晓倩. 关于道路石油沥青评价体系概述[J]. 路桥工程，2015(7)：878.
[13] 张玉贞. 石油沥青的评价体系与沥青的质量[C]//第五届全国路面材料及新技术研讨会论文集，2004：43-44.
[14] 贾生盛，程健，叶智刚. 道路沥青标准与道路沥青生产[J]. 石油沥青，1995，9(2)：35-41.
[15] 刘彦涛. 沥青材料不同高温性能指标间相关性试验研究[J]. 公路与汽运，2008(3)：75-78.
[16] 卢铁瑞. 道路沥青结合料性能评价指标的研究[J]. 石油沥青，1996，10(2)：14-27.
[17] 殷立文. 道路石油沥青低温性能指标分析研究[J]. 公路交通科技(应用技术版)，2010，6(7)：118-120.
[18] 阙国和，刘晨光，陈月珠，等. 道路沥青的化学组成和使用性质间关系[J]. 石油炼制，1987(6)：32-37.
[19] 陈惠敏. 石油沥青产品手册[M]. 北京：石油工业出版社，2000.

[20] 黄晓明,吴少鹏,赵永利.沥青与沥青混合料[M].南京:东南大学出版社,2002.
[21] 柴志杰,任满年.沥青生产与应用技术问答[M].2版.北京:中国石化出版社,2015.
[22] 陈平,黄晓明,李丹.测力延度在沥青低温性能指标研究中的应用[J].公路交通科技,2005,22(7),6-9.
[23] 魏建军,杨永斌,于纪淼.关于道路沥青低温性能指标的探讨[J].黑龙江交通科技,2007(8):1-3.
[24] 吴慧彦,同鑫.沥青高温性能评价新指标[J].中外公路,2011,31(3)263:266.
[25] 王翠红,赵玉翠,陈继军,等.我国石油沥青产品质量现状[J].石油沥青,2002,16(4):1-6.
[26] 王泽华,武新成,李宏亮,等.基质沥青四组分与常规指标相关性研究[J].石油沥青,2020,34(3):26-33.
[27] 申瑞君.加强道路用交通产品质量管理确保交通建设和运输源头质量[J].交通标准化,2009(12):53-56.

第七章 道路沥青技术发展

石油沥青主要用于道路建设,习惯称为道路沥青、重交通道路沥青等。道路交通的快速发展是沥青需求增长的主要驱动力,道路沥青产品或生产技术进步主要体现在公路建设的发展、交通条件等方面的变化以及路面结构的发展和进步。

"十二五"和"十三五"是我国道路建设的高峰期,大规模的道路规划带动沥青需求不断增加,也促使国内沥青产能不断投放,2021年我国沥青总产量达到$5500×10^4$t,是石油化工产品中增长最快的品种之一。2021年也是我国"碳达峰、碳中和"目标提出后的首个实施之年,交通行业是主要温室气体移动排放源,碳排放总量约占全国碳排放总量的10%,其中道路交通在交通运输全行业碳排放占比约80%,且仍处于快速发展阶段。推进道路交通为主的交通运输业绿色低碳发展是实现国家"双碳"目标的重要需求。

第一节 道路沥青新材料应用进展

目前,用于道路建设的沥青品种日益繁多,通常将普通道路沥青(符合 NB/SH/T 0522—2010《道路石油沥青》等标准)或重交通道路沥青(符合 GB/T 15180—2010《重交通道路石油沥青》等标准)以外的沥青称为特种道路沥青产品,简称特种沥青。沥青路面的研究包括材料技术、沥青结构研究技术、施工技术、建设管理等各个方面,实现沥青路面的可持续发展,需要加强沥青高性能材料、环保材料、功能型材料的研发。

一、沥青高性能材料

沥青的性质是影响沥青路用性能和使用寿命的关键因素。为满足工程需求,需提高沥青的高低温性能、降噪性能、防水性能等特性,各种新型沥青材料不断被研发并投入使用。由于特种沥青产品名目繁多,在此只重点介绍几种有代表性的特种沥青产品。

1. 高黏高弹沥青

高黏高弹沥青通常是在基质沥青中加入聚合物改性剂、相容剂、增黏剂、稳定剂等制备而成的一类特种沥青,现有 GB/T 30516—2014《高黏高弹道路沥青》定义动力黏度(60℃)大于20000Pa·s、弹性恢复(25℃)大于85%的沥青为高黏高弹沥青。近两年对此类产品提出更高要求,提高黏度、软化点这些高温性能的同时,还要求低温性能。就黏度指标来说,要求60℃黏度大于50000Pa·s到大于100000Pa·s,而且限制135℃或160℃的黏度不大于一定值,使用性能得到大幅提高,但是给生产者带来生产难度加大、生产成本提高问题。

与传统沥青产品相比，高黏高弹改性沥青具备高黏、高弹的显著优势，同时降噪性能、抗滑性能、防水性能、高低温性能等显著提升。高黏高弹改性沥青因其优异的性能而被广泛应用在大空隙排水路面、桥面铺装等道路工程中。在一些特殊工程，例如载重量较大的道路路段、桥隧道路或者机场路面，需要使用黏度更高、弹性恢复能力更好的特殊沥青，以此来解决重载交通、沥青路面开裂、车辙、水损坏等问题，并有效提高道路使用年限。

2. 橡胶复合改性沥青

橡胶沥青指使用废轮胎粉为改性剂加入沥青中生产的改性沥青。橡胶沥青在我国的技术发展和应用已有30多年历史，2000年前后研发生产应用橡胶沥青是一个高峰期，后来因为存在产品质量、环保、应用技术等问题，限制使用或少量地在特殊场所使用。2020年后因产品标准、生产设备设施及道路设计等方面的进步，加之"双碳"循环经济的要求，橡胶沥青又再次被重视并大量使用。从产品标准发展就能看出橡胶沥青产品的发展，2008年，交通部制定《橡胶沥青及混合料设计施工技术指南》，2011年，交通部行业标准JT/T 798—2011《公路工程废胎胶粉橡胶沥青》发布，2019年重新发布修订版JT/T 798—2019《路用废胎胶粉橡胶沥青》，橡胶沥青技术的发展体现了对橡胶沥青产品认识的不断提高。

当前，橡胶沥青向着质量稳定、性能与SBS改性沥青相当方向发展，其中，橡胶粉与SBS复合改性沥青产品兼具高低温性能、抗老化性及耐候性良好等优异性能，同时具备生产成本和循环经济的优势，从废胶粉处理技术、生产技术到产品标准均得到快速发展。

3. 冷拌冷铺沥青

冷拌冷铺沥青是一种在常温下与集料拌和、摊铺的沥青胶结料，具有对环境污染小、施工方便等优点。目前常用的冷拌冷铺沥青主要有乳化沥青、改性乳化沥青（SBS、SBR、环氧树脂等）、溶剂沥青和泡沫沥青等，主要用于道路基层再生（乳化沥青、泡沫沥青）和路面功能层恢复（微表处、冷补料等）等。

冷拌冷铺沥青起始于1978年由交通部组织完成的"阳离子乳化沥青及其路用性能研究"课题，但受限于乳化剂和改性剂的发展，乳化沥青混合料性能较差。冷拌冷铺沥青发展于20世纪90年代，引进溶剂沥青制备冷铺料用于寒冷地区路面坑槽的修补。进入21世纪，由于乳化剂、改性剂、溶剂和稳定剂等材料的快速发展，使冷拌冷铺沥青扩展到路面结构层中进行应用，如改性乳化沥青用于路面功能层修复，实现了"低级到高级"的转变；2013年，乳化型冷拌冷铺沥青混合料作为超薄磨耗层成功应用于内蒙古准兴重载高速公路，实现了冷铺沥青混合料"质的飞跃"。

虽然冷拌冷铺沥青在40多年的应用中取得了很大进展，但与热拌沥青混合料相比，仍存在着黏结力不够、耐久性不足、养生周期过长和性能变异性较大等问题。面对当前道路长寿命需求、交通荷载逐年增大、环保政策逐渐收紧、可达交通时间逐渐缩短以及施工标准化逐年提高等问题，仍需深入研究冷拌冷铺沥青路面作为结构层的设计方法、适用的摊铺设备及工艺、降本增效的方法、缩短养生时间快速开放交通的方法、性能评价方法以及适用的规范等。

4. 净味环保沥青

净味环保沥青是指通过物理遮盖剂和或起化学作用的除臭剂，与沥青烟中的气味分子进行吸附或反应，有效抑制有害物质挥发，并使性能不低于原沥青技术要求的一种环保沥青。

净味环保沥青的概念在2010年提出，2016—2018年，相关净味产品引入我国并铺筑了两条试验段。2018年至今国内相关单位研究并完成了净味沥青试验路铺筑，研发的相关产品有除臭剂、遮盖剂等。香精香料等物理遮盖剂可以对沥青及沥青混合料生产施工期间有刺激性气味的气体进行掩盖，减少有害气体对作业人员和周围居民的刺激。化学除臭剂可以与沥青中的挥发性有机化合物（VOCs）和硫化物及其衍生物发生化学反应生成新的不排放物质，从而抑制有害气体的产生，减少有害气体的排放，去除沥青及沥青混合料生产施工的刺激性气味，保护周围环境。净味效果的表征方法常见的有分光光度计法、气相色谱—质谱联用法、红外光谱法等。在标准的起草方面，2018年住房和城乡建设部通过国家标准《净味沥青混凝土》的立项，该标准对净味沥青混凝土的定义、技术指标及质量控制、产品性能、检验方法和规则等进行规定。2022年1月上海市环境保护产业协会发布了团体标准T/SHAEPI 001—2022《净味环保沥青气态污染物减排性能技术要求》，该标准规范了净味环保沥青气态污染物排放的检测方法，提出气态污染物减排性能的评价指标，旨在推动净味环保沥青产业和市场的规范及良性发展，进而提高净味环保沥青在我国道路工程领域的运用和发展，促进环境友好型沥青路面的研究和推广。

净味环保沥青产品在一定程度上减小了沥青烟等刺激性气体对人员健康及环境的影响，但是，目前仍存在净味剂价格高、净味效果持续时间短、相关标准和评价方法不统一、净味机理不明确等问题，仍需要针对以上问题进行深入研究。

5. 纳米材料改性沥青

纳米复合材料因其具有独特的热学性能、力学性能、电磁性能等，已逐渐渗透到交通和建筑材料领域并引起广泛关注。纳米材料改性沥青不同于其他改性沥青，根本原因在于纳米材料改性沥青是从微观结构上改变沥青性能。路面材料的宏观力学行为很大程度依赖微观纳米级的微结构和物理性能，纳米材料可以通过改善沥青的微观机械和物理性能，进而从根本上改善沥青的性能。添加纳米材料以提高沥青材料的黏弹性、高温性能、抗老化、耐疲劳性能以及抗水分损害等性能，解决沥青路面在高温、低温、降雨等环境条件下产生的车辙、开裂、松散等病害，从而提高沥青的路用性能，延长道路使用年限。例如，纳米ZnO/SBS改性沥青可以很好地发挥纳米ZnO粒子比表面积大、表面自由能大和分散效果好等特点，使SBS在沥青中分散更均匀，改性沥青的宏观综合性能也得到了大幅度的提高。

国内外纳米材料改性沥青在试验研究、实际应用及研究方法等方面都取得了不少成果，但仍有必要改进纳米材料改性沥青的制备工艺，探索新的研究方法，使得纳米材料改性沥青制备工艺简单，环境友好，路用性能良好。

6. 高性能乳化沥青

作为一种路面预防性养护技术,超薄磨耗层近年来被广泛应用于公路建设。层间黏结性能效果直接影响路面的使用性能和服务年限,因此,对于用作黏层油的乳化沥青研究也颇多。目前,应用较多的黏层沥青材料主要为 SBS、SBR 改性乳化沥青,它们具有高黏韧性、成膜性强等优点;同时采用环氧树脂、胶粉等材料与 SBS、SBR 复合而成的改性乳化沥青也成为研究趋势,复合改性乳化沥青的性能较 SBS、SBR 改性乳化沥青有所提高,具有较好的发展前景。对于高性能乳化沥青,在生产技术上主要对固含量、破乳速度、和易性等质量指标有一定的要求,通过对生产、储存性能进行优化,可以广泛应用于超薄层罩面的黏层、降噪微表处技术、冷拌混合料工程。

二、沥青养护材料

公路建设一般以沥青沙砾混合铺设,其路面平整、利于交通运行,但在光、水、热和氧气等条件下,沥青路面会不断发生老化、开裂、起皱,严重时甚至出现路面网裂、粗糙、脱落现象,使沥青路面的柔软度变差,路面使用质量也随之降低。在沥青路面喷洒防老剂,再补充沥青中的轻质成分,使路面变得柔软和富有弹性,可延长公路的使用寿命。常见的沥青路面养护材料如下。

1. 超薄磨耗层沥青产品

薄磨耗层技术是将间断级配热拌沥青混合料与乳化沥青相结合的一项技术。能够解决路面轻微裂缝、轻微松散,车辙(小于15mm),路面渗水,表面贫油、老化,抗滑性能降低等病害,既可用于旧路面表面功能的恢复,又可用于新建路面的抗滑层,其铺装厚度一般为15~25mm。从施工工艺方面来划分,可分为同步施工超薄磨耗层和分步施工超薄磨耗层。同步施工超薄磨耗层是指采用特殊机械同步完成乳化改性沥青洒布与沥青混合料摊铺的超薄磨耗层。分步施工超薄磨耗层是指先利用沥青洒布设备进行乳化低标号沥青的洒布,然后再用普通摊铺设备对沥青混合料进行摊铺的超薄磨耗层。超薄磨耗层具有表面抗滑性能好、抗车辙、抗磨耗、减少雨天水雾及水膜、噪声低、施工速度及开放交通快等技术特点,主要适用于预防性养护以及路面表面性能的恢复。

2. 耐久性低噪声微表处沥青

微表面处治技术是一种经济、快捷、有效的路面预防性养护技术,但在使用微表面处治的路面,与热拌热铺沥青路面相比车内噪声明显增大,大大影响了行驶舒适性。尤其在人口密集的村庄以及市区,由此产生的车外噪声成为制约传统微表面处治技术的进一步发展。

低噪声微表面处治技术是对传统微表面处治技术进行改进,针对微表面处治产生噪声的机理,通过工艺降低噪声,改善微表面处治路面纹理结构,降低行车噪声。在高速公路养护施工中,采用低噪声微表面处治施工技术,具有施工快捷、施工周期短、可施工季节长、性能优良、经济环保等优点,可以有效降低普通微表面处治高磨损和高噪声的难题,具有较好的经济效益和社会效益。

3. 沥青再生

沥青路面再生利用技术,是将需要翻修或者废弃的旧沥青路面,经过翻挖回收、破碎筛分,再添加再生剂、新沥青、新集料等,重新拌和,形成具有一定路用性能的再生沥青混合料,用于铺筑路面面层或基层的整套工艺技术。

关于石油沥青体系目前有两种理论。一种观点认为,沥青溶液表现胶体性质,沥青溶液中存在三种成分:憎液的沥青质颗粒;包围着憎液颗粒避免其发生聚合的亲液胶质,胶质包围着沥青质形成胶团;悬浮胶团的油相。当它们的相对含量和性质相配伍时,就形成了相对稳定的胶体溶液。另一种观点则认为,沥青是以沥青质为溶质,以软沥青质(沥青中除沥青质以外组分的总称)为溶剂的高分子浓溶液。对于沥青再生,这两种理论并没有冲突,而是相互补充的。组分调节理论是从化学组分出发,认为如将老化沥青和原沥青的组分进行比较,向老化沥青中加入所失去的组分(沥青再生剂),使组分重新协调,就能恢复沥青的原有性能。这一过程依据石油工业中生产调和沥青的工艺原理,因此再生沥青实际上是一种调和沥青。从化学的角度来看,沥青再生就是老化的逆过程,以组分调和作为方法依据,以相容性理论作为理论依据,具体措施通常是掺入新沥青材料以及再生剂。

对于沥青路面性能修复的再生技术研究主要按照下述方案:旧路面评价、沥青回收技术、各再生方式混合料设计、性能评估技术、编制各种再生方式的施工技术指南、研究开发新型沥青再生剂。

从再生施工方式上,路面再生技术按再生地点的不同可分为集中厂拌再生和现场就地再生;按加热方式的不同可分为热拌再生和冷拌再生,这两种方式在现场就地再生中均得到应用。由于热拌再生在热态下拌和,无论旧沥青和新沥青都处于熔融状态,经过强烈机械搅拌,旧沥青、再生剂和新沥青能够充分地混合,再生效果较好,其路用性能可以和普通热拌沥青混合料相媲美。现场表面热再生一般在路面损坏程度还没有波及下层时采用。而用冷拌再生混合料铺筑的再生路面,再生效果较差,优点是大大降低路面维修成本,主要适用于基层或低等级道路的维修。热再生沥青具有较高的结构强度,适合应用于重要交通道路,而从节约能源和运输费用角度看,现场冷再生则是一种合适的方式。

三、沥青功能性材料

功能性沥青路面新材料是一种比较先进和优越的沥青路面建设材料,在我国当前沥青路面的发展上具有十分广阔的应用前景。

1. 彩色沥青

彩色沥青路面施工技术是一项新型的道路建设技术,可以有效满足道路工程建设功能性与美观性的双重需求。彩色沥青路面主要具备以下特点:(1)能够改善城市道路环境,体现城市风格特色。基于沥青路面彩色特性,相对于普通沥青路面除了具备基本的道路运输承载功能,在装饰功能方面优势突出,有效改善城市道路环境并更有助于体现城市独有的特色风格,通过在景观区、广场、公园等场合实践应用,其与周围的绿草、树木相得益彰,从视觉上带给人美的享受。(2)组织和控制交通,保护交通安全。由于沥青路面的彩色能够更加引人注目,因此可以通过对其进行实践应用来对路段和车道不同功能加以区分、有效增强路面的标识效果,使得道路功能价值得以有效发挥。(3)路用性能优良、维护更加方便,在不同温度和外部环境的作用下都具有良好的适用性、高稳定性,同时具有优良的抗水损性及耐久性,不易出现变形、沥青膜剥落问题,色深鲜艳持久,不容易褪色。(4)吸声功能好,改善道路行车环境。彩色沥青路面具有良好的吸声性能,因此可以有效降低汽车在路面行驶时发出的噪声,有助于汽车行驶稳定性,同时彩色沥青路面在一定程度上还能吸收来自外界的其他噪声,改善道路行车环境。

2. 温拌沥青

传统热拌沥青混合料的生产和施工需要在较高温度下进行,不仅消耗高,还会严重影响环境及施工人员的身体健康,为响应碳达峰、碳中和的要求,开发了温拌技术,为沥青及其混合料的高速发展提供了新的契机。该技术能够有效降低沥青混合料的拌和和碾压温度,减少环境污染及能源消耗。迄今为止,已有10余种温拌技术被应用于道路工程中。温拌技术从被发现到现在,根据其温拌降黏机理的不同,已经发展为三大类:沥青发泡类温拌技术、表面活性类温拌技术和有机减黏类温拌技术。在混合料生产施工过程中,温拌剂通过减小其在拌和、摊铺和碾压时的黏度,从而达到温拌减黏的作用。

(1)发泡降黏类温拌技术。

沥青的发泡降黏类温拌技术可通过两种途径实现。一是基于水发泡技术,该技术是在高温沥青中通过喷嘴喷射一定量冷水,沥青的高温使水从液态转变为气态,水蒸气的生成使沥青体积迅速膨胀(可膨胀至原体积的5~10倍),体积的膨胀大大降低了沥青之间的摩擦,从而达到温拌的效果。二是添加富含水的助剂(如沸石),该类型温拌剂的工作方式是在沥青施工过程中添加含水助剂,利用富含水的助剂在较高的拌合温度下(>100℃)产生水蒸气,大量水蒸气的生成使该温度下的沥青产生大量气泡,体积迅速膨胀,使沥青与集料之间的摩擦力和黏度降低,施工温度也随之降低。

(2)表面活性类温拌技术。

表面活性类温拌技术是以表面活性剂或乳化剂为基础发展而来的,可在不影沥青性能的前提下,通过降低沥青黏度,来降低沥青及其混合料的拌和、碾压、压实温度。通过降低施工温度,减少了能源消耗和对环境的污染以及对施工人员的危害,而且在较低温度下提升了沥青与集料之间的黏合性能,保持与热拌沥青一致的路用性能。在沥青混合料施工拌和的过程中,添加一定量的表面活性剂类温拌剂,可在沥青与混合料之间的界面形成结构性水膜,该结构性水膜的存在降低了沥青与集料表面的摩擦力,从而实现了沥青混合料在低于正常施工温度下的拌和及压实,且温拌剂的使用不会对路用性能产生不利影响。

此外,乳化剂类温拌技术的发展,大大丰富了沥青温拌技术。该技术是使用乳化沥青替代市面流行的普通沥青,与普通沥青的区别在于大量水分存在于乳化沥青中,一旦在集料拌和过程中被加热就会迅速破乳,并且形成水蒸气,使沥青黏度降低,摩擦力下降,进而降低沥青混合料的拌和、碾压温度,且乳化沥青中乳化剂的存在,还可以提高沥青与集料之间的黏结力。

（3）有机降黏类温拌技术

胶体理论为有机降黏类温拌技术提供了理论基础。温拌剂的主要有效成分是有机蜡，高温下，蜡质温拌剂达到流动状态，并很好地溶解于沥青及其混合料中。有机降黏类温拌剂的添加能调整沥青组成，温拌剂的流动状态能降低沥青的黏度、沥青与集料之间的摩擦力及其混合料的拌和、碾压、压实温度。目前，南非的 Sasol 公司使用费托工艺生产的 Sasobit 温拌剂在机降黏类温拌剂中应用较多，为一种长链脂肪族烃白色细结晶状粉末，能够在 100~115℃时融化，融化后全部溶解于沥青中，其熔融状态促进了沥青的流动状态，并在沥青中充当四组分中的饱和分。此外，德国 Romonta 公司的 Asphaltan-B 温拌剂（褐煤蜡与高分子烃的混合物）、德国 Clariant 公司的 Licomont BS 温拌剂（脂肪酸氨基化合物）、韩国建筑技术研究院的 Leadcap 温拌剂（颗粒状低分子量石蜡）及我国海川新材料科技股份有限公司的 EC-120 温拌剂（颗粒状的长链脂肪族化合物）、我国交通运输部公路科学研究院（RIOH）的 RH-WMA 温拌剂（聚烯烃类）都能在较低的添加量[2.50%~3.00%（质量分数）]下，实现沥青及其混合料较低的拌和温度，并达到与普通热拌沥青相当的路用性能。

3. 抗凝冰沥青混合料

在寒冷的冬季，我国某些地区积雪期长达 4~6 个月，很多道路受冰雪危害，尤其在一些多雪与积雪地域，冰雪天严重影响交通出行。抗凝冰材料是将冰点下降剂充分填充到多孔结构材料中，使多孔材料将其包裹，制得与矿粉细度、物理性质、级配等都相似的粉体，部分或全部置换沥青混合料中的矿粉，铺筑路面时，将复合填料分散于沥青混合料中，在车辆荷载及水分作用下，可有效抑制冻结成分从路面表面析出，从而降低冰点，获得持续抑制冻结的效果，可将传统的被动抑制路面凝冰变为主动抑制路面冻结。

抗凝冰材料主要由憎水性材料和抗凝冰成分（无机卤化物或有机多元醇基化物）组成，微观上具有核—壳胶囊结构，发挥抗凝冰作用的成分被外部结构所包裹，以降低其释放速度，提高使用的时间，其中，抗凝冰成分能够降低冰点，憎水材料主要发挥界面隔离作用，能够在路面表层形成一个隔离性界面，阻挡水分渗入，同时降低冰与路的黏结性，从而使路面很难结冰，且可以融化表层雪，并由于抗凝冰路面的抗凝冰和憎水的特性，路面上的冰雪极易被清除。但对于将其添加入沥青混合料中，对沥青混合料的耐久性影响程度仍有待验证。

4. 排水性沥青混合料

排水性沥青路面的应用可以有效降低交通噪声，并减少交通事故的发生。对于交通事故，路面抗滑能力欠缺是主要原因之一，特别是雨雪天气，路面积水不能快速排出，轮胎和路面摩擦力大大降低，而排水性沥青路面可在很大程度上避免这些事件的发生。排水沥青混合料路面是粗集料占比为 75%~85%、空隙率为 15%~25% 的一种沥青路面，排水沥青混合料属于开级混合料的一种，其内部结构有许多能够给下雨天路表水提供排水通道的孔隙以及连通孔隙，经过多年的建设经验可以发现，雨雪天气中排水沥青混合料路面的路面水漂以及水雾现象都大大减少，这都源于其优越的排水性。排水沥青混合料路面不仅可以有效提升路面能见度，而且还能有效加大汽车轮胎和路面之间的摩擦力，车辆的安全性因此得到了有效保证。另外，排水沥青混合料路面还能吸收行驶车辆发出的一部分噪声以及车辆轮胎与路面摩擦产生的噪声，这一特点是普通的密集配比以及半开级配沥青混合料所不具备的。但排水沥青混合料路面对沥青的性能要求极高，一旦使用的沥青质量不过关，铺设路面投入使用后非常容易出现早期损坏，而且后续使用中空隙率也会在高温以及荷载作用的冲击下降低，进而导致其路面的排水功能受到影响。

第二节 沥青分析技术应用进展

沥青特殊的使用性能使其成为公路、建筑等领域的重要原料，随着我国公路建设的持续投入和建筑行业的高速发展，沥青产品的需求也一直处于平稳增长态势。沥青的性能在很大程度上决定了路面及其他材料的使用寿命，因此如何快速掌握沥青质量及其性能变化已成为其推广应用过程中的重要研究课题。沥青的结构和组成是其性能和质量的决定因素，也一直是行业的重要关注点，现代仪器和技术的发展使得用于研究沥青结构和组成的方法也越来越多。

随着新技术的发展与计算机技术的应用，现代研究可以从分子结构方面揭示沥青的性能，例如，红外光谱分析法反映沥青官能团的分布情况，光电子能谱仪测得沥青的元素组成，扫描电镜观察沥青的微观分布形貌，差示扫描量热法解释沥青的热稳性能。

一、红外光谱分析技术

红外光谱主要依据分子内部的原子振动及旋转信息来分析确定物质组成和分子结构。当有机物分子受到连续波长的红外光照射时会发生振动和能级跃迁并吸收此处波长的光，其工作原理如图 7-1 所示。由于不同化学键或基团对光的吸收频率不同，以吸光度对波数作图就形成了红外光谱图，根据特征峰的位置、形状、面积等信息便可对分子中的官能团或化学键进行分析。红外光谱图中主要基团振动类型及其波数见表 7-1。

表 7-1 基团振动类型在红外光谱中的位置对应表

主要振动类型	波数/cm^{-1}
ν_{O-H}，ν_{N-H}	3300~3650
$\nu_{\equiv C-H}$，$\nu_{=Ar-H}$	3300~3300
$\nu_{=C-H}(-CH_3, -CH_2, -CH, -CHO)$	2700~3000
$\nu_{C\equiv C}$，$\nu_{C\equiv N}$	2100~2400
$\nu_{C=H}$(酸酐、酰氯、酯、酮、醛、羧酸、酰胺)	1650~1900
ν_{C-C}，ν_{C-N}	1500~1675
δ_{C-H}	1300~1475
ν_{C-O}，ν_{C-N}	1000~1300
δ_{C-H}	650~1000

注：ν—伸缩振动；δ—弯曲振动。

根据波数范围,可将红外光谱分为三个区,即近红外区、中红外区和远红外区,其波数范围分别为 $4000\sim133333cm^{-1}$,$400\sim4000cm^{-1}$ 及 $10\sim400cm^{-1}$。

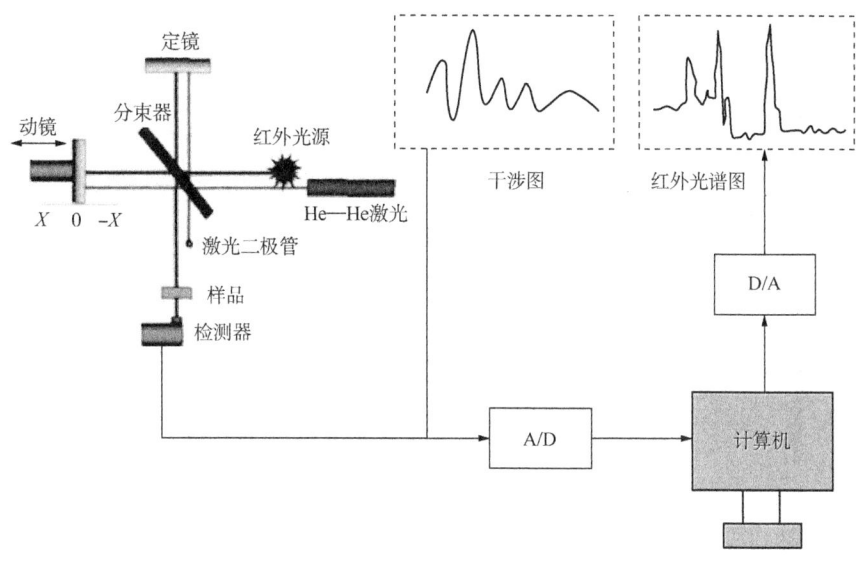

图7-1 傅里叶变换红外光谱仪工作原理示意图

红外光谱主要反映各类化学键的信息,能够对几乎所有的有机物进行分析,因此在石油化工、农业、医学等领域都有着广泛应用。近些年,利用红外光谱对沥青进行定性及定量分析的研究越来越多,主要集中在沥青识别、改性剂含量的测定、性能预测及老化机理研究等方面,如红外光谱通过关注沥青在老化前后特征官能团的变化,可以解释沥青的老化机理。

二、热分析技术

热分析指在程序温度下,测量物质的物理性质与温度的关系,主要通过温度与物质相态、质量、能量、力学特性等的关系分析物质的特性。热分析技术广泛应用于高分子聚合物等材料的性质研究:(1)热力学参数的测定[如玻璃化转变温度、熔点、分解温度、熔融热、结晶热、分解(脱水)热、比热容、活化能、相变焓、黏度、动力学模量];(2)反应动力学的研究;(3)聚合物热稳定性的研究及添加剂对热稳定性的影响;(4)氧化降解的研究;(5)共聚物、共混物体系的定量分析;(6)聚合物的热裂解和热老化研究;(7)聚合物的鉴定;(8)高聚物中挥发物的分析与测定;(9)高聚物材料固化过程分析;(10)热分析动力学对高聚物材料使用寿命的预测等。热分析技术具有精度高、再现性好、操作简便等优点,尤其对于具有热敏感性的复杂沥青体系的研究有着特有的优势。常用的热分析方法有差示扫描量热法(DSC)、调制差示扫描量热法(MDSC)、热分析(DTA)、热重分析(TGA)、微分热重(DTG)、动态机械分析(DMA)、热机械分析(TMA)等。通过热分析技术研究沥青产品的热行为,对研究沥青结构、探讨沥青改性机制、指导沥青加工过程、评价产品质量等方面都有很大帮助,对人们更好地利用沥青有着重要意义。

三、荧光显微分析技术

荧光显微镜技术是利用人眼不可见的一定波长的紫外线(365nm)或短光波的蓝紫单色光(420nm)作为激光光源照射被检物体,使之受激发后产生人眼可见的荧光,然后再经过显微镜成像系统放大来进行镜检的技术。

目前,沥青检测方面多使用落射式荧光显微镜。其激发光源来自被检物体的上方,故对透明和非透明的被检物体都适用,这也是荧光显微镜在沥青显微检测方面的应用优势。一方面,沥青不透明,不能采用透射光源,即使采用透射光源,相应的沥青样品应该很薄,这种状态下,采用涂敷、切割制片都容易造成样品状态和组成分布的改变;另一方面,采用落射式光源,增大了检测制样的灵活度,既可以取沥青的任意断面检测,也可以在块体、薄膜表面进行检测。一般落射式荧光显微镜光路如图7-2所示。

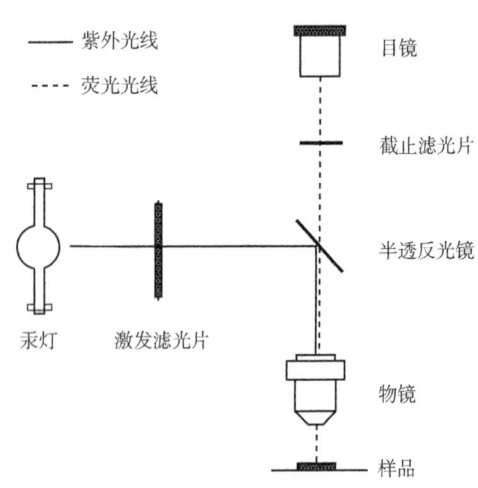

图7-2 落射式荧光显微镜光路

按照行业标准及有关文献的规定,荧光显微镜可以用来观察煤层、天然沥青、微细裂缝中的沥青物质及其他有机岩类,并设立了沥青组分、含量及性质的确定标准,如发光颜色反映沥青的组分、光亮度反映沥青的含量等。其颜色和组分关系如表7-2所示。

表7-2 沥青组分与其荧光颜色

沥青组分	发 光 颜 色	成 分
油质沥青	黄、黄白、淡绿白、绿黄、淡绿黄、黄绿、绿、淡绿、蓝绿、淡蓝绿、绿蓝、淡绿蓝、蓝、淡蓝、蓝白、淡蓝白、白	为烃类化合物,包括饱和烃、环烷烃、芳烃,除饱和烃中的气态不发光外,其余均发光
胶质沥青	以橙为主、褐橙、浅褐橙、淡橙、黄橙、淡黄褐	为含氧、氮、硫的烃类,是石油中较固定的组分,含量不低于1%,芳烃为主
沥青质沥青	以褐为主、褐、淡褐、淡橙褐、黄褐、淡黄褐	为不溶于石油醚的胶质沥青,非烃及沥青质
碳质沥青	不发光(全黑)	—

由于改性沥青的发展,沥青中掺入了越来越多的外来物质,同时将沥青混合料作为一个复合材料体系来看待。此时的荧光显微分析技术的应用,必须具备一个前提性的理论认识,如不同物质的荧光特征是什么,如何鉴别具有相同荧光的不同物质。

一般来讲,现有改性沥青荧光显微镜主要应用于观测改性剂的分布状态,并据此判断沥青改性效果。因为目前改性沥青多为物理改性过程,通过溶胀、剪切、发育等机械过程最大化地提高改性剂在沥青中的均匀分散和相容性,这种物理混合的状态采用荧光显微镜很容易判断。

荧光显微技术除了用于沥青改性效果检测,还可用于了解改性剂在沥青中的赋存状态,进而指导改性工艺优化和性能检测中的试验条件限定。另外,利用荧光显微镜技术可望在某些测试方法上达到简化工作的目的。如沥青的离析试验中,可采取离析管上下端的沥青断面,直接进行沥青的荧光显微拍摄,根据其中改性剂的分散浓度判断沥青的离析程度。

四、光学显微镜分析技术

偏光显微镜主要用来分析各向异性碳质中间相的光学特征和结构信息。碳质中间相是重质芳烃类物质在液相炭化的过程中形成的一种向列型液晶态物质,由于其具有光学各向异性,在偏光显微镜下(反射正交偏振光)呈现出明暗交替的消光纹,加入滤波板后,中间相会呈现出各种不同的颜色(一般为黄色、蓝色和红色),如图7-3所示,因此可以根据颜色的分布以及颜色随载物台旋转时所发生的变化趋势来分析判断中间相沥青的形态结构类型以及分子取向。光学显微镜是最早用于分析碳质中间相的手段之一,它的分辨率和光的波长有关,因此光学显微镜的最大分辨率为 0.25μm,最大可以放大到 1000~1500 倍。

中间相含量的测量采用常用的图片分析法,利用图片分析沥青中间相炭材料的形成及其微结构与缺陷的研究,软件统计出每张图片中各向异性区域的含量进而获得中间相的含量。

(a)低倍率偏光显微镜图片

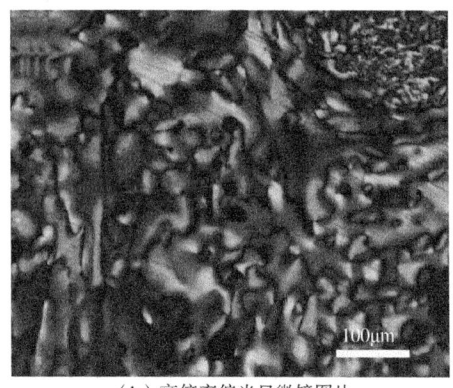
(b)高倍率偏光显微镜图片

图 7-3 沥青样品的偏光照片

五、核磁共振分析技术

核磁共振(NMR)是一种非接触式的分子结构测量技术,主要是 ^1H、^{13}C、^{31}P、^{19}F、^{29}Si、^{15}N 等谱图,广泛应用于各领域,核磁共振技术主要用于平均分子结构的推测、芳香环取代度、芳碳率、碳氢原子比等重要参数的计算等。核磁共振法的优势在于能够同时研究混合物中的几个组分,评估混合物中脂肪族和芳香族氢的相对含量。沥青的特性与构成息息相关,精准鉴别沥青分子结构构成十分困难,通常根据 Corbett 分馏法将沥青分成四组分再选用核磁共振法开展谱图剖析，这对了解沥青组分中分子结构间的相互影响有关键的实际意义。

剖析核磁共振谱图能够测算沥青分子结构的构造主要参数、搭建分子结构模块实体模型，并能够更好地协助了解沥青分子结构的成分和构造。比照沥青改性、老化前后的核磁共振谱图，依据不同种类的 H、C、P 分子含量转变，推论很有可能发生的反应，这在沥青改性、老化原理的科学研究上具备关键意义。尽管 FTIR 是一种迅速鉴别试样中存在的官能团异构的方式，但它不可以鉴别和分离出 FTIR 光谱仪中具备类似吸光度的官能团异构，因而，核磁共振常常用以进一步定性分析原材料的有机化学性能。综合利用 NMR 与元素分析、FTIR 等技术对沥青有机化学构成开展深入分析，从多方位剖析沥青元素组成、特征官能团异构和氢碳的化学环境。

六、扫描电镜与环境扫描电镜分析技术

扫描电子显微镜(SEM)与环境扫描电镜(ESEM)都具有很高的分辨率，能对试样的微观形貌、结构和成分进行观察，已成为众多基础学科的研究手段，在纳米尺度上研究沥青结构，为进一步分析沥青改性、老化再生过程提供了途径。

SEM 利用聚焦得非常细的高能电子束在试样上扫描，入射试样的电子与试样原子相互作用，激发或电离试样原子，而入射电子本身一部分作为试样电流被引出试样，一部分作为被散射电子再从试样弹性反射出来。试样原子激发或电离产生的信号有二次电子，热征 X 射线等，这些信号经检测、放大后，最终在设于镜体外的显像管荧光屏形成一幅反映试样表面形貌扫描图像。SEM 的特点是放大倍数范围大(从几十倍到几十万倍)，其二次电子像富有很强的立体感，并具有较高的二次电子像分辨能力(1~5nm)和较大的景深，这是一般光学显微镜远远不如的。现代 SEM 还配备了能谱仪(EDX)，虽然 EDX 可在观察试样微观结构的同时对试样的元素进行定性和定量分析，但它对沥青黏结剂等挥发性材料的检测效果并不好，使用得较少。

为了对湿、软和非导电的样品进行研究，可以采用 ESEM 成像。ESEM 具有传统 SEM 的所有性能优势，但与 SEM 存在两处差异，一是对样本测试环境没有超高真空的限制；二是在 ESEM 中维持着气体环境，由入射电子束导致的电荷积聚可以消散。因此，消除了导电涂层的必要性，能够以自然状态进行检测，在对沥青混合料的显微组织和断口形貌、裂纹扩展机制等研究上比 SEM 更具优势。

七、弯曲梁蠕变试验

弯曲梁蠕变试验(BBR)是通过低温弯曲流变仪自带软件进行加载试验，在一定的温度下以恒定的应力输入持续加载，试验中一般给出沥青几个点的劲度模量及蠕变速率，通过这两个值来评价沥青的低温使用性能。通过弯曲梁蠕变试验获取沥青的蠕变劲度模量和劲度模量随时间的变化率。沥青的劲度模量越大时，沥青脆性越强，沥青越容易发生开裂破坏；沥青的劲度模量值越小时，沥青具有更佳的低温柔性，其低温抗裂性能越好；当沥青

的蠕变速率值增大、温度下降时，材料产生的收缩应变降低了沥青的劲度模量，从而使得其承受的拉应力减小，降低了沥青开裂的可能性。

基于沥青材料在世界范围内道路铺筑工程中的广泛应用，且依据不同沥青性能契合于不同工程应用环境的实践特点，由此引申出三大指标用于评价不同沥青的性能差异。美国战略公路研究计划（SHRP）针对沥青路面低温开裂的研究表明，沥青性能对低温开裂的贡献率达80%，随着现代化技术改革推进，工程应用领域展现出了越来越精细化的趋势。国内不少研究已将BBR弯曲梁蠕变试验等新型指标的评价方式引用纳入不同改性沥青性能的研究中，可见BBR弯曲梁蠕变试验等新型指标相比于三大指标能够更加精准地反映沥青性能的差异。

当BBR弯曲梁蠕变试验等新型指标作为评价标准时，其精细程度具有远超三大指标的优势。但是三大指标实际应用范围比新型指标更加广泛，其本身具有易于操作、成本低、试验周期短的优势。

八、动态剪切流变仪

由于沥青路面平整度高、建设速度快、维修便捷等众多优点，使其在国内外得到广泛应用，而沥青是沥青路面质量的关键因素，决定着沥青路面的使用性能和寿命。良好的高温抗车辙性能及耐疲劳性能是评价沥青及沥青混合料质量的重要依据。

动态剪切流变仪（DSR）是一种检测评估高分子化合物流变性能的通用仪器，用于检测沥青高温稳定性能、抗疲劳性能等。其主要优点体现在：（1）采用计算机控制系统，最大限度地减少了人为操作带来的不利影响，使得出的数据更加真实准确；（2）最大限度地模拟实际沥青路面的使用情况。用动态剪切流变仪测试沥青混合料的高温、低温性能，比较符合测试条件；（3）相比于传统测量方法，能清晰明确地反映沥青和沥青结合料的流变性能及抗疲劳性能随着荷载、时间、温度的变化情况。但目前动态剪切流变仪仍存在一些问题：（1）造价昂贵，测试单一，DSR是进口设备，属于精密仪器；（2）量程较小，动态剪切流变仪主要针对沥青，并且材料的力学性能要处于线弹性以内，所以动态剪切流变仪的最大扭矩一般为200μN·m左右，角量程也较小，在一定程度上限制了动态剪切流变仪的使用；（3）低温环境，动态剪切流变仪主要测试沥青的黏弹性，一般的温度控制范围是5~85℃，但沥青和沥青混合料的路用性能测试低于5℃的环境条件是必要的。

2019年9月国务院印发的《交通强国建设纲要》，明确了我国道路建设"十四五"的发展思路和2035年的远景目标，到"十四五"末，我国公路总里程将有望超过580×10^4km，到2035年我国将基本建成世界交通强国。在构建安全、便捷、高效、绿色、经济的现代化综合交通体系的新形势下，以及防水、建材、高性能碳纤维等领域和相关行业对高性能沥青原料的需求也在不断提高，给沥青行业发展提供了广阔空间，促使沥青行业加快结构调整，走高端化、绿色化、差异化的发展路线。普通沥青产品已不能满足现有市场需求，在精细化生产的当下，服务于我国道路材料产业，把沥青当作时代所需要的材料进行细分、研发创新,不仅仅是把现有体系产品做精,也需积极探索沥青类产品的功能性用途,而持续推动沥青生产、改性和应用相关领域科技创新,将是推进沥青行业绿色发展和高质量发展的内在要求。

参 考 文 献

[1] 郝培文.沥青与沥青混合料[M].北京:人民交通出版社,2009.

[2] 凌逸群.中国道路沥青市场现状及发展[J].石油沥青,2004,18(1):1-5.

[3] 范曦,倪清,罗洋,等.分子模拟应用于中间相沥青的研究进展[J].石油学报(石油加工),2023,39(4):953-962.

[4] 中国石化股份有限公司炼油事业部.中国石油化工产品大全(石油产品/润滑剂和有关产品/添加剂/催化剂)[M].北京:中国石化出版社,2002.